"十三五"国家重点出版物出版规划项目
面向可持续发展的土建类工程教育丛书

高层建筑结构设计

主编　熊海贝
参编　江佳斐　周　颖

机械工业出版社

本书为"'十三五'国家重点出版物出版规划项目",根据土木工程专业培养要求,以纸质教材和数字资源相结合的方式进行编写。本书以现行规范为依据,全面阐述高层建筑结构设计方法和构造措施。

全书共 10 章,包括绪论、高层建筑结构体系与概念设计、高层建筑材料、高层建筑结构荷载及荷载效应组合、高层建筑结构有限元计算,以钢筋混凝土材料为主的高层框架结构、剪力墙结构、框架-剪力墙结构的结构设计,并以案例形式介绍超高层建筑结构、新型高层建筑结构设计以及建筑结构减震和隔震技术,震后可恢复功能高层建筑结构最新研究动态等。

本书以高层建筑结构体系的概念设计为出发点,以"材料性能—抗侧力体系—结构整体计算—构造设计"为主线,内容新颖全面、通俗易懂,插图精美,结构编排严谨,采用双色编排增加可读性,并用二维码方式拓展或深化教材内容,以方便不同需求的读者选读。

本书可作为高等学校土木工程专业及其相关专业的本科生教材或研究生教材,也可作为相关专业的设计、科研和管理人员的参考用书。

本书配有授课PPT、思考题参考答案、视频等教学资源,免费提供给选用本书的授课教师,需要者请登录机械工业出版社教育服务网(www.cmpedu.com)注册下载。

图书在版编目(CIP)数据

高层建筑结构设计/熊海贝主编. —北京:机械工业出版社,2021.8(2025.1重印)

(面向可持续发展的土建类工程教育丛书)

"十三五"国家重点出版物出版规划项目

ISBN 978-7-111-69281-2

Ⅰ.①高… Ⅱ.①熊… Ⅲ.①高层建筑-结构设计-高等学校-教材 Ⅳ.①TU973

中国版本图书馆 CIP 数据核字(2021)第 201574 号

机械工业出版社(北京市百万庄大街 22 号　邮政编码 100037)
策划编辑:李　帅　　　　责任编辑:李　帅　高凤春
责任校对:张晓蓉　李　婷　封面设计:张　静
责任印制:郜　敏
中煤(北京)印务有限公司印刷
2025 年 1 月第 1 版第 3 次印刷
184mm×260mm・14.75 印张・359 千字
标准书号:ISBN 978-7-111-69281-2
定价:48.00 元

电话服务　　　　　　　　　网络服务
客服电话:010-88361066　　机　工　官　网:www.cmpbook.com
　　　　　010-88379833　　机　工　官　博:weibo.com/cmp1952
　　　　　010-68326294　　金　书　网:www.golden-book.com
封底无防伪标均为盗版　　　机工教育服务网:www.cmpedu.com

前　言

随着我国经济的快速腾飞和城市化进程的不断加速，高层建筑得到了飞速发展。高层住宅、医院、办公楼层出不穷，超高层商业大厦不断刷新城市的天际线。随着新材料、新技术在建筑业的应用，高层建筑结构体系更加丰富。近年来，我国建筑结构设计对材料、荷载、计算方法和构造提出了新的要求。为适应新时代新形势下教学与工程设计的需要，培养具有高层建筑设计能力，掌握高层建筑设计原理和计算方法，了解高层建筑前沿发展和最新研究热点的学生和工程技术人员，特编写本书。

本书以高层建筑结构体系的概念设计为出发点，以"材料性能—抗侧力体系—结构整体计算—构造设计"为主线，重点介绍高层钢筋混凝土结构体系的设计方法和构造要求，简要介绍高层钢结构的设计原理和高层木结构的发展趋势，概念性地介绍超高层混合结构的设计方法，以及高层建筑减震、隔震技术，震后可恢复功能结构体系，以便读者系统掌握高层建筑结构体系的设计理论和方法，了解超高层建筑的设计思路和主要结构体系，并对新型高层建筑结构体系和高层建筑减隔震技术有初步的了解。

本书内容新颖，其主要特点是：①强调结构概念设计，将相关内容独立编写成第2章，方便读者快速了解高层建筑结构的主要特点和要求；②强调高层建筑结构用材料及其特性，将相关内容独立编写成第3章；③强调高层建筑的有限元计算基本原则，将相关内容独立编写成第5章；④分章节重点介绍高层框架结构、高层剪力墙结构和高层框架-剪力墙结构；⑤将超高层建筑独立编写成第9章，重点介绍筒体结构和混合结构，以案例方式简要介绍伸臂桁架结构、巨型结构等结构；⑥新增高层木结构和木混合结构设计特点和代表性建筑，推进绿色可持续发展理念和绿色材料在高层建筑中的应用；⑦新增地震作用下高层建筑结构减震、隔震技术和震后可恢复功能结构的设计原理和最新研究进展。

本书大部分由同济大学熊海贝教授负责编写，另有江佳斐副教授编写第3章，周颖教授编写第10.2节、10.3节、10.4节，由熊海贝统稿。衷心感谢曹纪兴、陈佳炜、陈琳等熊海贝教授课题组成员对全书的公式、图文进行了编排；同济大学建筑设计研究院（集团）有限公司的赵昕教授级高级工程师、赵杨高级工程师为本书提供了工程案例；SOM（Skidmore, Owings & Merrill）为本书提供了部分图片。

鉴于编者水平有限，书中难免有疏漏和不妥之处，敬请广大读者批评指正。

编　者

目 录

前言
第1章 绪论 1
 【学习目标】 1
 【学习方法】 1
 1.1 高层建筑的定义 1
 1.2 高层建筑的建筑特点 2
 1.3 高层建筑的结构特点 2
 1.4 高层建筑的发展历程 4
  1.4.1 高层建筑的发展脉络 4
  1.4.2 高层建筑的发展趋势 10
 思考题 12

第2章 高层建筑结构体系与概念设计 13
 【学习目标】 13
 【学习方法】 13
 2.1 抗侧力体系 13
  2.1.1 高层建筑结构的分类方法 13
  2.1.2 高层建筑结构的抗侧力体系 15
 2.2 楼盖结构体系 21
  2.2.1 现浇梁板式楼盖 21
  2.2.2 装配整体式楼盖 22
  2.2.3 板式楼盖 22
 2.3 高层建筑的基础 23
  2.3.1 基础形式 23
  2.3.2 基础埋深 24
 2.4 房屋适用的高度与高宽比 25
  2.4.1 最大适用高度 25
  2.4.2 最大适用高宽比 27
 2.5 结构规则性要求 28
  2.5.1 结构平面布置 28
  2.5.2 结构竖向布置 30

| 2.5.3   结构缝设置 30
| 2.6   结构楼层水平位移 33
| 2.6.1   弹性方法计算的楼层层间位移角 33
| 2.6.2   弹塑性方法计算的楼层层间位移角 33
| 2.7   结构舒适度要求 34
| 2.7.1   结构横风向舒适度要求 34
| 2.7.2   楼盖结构竖向振动舒适度要求 34
| 思考题 35

第 3 章　高层建筑材料

【学习目标】 36
【学习方法】 36
3.1   高层建筑材料特性 36
3.2   高强混凝土 37
    3.2.1   强度提升的关键因素 38
    3.2.2   弹性模量 39
    3.2.3   徐变与收缩 39
    3.2.4   约束混凝土 40
3.3   高强钢材 42
    3.3.1   屈强比与屈服平台 42
    3.3.2   高强钢结构延性 42
3.4   高层木结构材料 43
    3.4.1   防火性 44
    3.4.2   蠕变性 44
3.5   玻璃和铝合金 45
    3.5.1   玻璃 46
    3.5.2   铝合金 46
3.6   案例分析 47
    3.6.1   案例一　高性能混凝土 47
    3.6.2   案例二　建筑结构材料绿色属性 48
思考题 49

第 4 章　高层建筑结构荷载及荷载效应组合

【学习目标】 51
【学习方法】 51
4.1   竖向荷载 51
    4.1.1   恒荷载 51
    4.1.2   楼面和屋面活荷载 52
    4.1.3   屋面雪荷载 52
    4.1.4   施工活荷载 53
4.2   风荷载 53
    4.2.1   基本风压 53
    4.2.2   风荷载体型系数 53
    4.2.3   风压高度变化系数 55
    4.2.4   风振系数 56

　　4.2.5　局部风荷载体型系数 …………………………………………………… 58
4.3　地震作用 …………………………………………………………………………… 58
　　4.3.1　地震作用一般规定 ………………………………………………………… 59
　　4.3.2　设计反应谱 ………………………………………………………………… 60
　　4.3.3　水平地震作用计算 ………………………………………………………… 62
　　4.3.4　竖向地震作用计算 ………………………………………………………… 67
4.4　荷载效应组合 ……………………………………………………………………… 68
　　4.4.1　荷载效应组合方式 ………………………………………………………… 69
　　4.4.2　荷载效应基本组合 ………………………………………………………… 69
　　4.4.3　地震作用效应组合 ………………………………………………………… 70
　　4.4.4　抗震等级 …………………………………………………………………… 71
思考题 ……………………………………………………………………………………… 74

第5章　高层建筑结构有限元计算 ……………………………………………………… 75

【学习目标】……………………………………………………………………………… 75
【学习方法】……………………………………………………………………………… 75
5.1　有限单元法基本概念和计算假定 ………………………………………………… 75
　　5.1.1　有限单元法基本概念 ……………………………………………………… 75
　　5.1.2　单元基本假定 ……………………………………………………………… 76
　　5.1.3　节点连接基本假定 ………………………………………………………… 77
　　5.1.4　常用的结构有限元分析软件 ……………………………………………… 78
5.2　材料特性与荷载工况选取 ………………………………………………………… 78
　　5.2.1　混凝土材料模型 …………………………………………………………… 79
　　5.2.2　钢材模型 …………………………………………………………………… 79
　　5.2.3　荷载工况 …………………………………………………………………… 80
5.3　三维有限元模型的建立 …………………………………………………………… 80
　　5.3.1　梁、柱单元 ………………………………………………………………… 80
　　5.3.2　墙单元 ……………………………………………………………………… 81
　　5.3.3　板单元 ……………………………………………………………………… 81
　　5.3.4　有限元模型组装 …………………………………………………………… 81
5.4　结构总体反应分析 ………………………………………………………………… 82
　　5.4.1　输出结构总信息 …………………………………………………………… 82
　　5.4.2　结构动力特性 ……………………………………………………………… 83
　　5.4.3　结构侧移判断 ……………………………………………………………… 84
　　5.4.4　结构规则性判断 …………………………………………………………… 84
　　5.4.5　构件承载力判断 …………………………………………………………… 84
思考题 ……………………………………………………………………………………… 85

第6章　高层框架结构设计 ……………………………………………………………… 86

【学习目标】……………………………………………………………………………… 86
【学习方法】……………………………………………………………………………… 86
6.1　高层框架结构的特点 ……………………………………………………………… 86
　　6.1.1　框架结构的变形特点 ……………………………………………………… 86
　　6.1.2　钢筋混凝土框架结构的特点 ……………………………………………… 87
　　6.1.3　钢框架结构的特点 ………………………………………………………… 88

目 录

6.2 框架结构的延性设计理论 …………………………………………………… 88
   6.2.1 结构延性与耗能 ………………………………………………………… 88
   6.2.2 理想破坏机制 …………………………………………………………… 89
   6.2.3 框架结构整体分析及剪力分配 ………………………………………… 90
6.3 钢筋混凝土框架梁设计 ………………………………………………………… 90
   6.3.1 框架梁截面尺寸确定 …………………………………………………… 90
   6.3.2 框架梁正截面抗弯承载力验算 ………………………………………… 91
   6.3.3 框架梁斜截面抗剪承载力验算 ………………………………………… 93
6.4 框架柱的延性设计 ……………………………………………………………… 94
   6.4.1 框架柱截面尺寸确定 …………………………………………………… 95
   6.4.2 框架柱正截面验算 ……………………………………………………… 96
   6.4.3 框架柱斜截面设计 ……………………………………………………… 98
6.5 框架梁柱节点核心区的延性设计 ……………………………………………… 100
   6.5.1 节点最小截面要求 ……………………………………………………… 100
   6.5.2 节点区斜截面承载力验算 ……………………………………………… 101
   6.5.3 框架节点构造要求 ……………………………………………………… 102
6.6 案例分析——高层钢筋混凝土框架结构设计 ………………………………… 104
思考题 …………………………………………………………………………………… 106

第7章 高层剪力墙结构设计

【学习目标】 ………………………………………………………………………… 107
【学习方法】 ………………………………………………………………………… 107
7.1 高层剪力墙结构的特点 ………………………………………………………… 107
   7.1.1 剪力墙平面内的受力特点 ……………………………………………… 107
   7.1.2 剪力墙平面外的受力特点 ……………………………………………… 109
7.2 剪力墙结构布置与构造要求 …………………………………………………… 110
   7.2.1 剪力墙结构平面布置 …………………………………………………… 110
   7.2.2 剪力墙结构立面布置 …………………………………………………… 110
   7.2.3 墙体底部加强区和边缘构件 …………………………………………… 111
   7.2.4 墙体最小截面和最小配筋率 …………………………………………… 113
   7.2.5 连梁截面和最小配筋率 ………………………………………………… 114
7.3 剪力墙结构整体计算 …………………………………………………………… 114
   7.3.1 剪力墙内力简化计算 …………………………………………………… 114
   7.3.2 剪力墙结构三维有限元计算 …………………………………………… 117
7.4 混凝土剪力墙承载力计算 ……………………………………………………… 118
   7.4.1 正截面抗弯承载力验算 ………………………………………………… 118
   7.4.2 斜截面抗剪承载力验算 ………………………………………………… 122
   7.4.3 连梁截面承载力验算 …………………………………………………… 124
   7.4.4 剪力墙施工缝的抗滑移验算 …………………………………………… 125
7.5 短肢剪力墙结构 ………………………………………………………………… 125
   7.5.1 短肢剪力墙的特点 ……………………………………………………… 125
   7.5.2 受力特点 ………………………………………………………………… 125
   7.5.3 短肢剪力墙的抗震设计 ………………………………………………… 126
7.6 案例分析——高层混凝土剪力墙住宅设计 …………………………………… 127

  7.6.1 工程概况 ………………………………………………………………………… 127
  7.6.2 设计资料 ………………………………………………………………………… 128
  7.6.3 设计依据 ………………………………………………………………………… 129
  7.6.4 结构布置 ………………………………………………………………………… 129
  7.6.5 构件截面尺寸初步设计 ………………………………………………………… 130
  7.6.6 计算参数设置 …………………………………………………………………… 130
  7.6.7 结构的动力特性 ………………………………………………………………… 131
  7.6.8 结构总体反应分析 ……………………………………………………………… 131
  7.6.9 构件计算及配筋结果 …………………………………………………………… 133
 思考题 ………………………………………………………………………………………… 135

第8章 框架-剪力墙结构设计 ……………………………………………………………… 136

 【学习目标】 ………………………………………………………………………………… 136
 【学习方法】 ………………………………………………………………………………… 136
 8.1 框架-剪力墙结构的特点 ……………………………………………………………… 136
  8.1.1 框架-剪力墙结构 ………………………………………………………………… 136
  8.1.2 框架-剪力墙结构的受力特点 …………………………………………………… 136
 8.2 框架-剪力墙结构的简化计算方法 …………………………………………………… 138
  8.2.1 简化假定及计算简图 …………………………………………………………… 138
  8.2.2 协同工作的基本原理 …………………………………………………………… 139
  8.2.3 按铰接假定进行内力分配 ……………………………………………………… 140
  8.2.4 按刚接假定进行内力分配 ……………………………………………………… 142
  8.2.5 框架-剪力墙结构位移与内力分布规律 ………………………………………… 146
 8.3 框架-剪力墙结构的设计和构造 ……………………………………………………… 147
  8.3.1 框架-剪力墙结构中剪力墙的布置 ……………………………………………… 147
  8.3.2 框架-剪力墙结构中框架最小剪力调整 ………………………………………… 149
  8.3.3 构件截面设计及构造要求 ……………………………………………………… 150
 8.4 板柱-剪力墙结构 ……………………………………………………………………… 150
  8.4.1 板柱-剪力墙结构的特点 ………………………………………………………… 150
  8.4.2 板柱-剪力墙结构布置 …………………………………………………………… 151
  8.4.3 设计方法 ………………………………………………………………………… 151
  8.4.4 板柱-剪力墙结构构造 …………………………………………………………… 152
 8.5 案例分析——高层混凝土框架-剪力墙商住楼结构设计 …………………………… 152
 思考题 ………………………………………………………………………………………… 157

第9章 超高层建筑结构设计 ……………………………………………………………… 159

 【学习目标】 ………………………………………………………………………………… 159
 【学习方法】 ………………………………………………………………………………… 159
 9.1 超高层建筑的特点 …………………………………………………………………… 159
  9.1.1 超高层建筑的功能需求 ………………………………………………………… 159
  9.1.2 超高层建筑的成本控制 ………………………………………………………… 160
  9.1.3 超高层建筑的结构特点 ………………………………………………………… 160
  9.1.4 组合结构和混合结构的受力特点 ……………………………………………… 161
 9.2 组合构件设计 ………………………………………………………………………… 162
  9.2.1 型钢混凝土梁的设计 …………………………………………………………… 163

目　录

  9.2.2　型钢混凝土柱的设计 　166
  9.2.3　钢管混凝土构件的设计 　167
  9.2.4　型钢混凝土梁柱节点的设计 　169
 9.3　混合结构设计 　170
  9.3.1　超高层混合结构体系 　170
  9.3.2　超高层混合结构抗侧力部件 　171
  9.3.3　案例1——深圳平安金融中心 　172
  9.3.4　案例2——上海中心大厦 　175
  9.3.5　案例3——阿联酋迪拜哈利法塔 　177
 思考题 　179

第10章　新型高层建筑结构设计 　181

 【学习目标】　181
 【学习方法】　181
 10.1　高层木结构与木混合结构建筑 　181
  10.1.1　高层木结构与木混合结构体系 　181
  10.1.2　高层木结构与木混合结构设计要点 　184
  10.1.3　高层木结构与木混合结构案例 　187
  10.1.4　未来超高层木混合结构的发展趋势 　190
 10.2　高层减震建筑 　192
  10.2.1　减震结构 　192
  10.2.2　高层建筑减震设计要点 　193
  10.2.3　高层建筑采用的减震技术及案例 　194
 10.3　高层隔震建筑 　200
  10.3.1　隔震结构 　200
  10.3.2　高层隔震建筑设计要点 　201
  10.3.3　高层建筑隔震技术及案例 　202
 10.4　地震可恢复功能高层建筑 　207
  10.4.1　可恢复功能建筑 　207
  10.4.2　高层建筑地震可恢复功能设计要点 　208
  10.4.3　高层建筑可恢复功能技术及案例 　212
 思考题 　219

参考文献 　220

第 1 章 绪 论

【学习目标】
通过本章节学习，了解高层建筑的定义，掌握高层建筑的建筑特点和结构特点，了解高层建筑结构体系和设计方法的发展历程。

【学习方法】
比较高层建筑和多层建筑在建筑功能和结构特点上的不同，思考随着建筑物高度的增加，其结构反应的特性，思考提高高层建筑物在水平力作用下的安全和稳定的方法，了解高层建筑的发展脉络。

1.1 高层建筑的定义

建筑物的高度采用以下方法确定：坡屋面建筑的高度为建筑物室外地面到其檐口的高度；平屋面建筑的高度为建筑物室外地面到其屋面面层的高度；当同一座建筑物有多种屋面形式时，建筑高度取其最大值。建筑物的高度计算一般不包含局部凸出屋顶的楼电梯机房和设备房。

多高的建筑物可以被称为高层建筑？答案并不是唯一的。高层建筑的定义，各国和地区表述取决于经济发展水平、周边建筑物高度、建筑物的高宽比，以及习惯表达方法。

我国《民用建筑设计统一标准》（GB 50352—2019）根据功能、层数和高度对建筑物进行了分类。其中，建筑高度不大于 27.0m 的住宅建筑、建筑高度不大于 24.0m 的公共建筑及建筑高度不大于 24.0m 的单层公共建筑为低层或多层民用建筑；建筑高度大于 27.0m 的住宅建筑和建筑高度大于 24.0m 的非单层公共建筑，且高度不大于 100.0m 的，为高层民用建筑；建筑高度大于 100m 的民用建筑为超高层建筑。《高层建筑混凝土结构技术规程》（JGJ 3—2010）中规定：10 层及 10 层以上或房屋高度超过 28m 的住宅建筑以及房屋高度大于 24m 的钢筋混凝土结构称为高层建筑结构。

世界高层建筑与都市人居学会（CTBUH）关于高层建筑的定义并没有明确规定，一般认为房屋高度 50m 及以上称为高层建筑；300m 及以上称为超高层建筑，600m 及以上的民用建筑称为巨高层建筑。

本书中的高层建筑指建筑高度大于 27m 的住宅建筑和建筑高度大于 24m 的非单层公共

建筑，且高度不大于100m；超高层建筑指100m及以上的民用建筑。

1.2 高层建筑的建筑特点

高层建筑是随着社会经济的发展和科学技术发展而不断发展的。因此，高层建筑在一定程度上体现了一个地区的经济实力和科学技术实力。特别是超高层建筑，往往以其出类拔萃的高度，与众不同的视觉冲击力，成为新的地标或经济发展和社会财富的象征。

我国的城镇化率从1990年的26.44%增加到2019年的60.60%。城市人口迅速增加，土地日益紧张。高层建筑可解决城市用地紧张的状况，提供更加高效集约的生活方式；可在有限空间挤出绿地，营造更好的办公和生活环境；能够缩短公用设施和市政管网的开发周期，从而减少市政投资，加快城市建设；能够减少人们的出行时间，从而减缓城市的交通压力；能够减少土地的分摊成本，从而降低综合开发成本，提高房地产开发收益。

但是，高层建筑也给人们带来了诸多的挑战。如人员上下流通导致楼层间垂直运输要求高；人员密集导致建筑物能耗高、通风和排风要求高；建筑物耐火、抗倒塌等防灾能力要求高；建筑物聚集造成局部热岛效应和光污染等。而且，高层建筑建造成本高，有研究指出，单体高层建筑的土建直接费与房屋高度呈抛物线关系增长。

为此，是否建设高层建筑或超高层建筑，需要从功能需求、市场需求和对环境的影响等多方面做好分析和预测，主要包括：

1）做好规划：协调单个高层建筑、高层建筑群布点同周围环境、既有建筑、市政公用设施、名胜古迹、城市风貌等的关系。

2）满足功能：强调高层建筑的使用功能，体现当地文化特色，适应当下或未来一段时间内的市场需求，避免盲目生搬硬套，避免"奇奇怪怪"的表达方式，尊重当地的抗震设防要求和其他环境要求，以合理结构体现建筑美学，实现功能、受力和表现和谐统一。

3）绿色设计：提升有效使用面积和有效日照时间，减少邻近高层建筑的光污染和其他不利影响，充分利用屋顶、阳台和公共空间，扩大绿化面积和交流空间，打造绿色健康建筑。

4）防灾减灾：加强高层建筑防火安全、构造细部安全、设备使用安全，加强日常维护和设备运营管理，完善建筑的智能管理系统和应急系统。

5）成本控制：从项目概念设计开始，与结构工程师共同商讨，采用合理的结构体系和材料选用，采用先进的施工技术和方法，通过优良设计和严格施工，控制工程造价；通过与设备工程师合作，采用新技术降低能耗，增加风资源或太阳能资源，实现项目的最大化效益。

1.3 高层建筑的结构特点

随着建筑物高度的增加，水平荷载（如风荷载和地震作用）对建筑物的影响呈级数增长关系。随着楼层数的增加，竖向荷载（如恒荷载和活荷载）也在不断积累，底层柱和墙体受到的竖向荷载与高度呈线性增长关系。如果把高层建筑简化为一根均质的悬臂柱，作用水平均布力 p 和竖向均布荷载 q，从结构力学可知，建筑物底层柱或墙体的轴力（N）、底部剪力（Q）、抗倾覆弯矩（M）和顶端的水平位移（Δ）与建筑物高度（H）的函数关系，如图1-1所示。从曲线中可以看到，建筑物某高度处的水平位移与高度的四次方成正比，而底部弯矩与高度的平方成正比，竖向力与高度的一次方成正比。而且，重力二阶矩将造成楼层水平位移角的进一步增大，产生更为不利的影响。

随着结构高度的增加，一般情况下结构越柔，风荷载的脉动特性对结构的影响越大。地震作用下结构的加速度反应虽然减小，但位移反应和速度反应加剧。高层建筑的结构动力特性至关重要。因此，随着建筑物高度的增大，水平荷载将成为控制结构反应的主要因素，也直接决定着材料的用量、建造时间和建造成本。

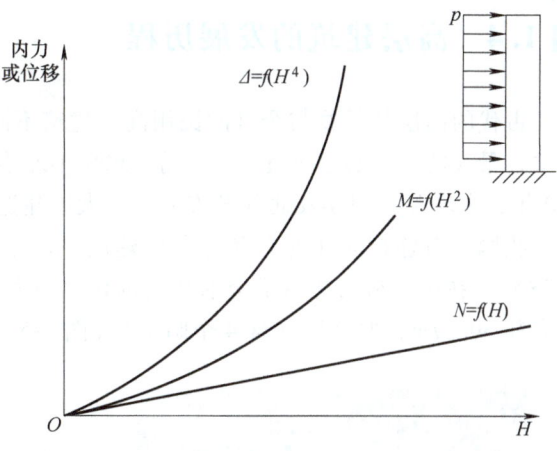

图 1-1　结构反应与结构高度的关系

随着结构高度的增加，结构的温度效应更加明显、不均匀沉降的影响加剧；结构需要设置多道抗震防线和抗连续倒塌防线；建筑耐火要求更高，需要更长的耐火极限、逃生通道和逃生时间。

在建筑设计的初期，结构工程师应该与建筑师一同进行方案的设计，良好和高效的抗侧力结构体系可以有效减少材料用量，提高建筑使用空间。约翰·汉考克中心大厦（图 1-2）高 344m，100 层，采用立面巨型斜撑与框架形成外框筒体结构，有效增加了结构的抗扭刚度和抗侧刚度，扩大了内部使用空间。香港汇丰银行大厦（图 1-3）高 180m，地面以上 46 层，地下结构 4 层，采用巨型桁架分 5 层悬挂在巨型格构柱上，中间楼层钢柱变成拉杆，有效减少了构件截面面积，并创造了灵活多变的内部使用空间。这两个建筑皆因其使用功能、结构受力和建筑表现三者相得益彰而成为高层建筑的典范。

图 1-2　约翰·汉考克中心大厦，美国芝加哥

图 1-3　香港汇丰银行大厦，我国香港

1.4 高层建筑的发展历程

古代的高层构筑物与今日的民用高层建筑不同,往往是宗教和权利的象征。古埃及金字塔中,最大的胡夫金字塔建于公元前 2690 年左右,高 146.5m,底部边长为 230m。公元前 280 年,古埃及人在埃及北部城市亚历山大城建造法洛斯灯塔,高 120m,已损毁。公元 520 年,我国河南登封县(现为登封市)建成了砖结构垒砌嵩岳寺塔(图 1-4),高 37m。公元 1056 年,在山西应县建造了全木结构的佛宫寺释迦塔(又称为应县木塔),高 67.31m,底层直径 30.27m,共 9 层(含 4 个暗层)(图 1-5)。

图 1-4 嵩岳寺塔,我国登封

图 1-5 释迦塔,我国山西应县

1880 年,德国科隆大教堂刷新了胡夫金字塔的最高构筑物世界纪录,其塔尖高度达到 157.3m,教堂底面横宽 86.25m,纵长 144.58m,采用石块砌筑而成,至今仍是世界第三高度的教堂(图 1-6)。

1889 年,埃菲尔铁塔落成,高 324m,成为法国文化的象征(图 1-7)。埃菲尔铁塔采用铸铁桁架体系,全部铆钉连接。令人叹为观止的是,以当时的材料、施工技术和施工机械,该高塔仅用了 2 年 2 个月就完成了全部施工,于 1889 年 5 月在巴黎世博会展出并投入使用至今。埃菲尔铁塔共三层,分别在离地面 57.6m、115.7m 和 276.1m 处,其中第一层、第二层设有餐厅,第三层建有观景台,从塔座到塔顶共 1711 级阶梯。

得益于钢铁业的发展、水泥在建筑业中的应用,以及第一台奥的斯电梯的诞生并在埃菲尔铁塔上的成功应用,现代高层民用建筑开始萌生并蓬勃发展。

1.4.1 高层建筑的发展脉络

随着工业革命钢铁工业的发展和水泥的诞生,钢和混凝土逐渐替代了石材和砖砌体,成为 20 世纪至今高层建筑结构的主要建筑材料之一。

图 1-6　科隆大教堂，德国科隆　　　　　　图 1-7　埃菲尔铁塔，法国巴黎

现代高层建筑兴起于美国，1883 年芝加哥建起了第一幢 11 层高的家庭保险公司大楼，该结构采用铸铁和砖砌结构，第一次将外墙作为非承重隔墙，大大减少了墙体的厚度，有效增大了室内的可利用空间。第一幢高层混凝土框架结构是 1903 年建成的美国辛辛那提市的英格尔斯（Ingalls）大厦，高 64m，16 层。虽然这两幢标志性高层建筑目前均已拆除，但其成功建造为市场注入了活力，随后一大批高层建筑拔地而起，形成了高层建筑的第一个发展时期。

1. 高层建筑的第一个发展高潮（1920 年—1935 年）

1920 年—1935 年，随着经济的腾飞和技术的高速发展，美国的纽约和芝加哥成为高层建筑的代表性城市，相继建成了一批高层钢结构和钢筋混凝土高层建筑。结构体系主要是框架结构、内部框架外部砖墙结构等。划时代的作品是 1931 年 4 月落成的美国纽约的帝国大厦（图 1-8），102 层，381m，塔尖高度 443m，钢结构建筑，连接节点全部现场铆栓连接，中间设支撑形成电梯井筒。该大楼仅用了 13 个月建造完成，并位居世界第一高楼达 41 年，至今仍是纽约的标志性建筑及超高层建筑的典范。

在此期间，上海兴建了一批高层建筑。上海和平饭店，1929 年建成，77m，12 层；中国银行，1929 年建成，76m，17 层。南京路上的国际饭店成为当时最高建筑，而黄浦江边的上海大厦（图 1-9）成为上海名片。该时期的结构承重材料外墙多为厚重的砖、石墙体，结构内部为单向钢筋混凝土框架结构体系，或铸铁外砌砖墙结构体系；墙下条形基础，并用木桩加固。

2. 第二个发展高潮（1950 年—1980 年）

第二次世界大战后，民用建筑出现了飞速的发展。建筑用钢和混凝土材料性能的提升带动了高层建筑的全面发展，这一时期的代表地主要集中在美国、南美洲和欧洲。随着预应力混凝土技术的诞生，混凝土结构得到了质的突破，出现了一批大跨度薄壁混凝土结构，克服了自重大跨度受限的弊端。同时，新型的结构体系，如筒体结构、应力蒙皮结构、巨型结构和混合结构体系的应用，使该时期代表作精彩纷呈。1974 年，芝加哥西尔斯大厦建成，总高度443m，110层，其成束筒结构体系成为超高层建筑的重要结构形式之一（图1-10）。不远处是以支撑筒体结构为代表的约翰·汉考克中心大厦。玛丽亚大厦（又称为"玉米楼"）1964年建成，其模块化装配式建造方式以及混凝土核心筒-框架体系，成为高密度住宅空间的典范之作（图1-11）。与此同时，法国巴黎新区拉德方斯建设了几十幢30~50层的高层建筑，欧洲的其他地区也纷纷诞生了一批技术创新的高层建筑。强地震频发的日本于1963年取消地震区建筑物31m高的限值，一批高度超百米的建筑诞生，如东京池袋阳光大楼（60层，高226m，图1-12）。在这个时期，纯混凝土结构高层和纯钢结构高层有了质的突破和量的飞跃。

图1-8 帝国大厦，美国纽约

图1-9 上海大厦，我国上海

图1-10 西尔斯大厦，美国芝加哥

图1-11 玛丽亚大厦，美国芝加哥

在我国，为庆祝新中国成立十周年，首都北京建成11层的民族饭店（图1-13）、13层的民族文化宫；20世纪60年代，在广州建成18层的人民大厦、27层的广州宾馆（图1-14）。20世纪70年代末至80年代，全国各大城市开始兴建高层住宅，如北京前三门、复兴门、建国门和上海漕溪北路、曲阳路等建起 12~16 层的高层住宅建筑群，在市中心地带建设高层办公楼、酒店等。1985 年，50 层的深圳国际贸易中心大厦（图 1-15）落成，是当时我国最高建筑，成为我国改革开放和经济发展的象征。

图 1-12　池袋阳光大楼，日本东京

图 1-13　民族饭店，我国北京

图 1-14　广州宾馆，我国广州

图 1-15　深圳国际贸易中心大厦，我国深圳

3. 第三个发展高潮（1990 年至今）

1990 年起亚洲经济崛起，带动高层建筑在亚洲的全面发展。结构抗震隔震技术在地震高发的日本率先得到应用，结构体系也日趋成熟，巨型结构体系得到进一步的发展。这一时期的代表作有香港中银大厦、汇丰银行大厦、吉隆坡石油大厦、台北 101 大楼（图 1-16）等。在结构设计方法、建造技术和减震设计等方面都达到了新的高度。因石油经济的刺激，阿拉伯联合酋长国（又称为阿联酋）取得了令世人瞩目的腾飞，一批新颖别致的超高层建筑拔地而起。阿拉伯塔（帆船酒店，图 1-17），直升机停机坪 210m（塔尖 321m），1999 年落成，采用张弦梁支撑巨型结构体系和立面张力膜，以其完美的造型和结构体系成为高楼林立的迪拜的地标性建筑。2010 年，哈利法塔（图 1-18）终于宣布落成，塔顶高度 828m，楼层 162 层，其创新性的混凝土扶壁翼核心筒结构使其成为世界最高建筑。

图 1-16　台北 101 大楼，我国台北

图 1-17　帆船酒店，阿拉伯联合酋长国迪拜

图 1-18　哈利法塔，阿拉伯联合酋长国迪拜

改革开放以来，我国经济迅猛发展，一批超高层建筑率先起步，带动高层住宅和办公楼遍地开花。1998 年落成的上海金茂大厦（图 1-19）高 420m，88 层，不仅向世界展示了我国改革开放后的经济腾飞，更以简明高效的结构形式和优美典雅的建筑造型，成为世界公认的最优秀的超高层建筑代表之一。

进入 21 世纪，虽然高层建筑的高度依旧在不断增长，但人们更加关注高层建筑的可持续性发展，在设计和建造中力求绿色节能环保，采用新技术、新设备及新的采购组织方式等实现高层建筑的低碳足迹，追求绿色认证和健康认证。上海中心大厦（图 1-20）不仅以 632m、124 层成为我国最高建筑，而且以双幕墙体系、屋顶雨水收集系统和风力发电系统等有效减小了建筑能耗并推动了新能源利用，成为绿色超高层建筑的代表。

图 1-19　金茂大厦，我国上海

图 1-20　上海中心大厦，我国上海

随着全球经济的发展，城市化进程不断加快，年度高层建筑的落成数量明显提升，但是200m以上建筑的数量增幅趋缓。世界高层建筑与都市人居学会统计了自1979年起每年建造的200m以上超高层建筑总数，如图1-21所示。21世纪以来，我国成为200m以上高层建筑和300m以上超高层建筑数量最多的国家。世界范围内，2018年、2019年的年度最高建筑均位于我国，分别是528m高的中国尊和530m高的天津周大福金融中心。表1-1列出了我国已建成的和正在建设的400m以上的超高层建筑。

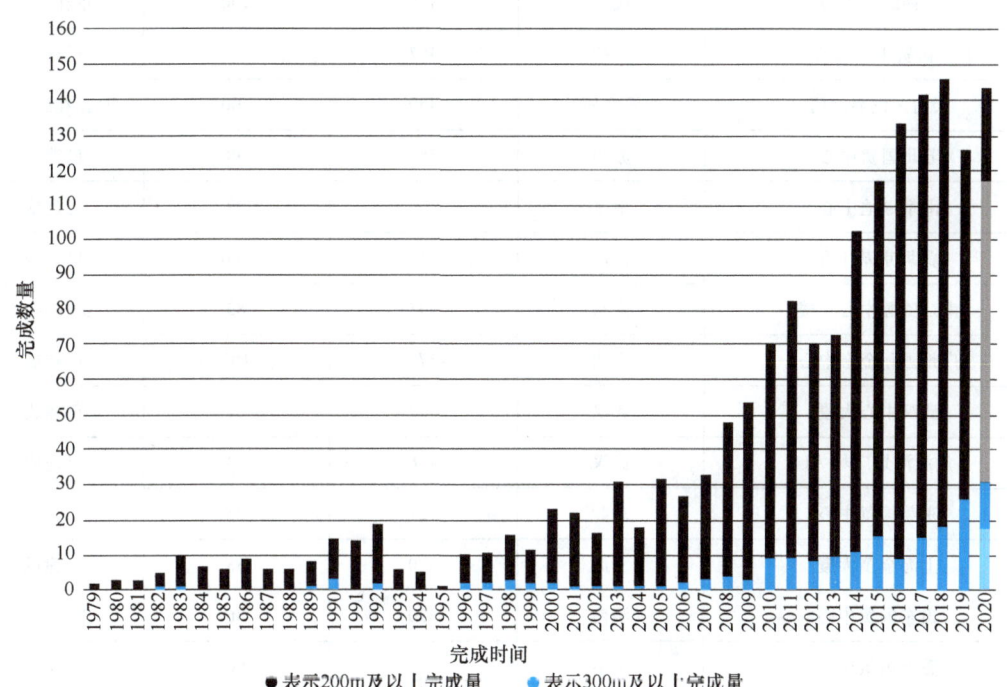

图1-21 1979年—2020年世界范围内建成的200m及以上高层建筑的年度数量

表1-1 我国已建成的和正在建设的400m以上的超高层建筑（截至2020年年底）

建筑名称	地区	高度/m	层数	状态
上海中心大厦	上海	632	124	已建成
平安国际金融中心	深圳	599.1	118	已建成
广州周大福金融中心	广州	530	111	已建成
天津周大福金融中心	天津	530	97	已建成
中国尊	北京	528	108	已建成
台北101大楼	台北	508	101	已建成
苏州中南中心	苏州	499.2	103	正在施工
绿地金茂国际金融中心	南京	498	104	正在施工
西安绿地中心	西安	498	101	已建成

(续)

建筑名称	地区	高度/m	层数	状态
上海环球金融中心	上海	492	101	已建成
香港环球贸易广场	香港	484	108	已建成
武汉绿地中心	武汉	475.6	97	已建成
成都绿地中心	成都	468	100	正在施工
长沙国贸中心大厦 T1	长沙	452	94	已建成
天山·世界之门	石家庄	450	100	正在施工
苏州国贸中心	苏州	450	98	已建成
南京绿地中心	南京	450	89	已建成
深圳京基100	深圳	441.8	100	已建成
南京资源中心大楼	南京	445	85	正在施工
广州国际金融中心	广州	437.5	103	已建成
武汉中心大厦	武汉	438	88	已建成
武汉河景广场 A1	武汉	436	73	已建成
东莞国贸中心	东莞	427	88	已建成
上海金茂大厦	上海	420	88	已建成
山东国贸中心	济南	420	86	正在施工
香港国贸中心	香港	412	90	已建成
南京贸易大楼二期	南京	411	87	正在施工
宁波中心	宁波	409	80	正在施工
春城之眼	昆明	407	100	正在施工
贵阳贸易中心 T1	贵阳	401	76	正在施工

1.4.2 高层建筑的发展趋势

进入21世纪，新材料、新理念、新技术和新装备的广泛使用，将有力推动高层建筑的发展。新的挑战不仅是结构的高度，还更体现在安全、健康、高效和环保。可以预测的发展趋势有以下几个方面：

1. 高性能材料广泛应用

高强混凝土、高延性混凝土和纤维增强混凝土将在高层和超高层混凝土结构上广泛应用，通过混凝土柱截面、梁截面和板厚的明显减小，有效减轻结构自重，从而提升混凝土材料的强重比；透光混凝土、彩色混凝土的应用，将拓展混凝土构件的建筑表现力和功能；预应力混凝土技术和装配混凝土技术的有效结合，不仅可以缩短施工时间，而且可以设计成为地震后可恢复结构体系，或者进一步加强连接的精密性和安全性；自测应力的光纤或智能骨料，可预埋或拌和在混凝土中，成为与结构共存的长期健康监测的智能传感器。

高强度高延性钢材、高焊接性能钢材也将进一步刷新建筑物的最大高度，并使高层建筑的空间更加灵动和多变，抗侧力体系更加简洁和高效。可再生、可持续的绿色环保材料，如层板胶合木、正交胶合木等现代工程木产品的发展，将促使木结构向高层建筑发展，一批高层木结构、高层木-混凝土混合结构、木-钢混合结构将为人们带来更健康的生活空间。

2. 性能化设计方法的普遍使用

高层建筑结构性能化设计方法是指建筑物生命周期内对其在不同条件下的性能设定理想的目标，并基于该目标进行结构设计。目前基于抗震性能的设计方法已写入规范，在一些复杂高层建筑的设计中得到运用。随着人们对建筑物在结构安全、经济合理、韧性耐久、低碳环保等各方面需求的个性化体现，基于性能的设计方法将在不同领域得到发展。随着计算机技术和人工智能技术的提升，设计有望实现在不同环境和外荷载下的实时响应和虚拟呈现，建筑信息化系统将涵盖高层建筑结构设计、建造和运维，真正实现全生命周期的结构性能可预期。

3. 新结构体系层出不穷

随着城市密度的增加，城市在灾害下的应急能力和灾后的韧性恢复成为社会关心的重要问题。结构控制技术将进一步应用到高层建筑结构中，包括被动控制和主动控制。减隔震技术将更加成熟，一批更有效、更有针对性的新型减隔震控制装置将得到推广。近年来基于地震中可摇摆耗能、震后可恢复功能的新型结构体系成为研究热点。可以预期，在可恢复功能设计理念的前提下，结合装配式结构的特点，结构构件间的连接不仅可以设计成与现浇节点等强的刚性节点，也可以采用预应力技术结合减隔震元部件设计成可控制位移和应力的可控节点，形成新型智能结构体系。

4. 智能配套系统快速发展

安全的建筑离不开智能化的配套系统。具有快速疏散能力且在灾害发生时可用的高速电梯将成为高层建筑的标准配置以替代火灾或灾害时无法使用的普通电梯。高层消防设施、自动报警装置、智能控制系统将有效提升高层建筑在应急状态下的安全性；新风系统、给水排水系统将进一步合理布置，创建健康安全的生活空间；节能玻璃、城市用屋顶风机、幕墙太阳能等城市新能源技术，以及双幕墙、智能通风、节能百叶窗等建筑低能耗技术将在高层建筑中得到进一步推广应用，以实现高层建筑的低碳运维。高层建筑的健康安全、舒适环保、低碳绿色将成为设计的重要环节。

5. 检测监测技术不断提升

随着使用年限的增长，结构耐久性和结构健康状况已成为研究热点。我国的高层建筑将从大面积建造阶段转化为大面积维护阶段。结构材料老化、建筑功能改造、安全需求提高等都将对既有高层建筑的后续使用性能提出挑战，绿色加固改造技术将成为新的研究热点。自带智能传感器的高层建筑或安装有传感系统的高层建筑将成为城市或地区的"传感器"，实现区域内风荷载、地震作用、以及温度、变形等长期作用或偶然荷载的数据积累，为高层建筑和超高层建筑的设计、施工、研究提供可靠的技术支撑，为城市韧性提升和智慧管理提供可靠保障。

思考题

1. 高层建筑和超高层建筑的定义与哪些因素有关？本书中高层建筑和超高层建筑定义的高度分别是多少？
2. 高层建筑的优势是什么？不利之处是什么？如何权衡？
3. 高层建筑结构的受力特点是什么？
4. 随着房屋高度的增加，当顶部作用水平集中力，请画出其底部剪力、底部弯矩和顶点水平位移与房屋高度的关系示意图。
5. 请根据您对所在地区高层建筑发展的理解和观察，简述高层建筑的发展趋势。

第 2 章　高层建筑结构体系与概念设计

> 【学习目标】
>
> 　　掌握高层建筑结构体系的构成、建筑物合理高度、合理高宽比、适用范围及布置原则等；掌握抗侧力体系、楼盖体系的基本组成和要求；掌握高层结构体系选择的概念设计方法，了解高层建筑基础设计的基本知识。
>
> 【学习方法】
>
> 　　以高层建筑结构体系为目标，学习组成整体结构体系的抗侧力体系、楼盖体系和基础组成，掌握各部分的基本概念和设计要求；学习概念设计方法，理解和掌握不同抗侧力体系对应的高度、高宽比、楼层水平位移、结构舒适度的合理应用范围。

■ 2.1　抗侧力体系

　　高层建筑的关键是其高度。随着高度的不断提高，结构的受力性能和变形特点也发生变化。低、多层建筑中起决定作用的荷载是重力荷载和地震作用；高层建筑中，起决定作用的荷载是地震作用和风荷载；随着高度的进一步增加，起决定作用的水平荷载逐渐从地震作用转为风荷载。随着人们对刷新纪录的挑战和对目标最大化的渴望，高层建筑的形态日趋多样和复杂，抗侧力体系的设计成为高层建筑结构设计的关键。

概念设计的重要性

　　一般情况下，高层建筑结构首先按材料分类，继而按抗侧力体系分类。

2.1.1　高层建筑结构的分类方法

1. 按结构构件材料分类

　　（1）配筋砌体结构　8~12 层的小高层建筑的结构材料可以采用混凝土空心砌体。在纵墙和横墙相交处以及门窗洞口设置配筋混凝土芯柱，通过芯柱和混凝土梁形成的约束作用提高砌体剪力墙的延性和抗侧能力。该类结构的抗侧力体系为剪力墙结构体系。因内部空间的局限性及施工速度要求，目前较少使用。

(2) 钢筋混凝土结构　其受力构件均采用钢筋混凝土材料,适用于多种抗侧力体系,如框架结构、剪力墙结构、筒体结构,以及多种形式组成的混合结构体系,所以钢筋混凝土材料是我国使用最为广泛的结构材料,钢筋混凝土高层建筑结构是本书讲授的重点。

(3) 钢结构　其受力构件均采用钢构件,纯钢结构高层建筑的适用高度有限,为了提高其抗侧刚度,常采用钢框架-屈曲支撑结构体系,或带阻尼器的钢框架-屈曲支撑结构体系。适用于大跨度空间要求高的高层建筑,如大型商场、办公楼、超高层建筑的裙房等。

(4) 型钢混凝土组合结构　主要受力构件为型钢混凝土组合构件,即梁、柱和剪力墙的截面均为型钢混凝土组合截面,可以是外包型钢混凝土组合构件,或内置型钢混凝土组合构件。由于该构件由型钢和混凝土组合而成,其强度和延性较普通混凝土构件高,可适用于更高的楼层和更大的楼面跨度要求,常用于150m以上的高层建筑中。

(5) 钢-混凝土组合结构　由钢构件和钢筋混凝土或型钢(钢管)混凝土构件共同组成的高层结构形式。常用于钢框架-混凝土筒体结构或巨型结构中。因其充分利用钢材良好的强重比、钢筋混凝土或型钢(钢管)混凝土良好的抗压性、防火性和较高的阻尼特征,且适合装配式施工需求,成为超高层结构的主要形式之一。

(6) 高层木结构和木-混凝土/钢混合结构　近年来,正交胶合木、层板胶合木等工程木产品成为高层建筑结构又一可选的重要材料,其结构形式多为正交胶合木剪力墙-混凝土核心筒结构,或钢框架中内填木剪力墙的钢木剪力墙结构;或胶合木框架-支撑-混凝土核心筒混合结构。

2. 按抗侧力体系构成分类

高层建筑与多层建筑相比,结构所受的水平作用力(如风荷载和地震作用)对结构的受力特性和变形特征起到决定性的控制作用。因此,抗侧力体系的构成是决定高层建筑结构体系的关键。目前常见的抗侧力体系有框架结构、剪力墙结构、框架-剪力墙结构、板柱-剪力墙结构、框架-支撑结构、筒体结构、伸臂桁架结构和巨型结构等。为了提高超高层结构主要受力构件之间的变形协调,增加结构的整体性,具有2~3层高度的空间桁架成为连接框架和筒体、筒体与筒体、巨型柱与筒体的主要水平构件,该类结构也称为伸臂结构体系,如框架-筒体-伸臂结构、筒中筒-伸臂结构、巨型柱-筒体-伸臂结构。图2-1为高层钢筋混凝土结构主要类型与建筑物高度的关系。

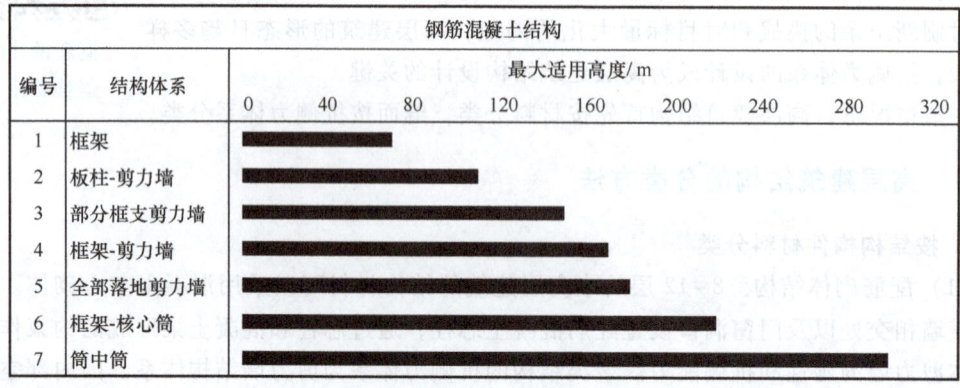

图 2-1　高层钢筋混凝土结构主要类型与建筑物高度的关系

2.1.2 高层建筑结构的抗侧力体系

高层建筑结构的抗侧力体系

1. 框架结构

框架结构（图 2-2）是由梁和柱在节点区通过刚性连接构成的结构体系。构件材料一般为钢筋混凝土、型钢混凝土或结构钢。框架结构的建筑特点是：空间布置灵活，使用方便，常用于商场、办公楼、综合楼。

框架结构的结构特点是：梁与柱节点是刚性连接，即梁与柱之间除传递剪力和轴力外，必须保证弯矩的传递。结构计算时，该节点假定为理想刚性。因此，节点的转动刚度与柱的抗侧刚度决定着框架结构的主要抗侧能力。与后续介绍的几种结构体系相比，框架结构抗侧刚度小，楼层水平位移大，对支座不均匀沉降比较敏感。

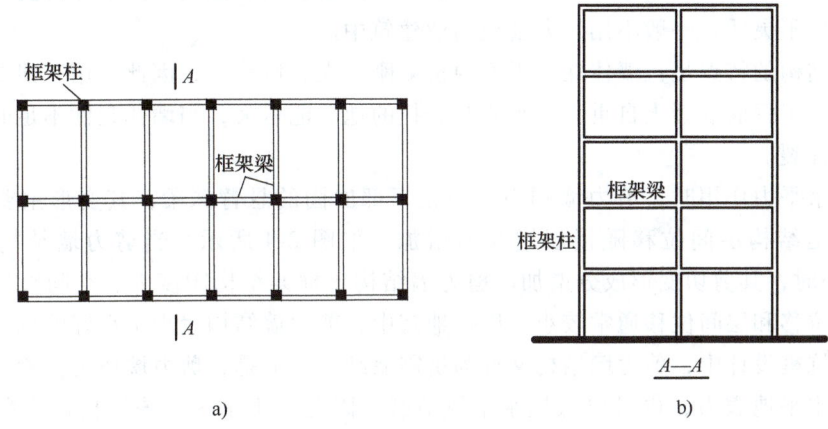

图 2-2 框架结构
a) 框架结构平面示意图　b) 框架结构立面示意图

框架节点区内力集中，是关系到结构整体安全的关键部位。震害表明，节点破坏常导致结构整体倒塌。因为节点破坏导致结构传递水平荷载的能力迅速下降，侧移增大，从而导致框架柱在竖向荷载下重力二阶矩（$P\text{-}\Delta$ 效应）激增，楼层柱端弯矩激增，随即导致局部倒塌。同一楼层发生同方向的侧移结果导致该层结构倒塌，并可能发生连续性的整体倒塌。因此，在框架结构中，应确保节点的强度和刚度高于梁和柱的要求。

一般情况下，纯框架结构的高层建筑总高度在 50m 左右，水平荷载作用下结构的整体变形为剪切型变形，即下部楼层的层间水平位移大于上部楼层的层间水平位移（图 2-3）。随着楼层的高宽比（建筑物大屋面高度 H 与建筑物平面短边 B 之比）的增大，

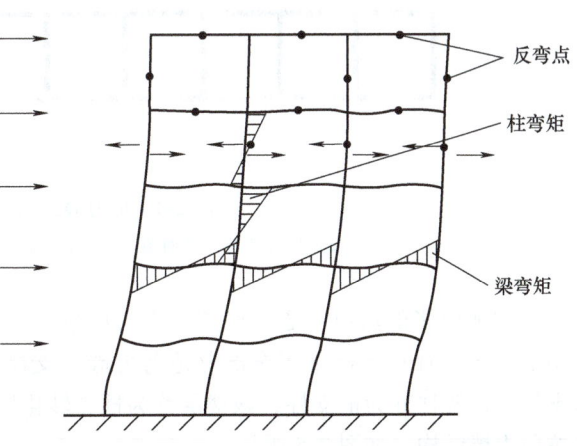

图 2-3 框架结构在水平荷载作用下的变形特征

框架结构在水平风荷载作用下也表现出一定的整体弯曲变形形式。

由于框架结构抗侧刚度相对较小,因此对于填充墙或其他非结构构件,需要考虑其变形能力可适应框架结构变形的要求,以免造成在水平荷载作用下填充墙或其他非结构构件的破坏。

2. 剪力墙结构

剪力墙结构是指结构由纵横方向的墙体承担主要的水平和竖向荷载的结构体系。不同的材料均可构成墙体结构,如常见的钢筋混凝土剪力墙结构。另外型钢混凝土墙体、钢板混凝土墙体,以及配筋砌块墙体或正交胶合木(Cross Laminated Timber,CLT)均为剪力墙结构。若按照施工方法分类,钢筋混凝土剪力墙结构可分为现浇剪力墙结构、预制墙板装配式剪力墙结构和内墙现浇、外墙预制装配的剪力墙结构。剪力墙结构的建筑特点是房屋空间无凸出平面的框架柱,室内墙面平整,常用于高层住宅和高层宾馆;但由于其墙体位置固定,建筑空间整体使用不灵活,一般不用于办公或商业建筑中。

剪力墙结构的特点是:墙体在其平面内抗侧刚度大,侧移小,因此可用于建造较高的高层建筑。但由于钢筋混凝土自重大,吸收和分担的地震能量大,当墙体延性不足时,可能导致墙体根部开裂。

在承受水平力作用时,剪力墙相当于一根下部嵌固的悬臂深梁,其变形主要是弯曲变形,其特点是结构层间位移随楼层增高而增加,如图2-4所示。当剪力墙结构的高宽比(H/B)较小时,其剪切变形成分增加。剪力墙结构比框架结构刚度大、空间整体性好,结构顶点水平位移和层间位移通常较小。以往地震中,剪力墙结构表现出良好的抗震性能,震害较轻。在抗震设计中,剪力墙结构又称为抗震墙结构。但是,剪力墙作为抗侧力构件,不仅可以抵抗水平地震力,也可以抵抗水平风荷载,因此在本书中,该结构体系称为剪力墙结构。

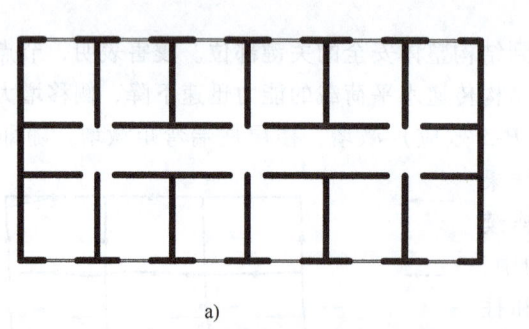
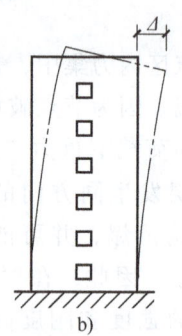

图 2-4 剪力墙结构的变形特征
a)剪力墙结构平面图 b)剪力墙结构墙体立面及变形示意图

在用地紧张的城市中心,底部为多层商场、上部为住宅或酒店的高层建筑,由于底部大空间的需求,往往不能采用全部落地剪力墙,支撑未落地剪力墙的框架梁称为框支梁,承受框支梁的框架柱称为框支柱,该楼层称为框支转化层,该类结构称为框支剪力墙结构,即框架支撑剪力墙结构,如图2-5所示。

3. 框架-剪力墙结构

框架-剪力墙结构是把框架和剪力墙两种结构共同组合在一个楼层平面内而形成的结构体系（图 2-6）。房屋的竖向荷载分别由框架和剪力墙共同承担，而水平作用主要由抗侧刚度较大的剪力墙承担。这种结构既具有框架结构布置灵活、使用方便的特点，又有较大的刚度和较强的抗震能力，因而广泛应用于高层办公建筑和宾馆建筑中。

由于剪力墙承担了大部分的水平剪力，框架的受力状况和内力分布得到改善。主要表现为，框架所承受的水平剪力减少且沿高度分布比较均匀。剪力墙所承受的剪力越接近结构底部越大，有利于框架变形的控制；而在结构上部，框架的水平位移呈现比剪力墙的位移小的趋势，剪力墙承受框架约束的负剪力。图 2-7 是框架、剪力墙以及框架-剪力墙结构的变形特征。

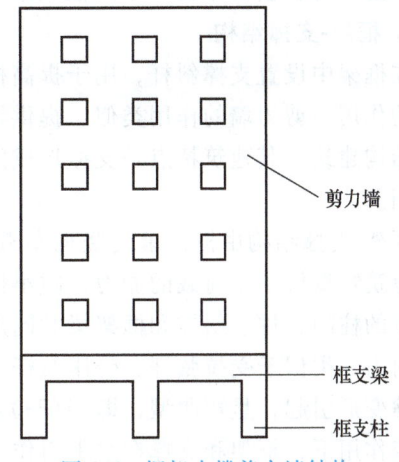

图 2-5　框架支撑剪力墙结构

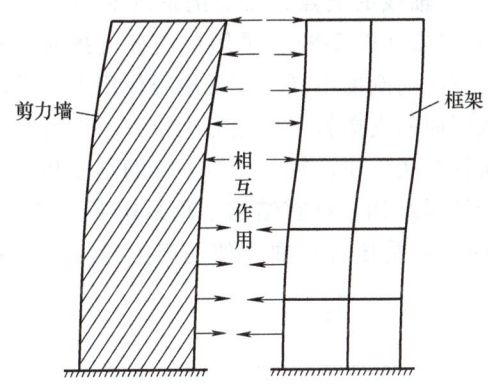

图 2-6　框架与剪力墙相互作用示意图

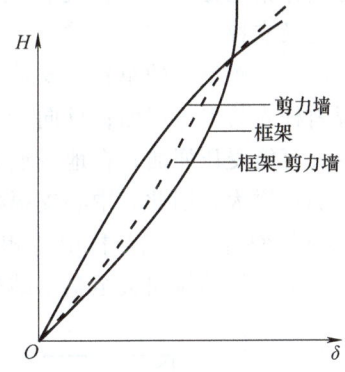

图 2-7　框架、剪力墙及框架-剪力墙结构的变形特征

4. 板柱-剪力墙结构

板柱-剪力墙结构是指由楼板、柱和剪力墙共同组成的结构体系，其中楼板直接搁置在柱或剪力墙上，结构中一般没有梁构件，是一种无梁楼盖体系。竖向荷载由柱和剪力墙共同承受，楼板作为主要水平构件协调柱与剪力墙协同变形、共同受力。

板柱-剪力墙结构具有结构施工支模及绑扎钢筋简单、顶棚无框架梁隔断、楼层净高增加及室内布置简洁灵活等优点。但该类结构因缺少框架梁，所以协调柱与剪力墙变形的能力较差，易导致板（或剪力墙）节点区受力集中，在柱（或剪力墙）周边产生较大的附加应力而造成楼板节点区的破坏，进而可能导致楼层的局部坍塌或整体倒塌。因此，楼板的厚度、柱上板带和柱间板带的配筋、构造等必须做详细计算和设计，《建筑抗震设计规范》（GB 50011—2010）（2016 年版）（简称《抗震规范》）对于板柱-剪力墙结构做了严格的规定。在必要时，仍需布置一定的框架梁。

5. 框架-支撑结构

在框架中设置支撑斜杆，用于提高框架结构的抗侧承载力和刚度，称为框架-支撑结构。支撑的作用与剪力墙的作用类似，提供结构主要的水平抗侧刚度和抗侧承载力。一般用于高层钢结构建筑，其建筑特点是支撑形成的隔断可以是半开放型的，便于空间的灵活布置和有效利用。

框架-支撑结构由框架承受竖向荷载和水平荷载，支撑提高结构的整体性和抗侧刚度，提高建筑物抵抗水平荷载的能力，减小楼层的水平层间位移。支撑斜杆一般布置在沿高度方向一致的柱间，柱、斜撑和框架梁共同形成竖向桁架结构，在水平力作用下所有构件主要承受轴向力，类似于受拉弦杆、受压弦杆和腹杆。因此该桁架的侧移曲线主要由两侧柱的拉伸及压缩变形引起，呈弯曲型，即层间位移角由下而上逐层增大。与框架-剪力墙结构类似，在楼盖作用下，框架和支撑在水平力作用下侧移协调，即在楼板处两者侧移相同，使结构的整体侧移曲线呈弯剪型。在框架-支撑结构中，框架的刚度小，承担的水平剪力小；支撑桁架的刚度大，承担的水平剪力大。为提高高层钢结构的耗能特性，减小钢支撑受压屈服破坏，目前钢支撑常采用防屈曲耗能支撑。

支撑的形式根据受力点位置可分为中心支撑和偏心支撑。

中心支撑指的是支撑斜杆的轴线交会于框架梁柱轴线的交点，常见的形式有单斜杆支撑、十字交叉支撑、人字形支撑、V形支撑和K形支撑（图2-8）。采用单斜杆支撑时，必须在其他跨内布置反向的单斜杆支撑，以避免两个方向的刚度不同。在强地震作用下，受压的钢支撑斜杆容易发生屈曲；反向荷载作用下受压屈曲的支撑斜杆不能完全拉直，而另一方向的斜杆又可能受压屈曲；在地震反复作用下，斜杆多次压屈，致使支撑框架的刚度和承载力降低、侧移增大，因此，中心支撑框架更适宜于抗风结构。抗震结构不得采用K形支撑，因为K形支撑斜杆的交点与柱中段相交，受拉杆屈服和受压杆屈曲会使柱产生较大的侧向变形，可能引起柱的压屈甚至整个结构倒塌。

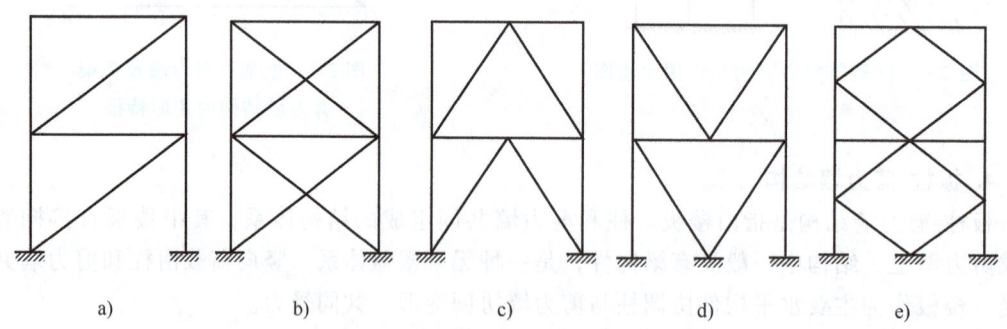

图 2-8　典型中心支撑框架立面

a）单斜杆支撑　b）十字交叉支撑　c）人字形支撑　d）V形支撑　e）K形支撑

偏心支撑框架的特点是支撑连接位置偏离梁柱节点，每根斜杆应至少一端与消能梁段相连。消能梁段是指梁端或梁跨中的一段短梁，其作用是在大震或强风作用下，消能梁段腹板剪切屈服，通过腹板塑性变形耗散能量，使支撑杆件处于弹性状态，不出现受拉屈服或受压屈曲的现象，相连的框架柱和框架梁也处于弹性状态。研究表明，经过合理设计的消能梁段通过腹板剪切屈服，具有塑性变形大、屈服后承载力继续提高、滞回耗能稳定等特点。偏心支撑框架的基本形式有单斜杆、人字形和 V 形（图 2-9）。偏心支撑的刚度可设计成与中心支撑的刚度接近，消能梁段越短，其刚度越大。

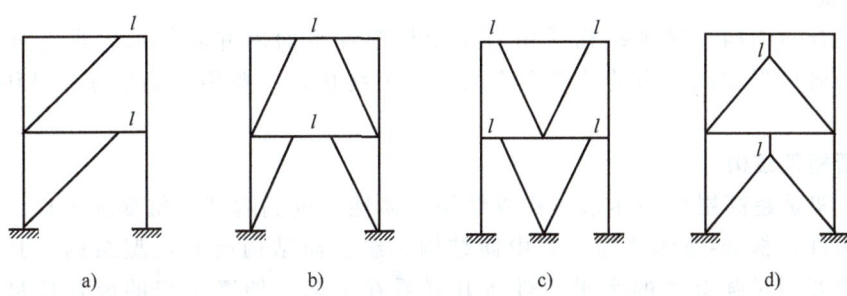

图 2-9　典型偏心支撑框架立面（l—消能梁段）
a) 单斜杆偏心支撑　b) 人字形偏心支撑　c) V 形偏心支撑　d) 消能梁段垂直偏心支撑

用墙板代替钢支撑并嵌入钢框架成为框架-墙板结构。墙板的类型有带竖缝钢筋混凝土墙板、带横缝钢筋混凝土墙板、内藏钢支撑钢筋混凝土墙板、钢板墙和带竖缝钢板墙等。框架-墙板结构的主要特点为：墙板预制，现场用焊接或螺栓与框架梁连接，镶嵌在框架内，施工现场没有湿作业；与现浇剪力墙相比，预制墙板的刚度较小，与钢框架的刚度更加匹配；预制墙板不承担竖向荷载，仅承担侧向力引起的层剪力。

6. 筒体结构

筒体结构是指以闭合的剪力墙（主要是钢筋混凝土等）在平面内围成箱形，形成薄壁筒体，或以密柱框架围成空间整体受力的外框筒体组成的抗侧力结构体系。

根据筒的布置、组成和数量等，筒体结构可分为筒中筒结构、框架-核心筒结构、组合筒结构等（图 2-10）。

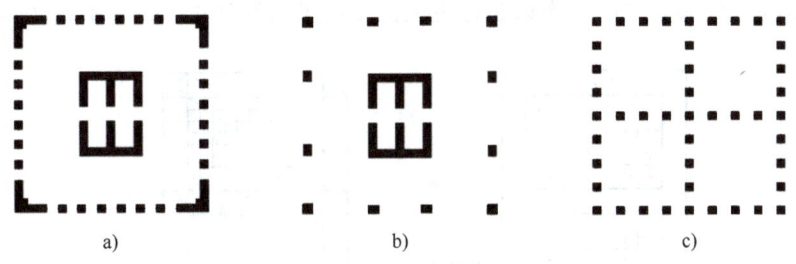

图 2-10　筒体结构
a) 筒中筒结构　b) 框架-核心筒结构　c) 组合筒结构

（1）筒中筒结构　筒中筒结构的内筒，一般由钢筋混凝土剪力墙及连梁构成核心筒（薄壁筒），外筒为密柱及裙梁组成的框筒。外筒柱间距一般为 3~4m，可采用钢柱或钢筋混凝土柱。外筒和内筒通过框架梁和楼板协调水平变形；超高层建筑采用筒中筒结构形式时，一般在一定高度设置伸臂桁架，加强内筒与外筒之间的变形协调。内筒的抗剪性能一般优于外筒，但外筒的抗弯、抗扭转和抗倾覆性能优于内筒。

（2）框架-核心筒结构　当外框需要有良好的视野和采光时，外部的柱距就必须扩大，这样外框就无法形成筒体性质的受力特点，这时外部就是框架，柱距没有一定的限制，柱距一般为 5~12m；但是内筒必须是闭合的薄壁筒体，一般情况下是钢筋混凝土核心筒或型钢混凝土核心筒。

（3）组合筒结构　这种结构是由若干个框筒在平面内并联构成，具有强大的抗侧刚度。各框筒可根据抗侧力的需求在不同的高度终止，一般用于高度超过 450m 的超高层建筑。

7. 伸臂桁架结构

伸臂桁架是超高层结构体系中构成结构整体性、抗侧刚度、抗侧能力以及抗倾覆能力的主要构件。框架-筒体结构、筒中筒结构、组合筒结构或者巨型结构，其竖向主要受力构件需要通过强有力的水平构件将其联系在一起。伸臂桁架的设置数量和位置对结构的抗侧能力影响明显，因此所在楼层也称为加强层。建筑上常将此楼层作为特殊功能的楼层。近年来在超高层建筑中，将有伸臂桁架结构的一类建筑归类为伸臂桁架结构体系。

伸臂桁架一般有 2~3 层高的桁架贯穿主要抗侧力构件，并与外围环带桁架连成一体，形成有效的位移协调体系，从而约束弯矩的开展和水平侧移的发展。伸臂桁架可以是一道或多道，可布置在建筑物的顶层或中间某处，伸臂桁架设置的越多，结构的整体抗侧刚度越大，楼层水平位移越小。但是，伸臂桁架层刚度设置使结构沿竖向刚度不均匀，出现层间位移角的突变；在建筑上由于空间桁架的设置，使得空间使用受到限制；在施工中由于空间桁架需要与巨型柱中的钢构件、筒体剪力墙中的钢构件焊接，使得竖向的施工流程发生巨大变化，相应的滑模施工需要调整，施工时间是普通楼层的数倍。因此，合理布置伸臂桁架加强层是超高层结构方案设计中的重要工作之一。

8. 巨型结构

巨型结构包括由巨型构件组成的巨型框架结构和巨型支撑桁架结构等主结构，及普通构件组成的次结构，两部分共同工作以获得更大的使用灵活性和更大的承载能力（图 2-11）。

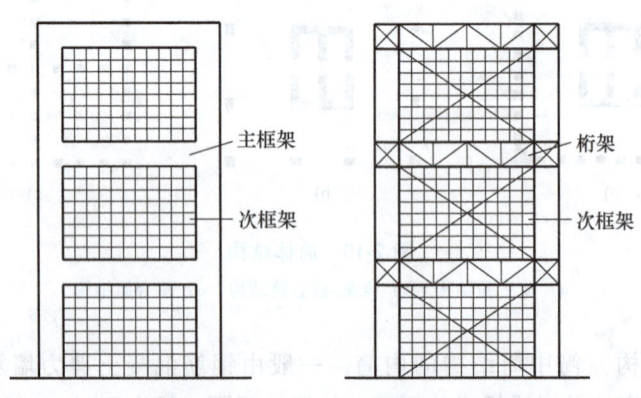

图 2-11　巨型结构

巨型框架结构中的周边对称设有大箱形截面巨型柱，或大截面实体柱，每隔若干层设置一道巨型梁，其梁高一般为2~3层建筑楼层高度。为满足建筑空间的使用要求以及减轻结构自重，该巨型梁常用桁架结构，将巨型柱与核心筒体相连，因此也称为伸臂桁架。由巨型梁、巨型柱或者巨型支撑以及外围环带桁架共同组成的巨型框架承受结构整体水平荷载和竖向荷载，为一级结构或主结构体系；巨型框架之间的一般框架梁和一般框架柱形成普通楼层，组成次框架体系，为二级结构或次结构体系。各楼层的竖向荷载通过梁柱次框架结构将竖向力传递至主框架结构。次框架梁柱截面小，仅承受该楼层传递的竖向荷载，因此可满足建筑布置的灵活性和有效性。主框架将次框架传递的竖向荷载以及整个大楼的风荷载（或地震作用）传递至基础。

2.2 楼盖结构体系

楼层作为沿竖向分隔的空间，楼盖必须具有传递竖向荷载的基本功能。因此，在高层建筑中，常将楼盖结构体系称为抗重力体系。

高层建筑中的楼盖结构不仅要承受该楼层的竖向荷载（如静荷载或活荷载），还要作为平面内刚度无穷大的构件协调抗侧力构件的变形，使楼层平面成为一个刚性平面运动，即平面内各点的运动与平面形心的平动和转动呈线性关系。换句话说，如果楼板因为功能需要开大洞，或者楼盖在平面内的刚度无法达到无穷大，则该楼层的抗侧力构件（如框架柱、剪力墙）的水平位移将不协调，当采用有限元计算时需要特别注意楼板刚性假定。在高层建筑中，楼盖的设计不仅要能承受竖向力的传递，还要能承受水平力的传递。

高层建筑中常见的楼盖与多层结构相似，一般为现浇梁板式楼盖、密肋楼盖、装配整体式楼盖、预应力楼盖、平板式楼盖、压型钢板混凝土组合楼盖等。

2.2.1 现浇梁板式楼盖

梁板式楼盖又称为肋梁式楼盖。竖向力通过板传递给周边的梁，继而传递给框架柱或剪力墙，再传递至基础。因为有梁的约束作用，楼板可以相对较薄。对于双向板，最小结构厚度可以是支撑梁短边跨度的1/45~1/40；对于单向板，一般可以做到1/35~1/25。考虑到平面内刚度无穷大及楼板的裂缝控制要求，同时考虑到施工可操作性和楼板的收缩与温度变形等因素，高层建筑的楼板厚度一般不小于100mm，（卫生间等特殊小板区间除外）。在保证上述功能要求的前提下，楼板越薄越经济。这是因为楼板重力是高层建筑重力的主要构成之一。楼板越重，地震作用越大，对结构的抗侧力要求和基础承载力要求越高。同时，楼层的有效净空高度也是设计追求的重要指标，有效减小楼板厚度可以有效增加楼层净空高度或增加建筑面积。

高层建筑中，框架梁对于传递水平荷载和竖向荷载产生的弯矩和剪力具有重要的作用，因此对于框架结构、框架-剪力墙结构和框架-筒体结构等，必须设置沿主要受力方向的框架梁。钢筋混凝土框架梁的高度一般为跨度的1/15~1/10，如有特殊要求，也可以做到跨度的1/18。在多层建筑中增大梁的高度对于提高梁的抗弯承载力是非常有效的。但是在高层建筑中，结构的有效性需要综合考虑，采取较为宽扁的梁，不仅可以有效提高楼层的净空高度，而且可以提高框架结构的延性，实现"强柱弱梁"的抗震理念。所以，在高层建筑设计的方案阶段和初步设计阶段，梁板结构的优化以及柱距的优化是非常重要的。

2.2.2 装配整体式楼盖

当高度不超过 50m 的剪力墙结构和框架结构，且各榀抗侧力构件的抗侧刚度基本一致时，则水平力在各榀抗侧力构件中的分配比较均匀，楼盖在平面内受力较小，可采用预制楼板，现场装配后通过现浇板缝连为整体。现浇板缝宽度为 50mm，放置一根钢筋，用高强混凝土充填密实。有时也可以在预制楼板之间现浇一条较宽的现浇带，形成叠合梁，以加强楼盖的整体性。

《高层建筑混凝土结构技术规程》（JGJ 3—2010）中规定的 6、7 度抗震设计时可采用装配整体式楼盖，且应符合下列要求：

1) 无现浇叠合层的预制板，板端搁置在梁上的长度不宜小于 50mm。

2) 预制板板端宜预留胡子筋，其长度不宜小于 100mm。

3) 预制空心板孔端应有堵头，堵头深度不宜小于 60mm，并应采用强度等级不低于 C20 的混凝土浇灌密实。

4) 楼盖的预制板板缝上缘宽度不宜小于 40mm，板缝大于 40mm 时应在板缝内配置钢筋，并宜贯通整个结构单元。现浇板缝、板缝梁的混凝土强度宜高于预制板的混凝土强度等级。

5) 楼盖每层宜设置钢筋混凝土现浇层。现浇层厚度不应小于 50mm，并应双向配置直径不小于 6mm、间距不大于 200mm 的钢筋网，钢筋应锚固在梁或剪力墙内。

对于高度 50m 以下的框架-剪力墙结构，由于框架和剪力墙的抗侧力不同，要求楼板在自身平面内有足够大的刚度，水平力将通过楼盖进行传递和分配，应在预制板上浇筑现浇层：现浇面层混凝土强度等级不低于 C20，不应高于 C40，并应双向布置 $\phi 6 \sim \phi 8$mm、间距 $150 \sim 200$mm 的钢筋网，钢筋应伸入剪力墙内或与剪力墙预留的锚筋连接。对于高度 50m 以下的高层建筑，房屋的顶层、结构转换层、楼盖有大的开洞处、平面复杂具有较大凹凸处等部分仍建议采用现浇楼盖。

高度超过 50m 的建筑，宜采用现浇楼盖结构。特别是框架-剪力墙结构，框架部分的水平力要通过楼盖传到剪力墙上，对楼板平面内的刚度有更高的要求，因此宜优先采用现浇楼盖结构。9 度抗震设防时，宜采用现浇楼盖。现浇楼盖的混凝土强度等级不应低于 C20，不宜高于 C40。

随着建筑工业化的快速发展，新的预制楼板和装配式方法不断涌现，设计理念为等同现浇，因此在构造处理中应确保连接可靠安全，确保等同现浇措施的落实，在高烈度地区和高层建筑结构中谨慎采用。

2.2.3 板式楼盖

板式楼盖区别于梁板式楼盖的主要特点就是没有凸出板面的梁。虽然没有可见的梁，但是柱上条带楼板的作用具有梁的受力特点，需承担剪力、弯矩，并将水平力传递到各框架柱或剪力墙上，使其协调工作。板式楼盖最大优点是有效提高了楼层的净空高度，且方便施工，方便设备布置且空间灵活。我国规范建议一般用于高度 50m 以下的多高层住宅或办公楼中，但在北美和欧洲应用较为普遍，近百米的高层住宅和办公楼常采用板式楼盖。实心双向板的厚度一般不小于柱间跨度的 1/30；当柱距较大时，实心板的抗弯承载力将不能抵抗其自重产生的弯矩，因此常采用密肋板，也称为华夫板。即通过密肋在减小自重的前提下提高楼板的抗弯能力和抗剪能力。为了方便施工，同时满足板面和板底的平整，空心楼板也是一种不错的选择。即在支模时置入聚氯乙烯（PVC）管，形成空腔，其工作原理同密肋板。

为提高板式楼盖的受力性能和使用效率，预应力双向板在 20 世纪 70 年代得到快速发展。一般采用双向布置的预应力钢绞线或预应力钢筋，采用先张法施工。预应力板式楼盖通过预应力筋有效控制了楼板的挠度，减小了楼板厚度，即达到有效减小楼板自重的目标，因此结构效率高，在欧美的高层住宅、酒店和办公楼中得到广泛应用。

■ 2.3 高层建筑的基础

高层建筑的基础是整个结构的重要组成部分，关系到整个结构的安全与经济。高层建筑的基础必须具有足够的刚度和稳定性，能对上部结构构成可靠的嵌固作用，避免不均匀沉降，防止在偶然荷载作用下建筑物发生倾覆或滑移。基础底面积的形心，应与上部结构恒荷载的合力中心相重合。

2.3.1 基础形式

高层建筑的基础类型有筏形基础和箱形基础。一般情况下，筏形基础和箱形基础下均布置桩，也称为桩基础。

1. 筏形基础

筏形基础是指用平板或梁板作为建筑物的基础底板，承受框架柱、剪力墙或支撑传递下来的轴力、剪力和弯矩，通过自身平面内和平面外的刚度协调上部建筑传递的内力和变形，并将其传递至桩基础。筏形基础根据其平面特征分为平板式筏形基础和肋梁式筏形基础。肋梁的作用是有效加强筏板的抗弯、抗剪和抗冲切能力，当竖向构件（框架柱、剪力墙或支撑）传递到筏板的内力较小时，可以采用平板式筏形基础，其特点是建筑

高层建筑基础

空间使用灵活、施工便捷。一般情况下，当高层建筑地下需布置商场、车库时，由于大空间的需要，则采用平板式筏形基础或下肋梁式筏形基础。

2. 箱形基础

箱形基础是指利用地下室剪力墙和基础筏板形成箱体，承受框架柱、剪力墙或支撑传递下来的轴力、剪力和弯矩，通过箱体的刚度协调上部建筑传递的内力和变形，并将其传递至桩基础。与筏形基础相比，箱形基础的空间刚度更大。需要指出的是，并不是有几道剪力墙落地，或者有基础外围地下连续墙围合就是箱形基础。箱形基础要求围合的剪力墙截面面积不小于被围合的基础底板面积的 1/10。由此可见，对于车库、商场或有大空间要求的地下室，因其落地剪力墙的面积难以达到箱形基础的要求，一般都是筏形基础，如图 2-12 所示。当上部结构荷载较大，对基础空间刚度要求高，筏形基础难以满足其刚度和承载力要求时，可采用箱形基础。一般情况下，箱形基础的地下空间常用于

设备房或管理用房。

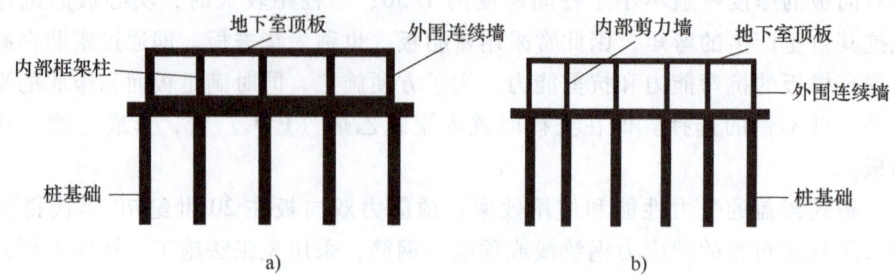

图 2-12　筏形基础与箱形基础结构剖面示意图
a) 筏形基础示意图　b) 箱形基础示意图

3. 桩基

高层建筑由于楼层高,单位面积所受竖向荷载大,水平荷载对建筑物的剪力和弯矩大,因此一般采用桩基础,利用桩的植入,将上部结构的竖向力传递至深层地基。筏形基础和箱形基础起到承上启下的作用,将柱、剪力墙或支撑的荷载转换后传递至桩基础。桩位的布置与基础底板的设计密切相关,可以布置成柱(墙)下桩基础和板下桩基础。

根据不同的受力方式,桩可分为端承桩和摩擦桩。端承桩是指桩的反力来源于桩端土体的法向承载力,由桩端头的截面面积和土体的强度决定,不考虑桩侧面积与土体产生的摩擦力。摩擦桩是指当桩端土体软弱、强度低时,桩的承载力仅有桩侧与土体之间的摩擦反力,不考虑桩端的承载力。实际工程中的桩受到桩端承载力和桩侧摩擦力的共同作用,在设计中可根据设计规范按一定的方法选用。

桩基础具有承载力可靠、沉降小的优点,已广泛应用于高层建筑结构的地基与基础设计,特别是该基土可能液化的地基条件。当为端承桩时,桩身穿过软弱土层或可液化土层支承在坚实可靠的土层上;当为摩擦桩时,桩身可穿过可液化土层,深入非液化土层内。

2.3.2　基础埋深

高层建筑宜设地下室,抗震设防建筑的高层结构部分,基础埋深宜一致,不宜采用局部地下室。为防止建筑物在地震和风荷载作用下产生侧移和倾覆,高层建筑的基础应有一定的埋置深度,埋置深度可从室外地坪算至基础底面(图 2-13)。在确定埋置深度时,应考虑建筑物的高度、体型、地基土质、抗震设防烈度等因素。一般情况下,基础埋深不宜小于表 2-1 中的数值。

表 2-1　基础埋深

基础结构形式	钢筋混凝土结构	钢结构
天然地基	$H/12$	$H/15$
桩基	$H/15$	$H/18$

注:H 为室外地坪至屋顶檐口的高度。

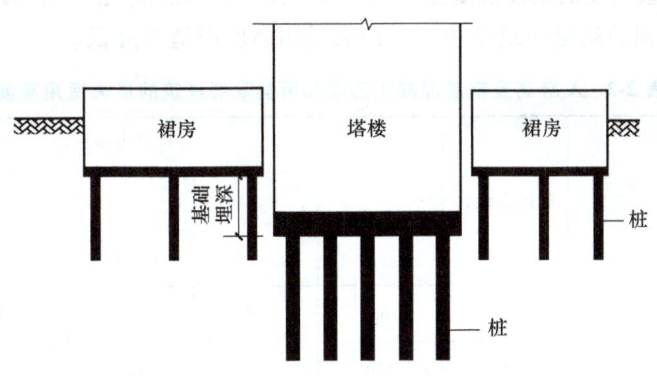

图 2-13 高层结构基础埋深

当采用天然地基或复合地基时，埋置深度可取房屋高度的 1/15；当采用桩基础时，埋置深度可取房屋高度的 1/18（桩长不计在内）；当建筑物采用岩石地基或采用有效措施时，在满足地基承载力、稳定性及基础底面与地基之间零应力区面积不超过限值的前提下，基础埋置深度可不受上述条件的限制。

当主楼与裙房用沉降缝分开时，主楼基础的有效埋深只能从裙房地下室底板标高起计，这时，如果主楼、裙房基础标高相同，则主楼的有效埋深为零，地震时将无侧向约束，十分危险。因此，当主楼、裙房间设沉降缝后，宜将主楼基础加深 1~2 层以取得有效埋深。同样，当地下室周围有连续采光窗井时，基础侧壁无土体阻挡，宜设置短墙联系地下室与采光井挡土墙以形成侧向约束。当基岩较浅、基础埋深不符合要求时，应采取岩石锚杆基础。

2.4 房屋适用的高度与高宽比

高层建筑的承载能力、抗侧刚度、抗震性能、材料用量和造价高低，与其所采用的结构体系密切相关。不同的结构体系，适用于不同的层数、高度和功能。

2.4.1 最大适用高度

高层建筑设计时，首先由建筑师根据该区域的详细规划要求和建筑功能要求确定建筑物的总高度。随后结构工程师根据该高度，考虑该地区的抗震设防烈度、风荷载以及建筑功能需求等因素，选定合理经济的抗侧力体系，使结构效能得到充分发挥，建筑材料得到充分利用。

为方便工程技术人员设计应用，保证结构的安全、经济与适用，我国抗震规范对不同材料和结构体系的建筑最大适用高度做了明确规定。针对高层混凝土建筑，《高层建筑混凝土结构技术规程》（JGJ 3—2010）将结构做了细分，分别对应 A 级高度和 B 级高度。A 级高度与抗震规范规定的高度一致，而 B 级高度，提高了结构体系的最大适用高度，但同时采取更为严格的措施加强了结构抗扭转变形、结构构件设计和构造等一系列要求。

A 级高度和 B 级高度的钢筋混凝土乙类和丙类高层建筑的最大适用高度见表 2-2 和表 2-3。平面和竖向均不规则的高层建筑结构，其最大适用高度应适当降低。

表 2-2　A 级高度钢筋混凝土乙类和丙类高层建筑的最大适用高度　（单位：m）

结构体系		非抗震设计	抗震设防烈度			
			6 度	7 度	8 度		9 度
					0.20g	0.30g	
框架		70	60	50	40	35	—
框架-剪力墙		150	130	120	100	80	50
剪力墙	全部落地剪力墙	150	140	120	100	80	60
	部分框支剪力墙	130	120	100	80	50	不应采用
筒体	框架-核心筒	160	150	130	100	90	70
	筒中筒	200	180	150	120	100	80
板柱-剪力墙		110	80	70	55	40	不应采用

注：1. 表中框架不含异形柱框架。
　　2. 部分框支剪力墙结构指地面以上有部分框支剪力墙的剪力墙结构。
　　3. 甲类建筑，6 度、7 度、8 度时宜按本地区抗震设防烈度提高一度后符合本表的要求，9 度时应专门研究。
　　4. 框架结构、板柱-剪力墙结构以及 9 度抗震设防的表列其他结构，当房屋高度超过本表数值时，结构设计应有可靠依据，并采取有效的加强措施。

表 2-3　B 级高度钢筋混凝土乙类和丙类高层建筑的最大适用高度　（单位：m）

结构体系		非抗震设计	抗震设防烈度			
			6 度	7 度	8 度	
					0.20g	0.30g
框架-剪力墙		170	160	140	120	100
剪力墙	全部落地剪力墙	180	170	150	130	110
	部分框支剪力墙	150	140	120	100	80
筒体	框架-核心筒	220	210	180	140	120
	筒中筒	300	280	230	170	150

注：1. 部分框支剪力墙结构指地面以上有部分框支剪力墙的剪力墙结构。
　　2. 甲类建筑，6 度、7 度时宜按本地区抗震设防烈度提高一度后符合本表的要求，8 度时应专门研究。

钢结构因其自重轻、结构延性好，其最大适用高度比混凝土结构明显增大，《高层民用建筑钢结构技术规程》（JGJ 99—2015）对建筑高度和结构体系也给出了明确的规定。表 2-4

为抗震丙类建筑高层民用钢结构适用的最大高度。

表 2-4　高层民用建筑钢结构适用的最大高度　　　　　　　　（单位：m）

结 构 体 系	非抗震设计	6度、7度 (0.10g)	7度 (0.15g)	8度		9度 (0.40g)
				(0.20g)	(0.30g)	
框架	110	110	90	90	70	50
框架-中心支撑	240	220	200	180	150	120
框架-偏心支撑、框架-屈曲约束支撑、框架-延性墙板	260	240	220	200	180	160
筒体（框筒、筒中筒、桁架筒、束筒）、巨型框架	360	300	280	260	240	180

注：1. 框架柱包括全钢柱和钢管混凝土柱。
　　2. 表内筒体不包括混凝土筒。
　　3. 甲类建筑，6度、7度、8度时宜按本地区抗震设防烈度提高一度后符合本表的要求，9度时应专门研究。

值得注意的是，无论是高层钢筋混凝土结构还是高层钢结构，针对不同抗震设防烈度，当建筑物对应的结构体系的最大高度超过表 2-2~表 2-4 对应的最大高度时，应进行专门研究和论证。

表 2-2~表 2-4 中虽然列出了不考虑抗震设计的结构最大适用高度，但是我国城镇已全部要求进行抗震设防，表中所列数据可作为与抗震设计相比较的一个参考值，也可作为不考虑抗震设防的国家和地区进行高层建筑设计的参考依据。

2.4.2　最大适用高宽比

高层建筑在水平荷载作用下的受力特性犹如一根变截面的悬臂柱，即底部固定，截面随着高度发生变化。结构的高宽比指的就是房屋的高度与房屋平面较短边 B 的比值。结构不倒塌的条件是水平荷载产生的弯矩必须小于结构的抗倾覆弯矩。在结构高度相同，基础抗拔力相同的情况下，嵌固端宽度 B 越大，抗倾覆能力越强。由于地震或风荷载的方向较难确定，所以要求建筑物在主要的两个方向上的抗倾覆能力大于外部荷载产生的倾覆弯矩。在建筑物高度、结构布置、所在场地一定的前提下，外部荷载产生的倾覆力矩是相同的。因此，在方案设计时，建筑物的高宽比对结构的抗倾覆能力起到关键性的作用。嵌固端的有效宽度 B_e 越大，结构的抗倾覆能力越大。这里 B_e 指的是有效宽度，因为处于交通需求，或绿化要求，或者红线要求，建筑物的底层因功能要求而局部收进，此时建筑物的外轮廓线宽度并不是嵌固端的宽度；B 取有效落地结构构件围合而成的宽度，如图 2-14 所示。

为了便于结构工程师进行方案设计，高层建筑规范给出了钢筋混凝土高层建筑结构的高宽比 H/B 建议值，见表 2-5；当高宽比大于 5 或高宽比超出表中限值时，需对整体结构进行抗倾覆验算和整体稳定性验算。

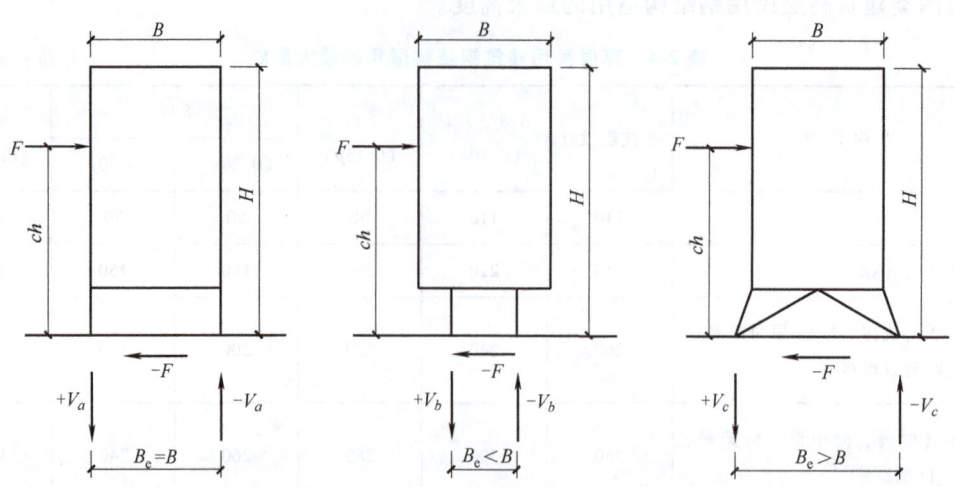

图 2-14 倾覆力矩与建筑物底部有效宽度的关系

表 2-5 钢筋混凝土高层建筑结构适用的最大高宽比

结构体系		抗震设防烈度		
材料	体系	6度、7度	8度	9度
混凝土结构	框架	4	3	—
	板柱-剪力墙	5	4	—
	框架-剪力墙、剪力墙	6	5	4
	框架-核心筒	7	6	4
	筒中筒	8	7	5
钢材	民用钢结构	6.5	6.0	5.5

■ 2.5 结构规则性要求

在高层建筑结构初步设计阶段，除了应根据房屋高度选择合理的结构体系外，尚应对结构平面和结构竖向进行合理的总体布置。结构总体布置时，应综合考虑房屋的使用功能、建筑美观、结构合理以及便于施工等因素。

2.5.1 结构平面布置

高层建筑的结构平面布置，应有利于抵抗水平荷载和竖向荷载，受力明确，传力直接，力求均匀对称，减少扭转的影响。在地震作用下，建筑平面力求简单、规则，风荷载作用下可适当放宽。

1）高层建筑结构平面形状宜简单、规则，刚度和承载力分布均匀，不应采用严重不规则的平面布置。

震害经验表明，L形、T形平面和其他不规则的建筑物（图 2-15），因扭转而破坏的很多,因此平面布置力求简单、规则、对称,避免应力集中的凹角和狭长的缩颈部位。对于严重不规则结构,必须对结构方案进行调整,以使其变为规则结构或比较规则的结构。

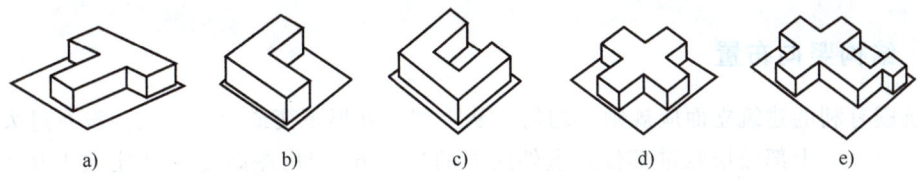

图 2-15 不规则平面示意图

a) T形 b) L形 c) U形 d) 十字形 e) 复杂形

2)高层建筑宜选用风作用效应较小的平面形状。在沿海或丘陵地区,风力成为高层建筑的控制性荷载,采用风压较小的平面形状有利于抗风设计。对抗风有利的平面形状是简单、规则的凸平面,如圆形、正多边形、椭圆形、鼓形等平面。对抗风不利的平面是有较多凹凸的复杂平面形状,如 V 形、Y 形、H 形、弧形等平面。

3)我国抗震设计规范的 A 级高度钢筋混凝土高层建筑,要求其平面布置宜简单、规则、对称,减少偏心;平面长度 L 不宜过长,凸出部分长度 l 不宜过大,如图 2-16 所示;L、l 等值宜满足表 2-6 的要求;不宜采用角部重叠或细腰形平面。B 级高度的建筑应从严要求。

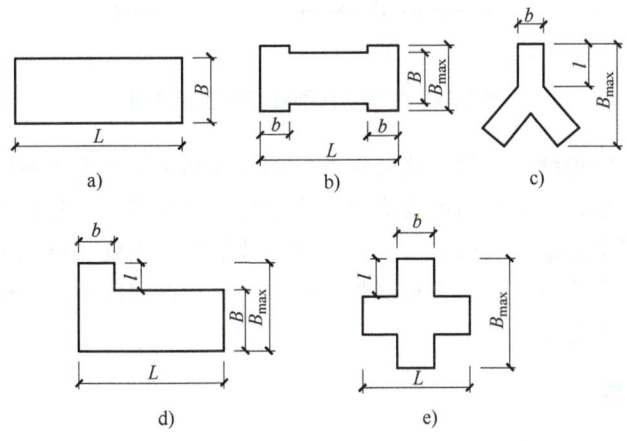

图 2-16 建筑平面

平面过于狭长的建筑物,在地震时因两端地震波输入有相位差而容易产生不规则振动,产生较大的震害,故应对 L/B 值予以限制,见表 2-6。为了减轻因 L/B 过大而产生的震害,在实际工程中,L/B 最好不超过 4(设防烈度为 6 度、7 度时)或 3(设防烈度为 8 度、9 度时)。

表 2-6 L,l 的限值

抗震设防烈度	L/B	L/B_{max}	l/b
6度、7度	≤6.00	≤0.35	≤2.00
8度、9度	≤5.00	≤0.30	≤1.50

建筑平面凸出部分长度 l 过大时，凸出部分容易产生局部振动而引发根部破坏，故应对 l/b 值予以限制，见表 2-6。但在实际工程中，l/b 最好不大于 1，以减轻由此而引发的建筑物震害。

2.5.2 结构竖向布置

对抗震有利的建筑立面应规则、均匀，从上到下外形不变或变化不大，没有过大的外挑或内收。当结构上部楼层收进部位到室外地面的高度 H_1 与房屋高度 H 之比大于 0.2 时，上部楼层收进后的水平尺寸 B_1 不宜小于下部楼层水平尺寸 B 的 0.75 倍，如图 2-17a、b 所示；当上部结构楼层相对于下部结构楼层外挑时，下部楼层的水平尺寸不宜小于上部楼层水平尺寸 B_1 的 0.9 倍，且水平外挑尺寸不宜大于 4m，如图 2-17c、d 所示。

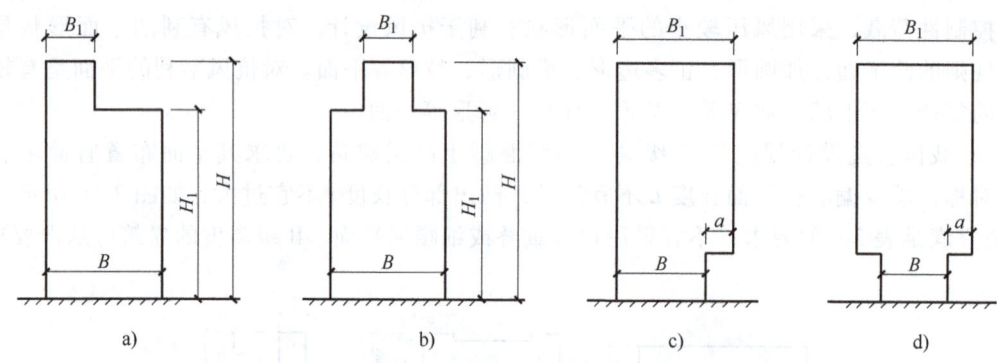

图 2-17 建筑立面外挑或内收示意图

结构沿高度布置应连续、均匀，使结构的抗侧刚度和承载力上下相同，或下大上小，自下而上连续、逐渐减小，避免有刚度或承载力突然变小的楼层。尤其是剪力墙，自下而上要连续布置，在底层或中部某一层或某几层中断会导致沿高度刚度和承载力的突变，造成薄弱层或软弱层，地震时容易破坏。如果顶部收进较多，或顶部刚度小，会由于振动的鞭梢效应使结构顶部变形过大而导致破坏。

2.5.3 结构缝设置

结构设计时，通过设置结构缝将结构分割为若干相对独立的单元，以消除各种不利因素的影响。结构缝包括考虑不均匀沉降而设置的沉降缝、考虑温度和收缩而设置的伸缩缝、考虑结构不规则而设置的防震缝等。除永久性的结构缝以外，还应考虑设置施工接槎、后浇带、控制缝等临时性缝以消除某些暂时性的不利影响。

1. 沉降缝

高层建筑的主体结构周围常设置裙房，它们与主体结构的质量相差悬殊，会产生相当大的沉降差。这时可用沉降缝将主体结构和裙房分成独立的结构单元，使各部分自由沉降。但沉降缝处防水处理不当，极易造成地下室接缝处漏水。

当采取以下措施后，主体结构与裙房之间可连为整体而不设沉降缝：

1) 采用桩基，桩支承在基岩上。
2) 主楼与裙房采取不同的基础形式。主楼采用整体刚度较大的箱形基础或筏形基础，

降低土压力,并加大埋深,减少附加压力;裙房采用埋深较浅的十字交叉条形基础等,增加土压力,使主楼与裙房沉降接近。

3)地基承载力较高、沉降计算较为可靠时,主体结构与裙房的标高预留沉降差,并先施工主楼,后施工裙房,使两者最终标高一致。

对后两种情况,施工时应在主体结构与裙房之间预留后浇带,待沉降基本稳定后再连为整体。

2. 伸缩缝

温度变化引起的温度应力超过材料的抗拉强度,将导致房屋产生裂缝,影响正常使用。为消除温度和收缩应力对结构造成的危害,《高层建筑混凝土结构技术规程》(JGJ 3—2010)规定了高层建筑结构伸缩缝的最大间距,见表 2-7。当房屋长度超过表中规定的限值时,宜用伸缩缝将上部结构从顶到基础顶面断开,分成独立的温度区段。

表 2-7 伸缩缝的最大间距

结构体系	施工方法	最大间距/m
框架结构	现浇	55
剪力墙结构	现浇	45

注:1. 框架-剪力墙结构伸缩缝间距可根据结构具体布置情况取表中框架结构与剪力墙结构之间的数值。
2. 当屋面无保温或隔热措施、混凝土收缩较大或室内结构因施工外露时间较长时,伸缩缝间距应适当减小。
3. 位于气候干燥地区、夏季炎热且暴雨频繁地区的结构,伸缩缝的间距宜适当减小。

当采用下列构造措施和施工措施减少温度和混凝土收缩对结构的影响时,可适当放宽伸缩缝的间距:

1)在房屋的顶层、底层、山墙和纵墙端开间等温度应力较大的部位提高配筋率。

2)在屋顶加强保温隔热措施或设置架空通风双层屋面,减少温度变化对屋盖结构的影响;外墙设置外保温层,减少温度变化对主体结构的影响。

3)施工中每隔 30~40m 间距留后浇带,带宽 800~1000mm,钢筋采用搭接接头(图 2-18),后浇带混凝土宜在 45d 后浇灌。

4)房屋的顶部楼层改用刚度较小的结构形式(如剪力墙结构顶部楼层局部改为框架-剪力墙结构)或顶部设局部温度缝,将结构划分为长度较短的区段。

5)采用收缩小的水泥、减少水泥用量、在混凝土中加入适宜的外加剂,减少混凝土收缩。

6)提高每层楼板的构造配筋率或采用部分预应力混凝土结构。

应当指出,施工后浇带的作用在于减小混凝土的收缩应力,应贯穿建筑物的整个横截面,将全部墙、梁和楼板分开,使两部分混凝土先行各自收缩,待各部分自由收缩完成后,再浇筑断开部分。在后浇带处,板、墙钢筋应采用搭接接头,梁主筋可不断开。后浇带应从结构受力较小的部位曲折通过,不宜在同一平面内通过,以免全部钢筋均在同一平面内搭接。一般情况下,后浇带可设在框架梁和楼板的 1/3 跨处,设在剪力墙洞口上方连梁跨中或内外墙连接处,如图 2-19 所示。

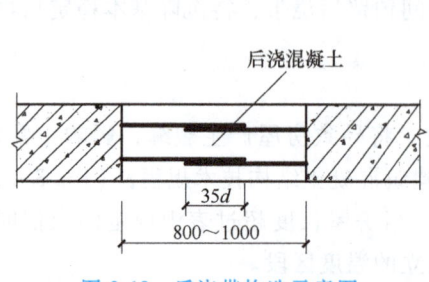

图 2-18 后浇带构造示意图

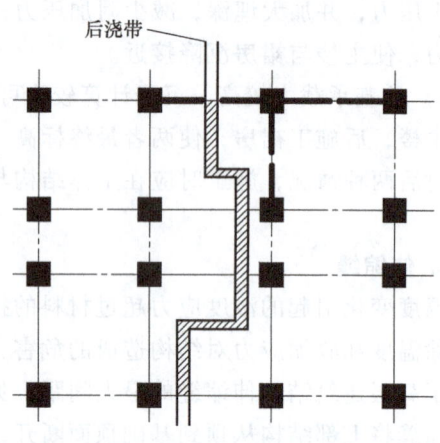

图 2-19 后浇带平面位置

温度应力对高层建筑造成的危害,在它的底部数层和顶部数层较为明显。房屋基础埋在地下,温度变化的影响较小,因而底部数层由温度变化引起的结构变形受到基础的约束;在房屋顶部,日照直接作用在屋盖上,顶层板的温度变化比下部各层的剧烈,故房屋顶层由温度变化引起的变形受到下部楼层的约束;中间各楼层在使用期间温度条件接近,相互约束小,温度应力的影响较小。此外,新浇混凝土在结硬过程中会产生收缩应力并可能引起结构裂缝。

3. 防震缝

在高层建筑中,当房屋的总长度和凸出部分长度超过表 2-6 的限值而没有采取加强措施,或各部分结构刚度或荷载相差悬殊,或各部分结构采取不同材料和不同结构体系,或房屋各部分有较大错层时,在地震作用下会造成扭转及复杂的振动形式,并在房屋的连接薄弱部位造成损坏。因此,在设计中如遇到上述情况,宜设防震缝。

在地震作用时,由于结构开裂、局部损坏和进入弹塑性状态,其顶点水平位移比较大,因此防震缝两侧的房屋可能发生碰撞而造成震害。为了防止防震缝两侧建筑物在地震中相碰撞,防震缝必须留有足够的宽度。防震缝净宽原则上大于两侧结构允许的水平位移之和。具体设计时,防震缝最小宽度应符合下列要求:

1)钢筋混凝土框架结构房屋,高度不超过 15m 的部分可取 100mm;超过 15m 的部分,6 度、7 度、8 度和 9 度相应每增加高度 5m、4m、3m 和 2m,宜加宽 20mm。

2)钢筋混凝土框架-剪力墙结构房屋可按第 1)项规定数值的 70% 采用,剪力墙结构房屋可按第 1)项规定数值的 50% 采用,但两者均不宜小于 100mm。

3)钢结构防震缝宽度不应小于钢筋混凝土框架结构缝宽的 1.5 倍。

防震缝两侧结构体系不同时,防震缝宽度应按不利的结构类型确定(如一侧为框架结构,另一侧为框架-剪力墙结构,则防震缝宽度应按框架结构确定)。防震缝两侧的房屋高度不同时,防震缝宽度应按较低的房屋高度确定。

当相邻结构的基础存在较大的沉降差时,为防止因缝两侧基础倾斜而使房屋顶部的防震缝宽度变小,宜增大防震缝的宽度。

防震缝宜沿房屋全高设置。当不兼作沉降缝时,地下室、基础可不设防震缝,但在与上部防震缝对应处应加强构造和连接。结构单元之间或主体结构与裙房之间如无可靠措施,不应采用主楼框架柱设牛腿、低层或裙房屋面和楼面梁搁置在牛腿上的做法,也不应采用牛腿托梁的做法设置防震缝。因为地震时各单元之间尤其是高、低层之间的振动情况不同,牛腿支承处容易压碎、拉断,引发严重震害。

一般情况下,高层建筑宜不设缝,宜从总体布置或构造上采取有效措施减小沉降、温度变化或体型复杂造成的影响。当必须设防震缝时,应按防震缝要求设置,应根据结构平面布置、立面布置、地基基础等因素综合分析,将高层建筑划分为几个独立的结构单元,各单元应保证自身单元内规则性要求,缝宽满足最小防震缝宽要求。

2.6 结构楼层水平位移

2.6.1 弹性方法计算的楼层层间位移角

风荷载或多遇地震标准值作用下按弹性方法计算的楼层层间最大位移与层高之比在不考虑偶然偏心的影响下宜符合下列规定:

1) 高度不超过150m的高层建筑,其楼层层间最大位移与层高之比 $\Delta u/h$ 不宜大于表2-8的限值。

表 2-8 楼层层间最大位移与层高之比的限值

结 构 类 型	$\Delta u/h$
框架结构	1/550
框架-剪力墙结构、框架-核心筒结构、板柱-剪力墙结构	1/800
筒中筒结构、剪力墙结构	1/1000
除框架结构外的转换层	1/1000

2) 高度不低于250m的高层建筑,其楼层层间最大位移与层高之比 $\Delta u/h$ 不宜大于1/500;高度为150~250m的高层建筑,按1)和2)的限值线性插入取用。

3) 高层民用钢结构,其楼层层间最大位移与层高之比不宜大于1/250。

2.6.2 弹塑性方法计算的楼层层间位移角

高层建筑结构在罕遇地震作用下有时需进行弹塑性变形验算,防止结构因局部楼层变形过大而倒塌破坏。结构薄弱层(部位)层间弹塑性位移应符合式(2-1)要求

$$\Delta u_p \leq [\theta_p]h \tag{2-1}$$

式中 Δu_p ——层间弹塑性位移(mm);

h——层高(mm);

$[\theta_p]$——结构层间弹塑性位移角限值。

针对混凝土结构,结构层间弹塑性位移角限值可按表2-9采用;对框架结构,当轴压比小于0.40时,可提高10%;当柱子全高的箍筋构造采用比框架柱箍筋最小配箍特征值大30%时,可提高20%,但累计不超过25%。针对高层民用钢结构,其薄弱层或薄弱部位弹塑

性结构层间弹塑性位移角不应大于层高的 1/50。

表 2-9　层间弹塑性位移角限值

结 构 类 型	$[\theta_p]$
框架结构	1/50
框架-剪力墙结构、框架-核心筒结构、板柱-剪力墙结构	1/100
剪力墙结构和筒中筒结构	1/120
除框架结构外的转换层	1/120

■ 2.7　结构舒适度要求

2.7.1　结构横风向舒适度要求

　　房屋高度不小于 150m 的高层混凝土建筑结构应满足风振舒适度要求。在《建筑结构荷载规范》（GB 50009—2012）规定的 10 年一遇的风荷载标准值作用下，结构顶点的顺风向和横风向振动最大加速度计算值不应超过表 2-10 的限值。结构顶点的顺风向和横风向振动最大加速度，可按现行荷载规范的有关规定计算，也可通过风洞试验结果判定。计算时，钢结构阻尼比宜取 0.01~0.015，钢筋混凝土结构阻尼比宜取 0.01~0.02。

表 2-10　结构顶点风振加速度限值

使用功能	风振最大加速度限值/(m/s²)	
	钢筋混凝土结构	钢结构
住宅、公寓	0.15	0.20
办公、旅馆	0.25	0.28

2.7.2　楼盖结构竖向振动舒适度要求

　　楼盖结构宜具有适宜的平面外刚度、质量及阻尼比，其竖向加速度振动舒适度应符合下列规定：

　　1）钢筋混凝土楼盖或钢-混凝土组合楼盖的竖向频率不宜小于 3Hz。

　　2）不同使用功能、不同自振频率的楼盖结构，其振动峰值加速度不宜超过表 2-11 的限值。

　　3）楼盖竖向频率为 2~4Hz 时，峰值加速度限值可按表 2-11 线性插值。

表 2-11　楼盖竖向振动加速度限值

人员活动环境	峰值加速度限值/(m/s²)	
	竖向自振频率不大于 2Hz	竖向自振频率不小于 4Hz
住宅、办公及室外连廊	0.07	0.05
商场及室内连廊	0.22	0.15

 思考题

1. 高层建筑的主要结构用材有哪些？请依据所用材料对高层建筑进行分类。
2. 高层建筑的主要抗侧力体系有哪些？请依据所用抗侧力体系对高层建筑进行分类。
3. 请列表比较高层框架结构、高层剪力墙结构、高层框架-剪力墙结构的适用高度、受力特点。
4. 框架-剪力墙结构与框架-核心筒结构有何异同？
5. 框架-核心筒结构与带伸臂桁架的框筒结构有何区别？
6. 伸臂桁架的作用是什么？
7. 高层建筑结构平面布置的基本原则是什么？
8. 高层建筑结构竖向布置的基本原则是什么？
9. 结构的规则性包含哪些基本要素？针对不规则结构，应该采取怎样的措施？
10. 为什么要限定楼层的层间水平位移角？
11. 在高层建筑结构中，结构舒适度以什么为指标？如何提高结构的舒适度？
12. 箱形基础和筏形基础有什么区别？如何选择高层建筑的基础形式？
13. 怎样确定高层建筑结构的基础埋深？
14. 位于8度区高50m的混凝土框架结构房屋，如果要设置抗震缝，最小缝宽是多少？如果要设置温度缝或沉降缝，最小缝宽是多少？
15. 位于7度区高98m的混凝土全落地剪力墙住宅房屋长70m，因温度变形需要设置温度缝，请问最小缝宽是多少？是否需要贯通到地下室？

第 3 章　高层建筑材料

【学习目标】
通过本章节的学习，掌握高层建筑用材料的基本特性和材料种类，掌握高强混凝土、高强钢材、木结构材料与高层建筑密切相关的特性，了解玻璃幕墙用玻璃和铝合金材料特性。

【学习方法】
本章针对高层建筑用结构材料进行针对性介绍，学习时不仅要复习掌握已学的建筑材料的特性，还要分析该材料应用到高层建筑中应提高和加强的性能指标及采用的方法。理解高强混凝土和高强钢材的特性及机理，学习新的建材并对比不同材料的特性及在高层建筑结构中使用的优势和不足之处，分析可能的组合方式和有效的使用场景。

■ 3.1　高层建筑材料特性

随着建筑高度的增加，结构构件承载能力也相应提高，材料用量大幅度提高的同时，构件截面尺寸也相应增加。因此，构件承载力需求的提高往往会和建筑空间需求相冲突。建筑高度的提高还给结构材料在施工过程中的变化提出更高的要求，如混凝土的收缩徐变、木材的蠕变等，处理不当会影响构件的节点安装，对构件产生附加应力，甚至影响上层结构的施工。因此，高层建筑材料的第一属性是高强轻质高性能，可提高构件承载力且能降低构件尺寸、材料用量及施工难度。结构材料的发展往往和建筑高度发展息息相关，成为建筑高度发展的重要因素之一。进入 21 世纪后，高层建筑的发展也进入新阶段，高层建筑的绿色性能备受关注。高层建筑由于其体量较大、施工周期较长，无论是施工阶段还是使用阶段，其能耗量远高于低、多层建筑，因此，结构材料的绿色性能也是现代高层建筑结构材料的重要属性。

目前高层建筑中常用的结构材料主要是混凝土和钢材。从全球高层建筑用材统计结果看（图 3-1），混凝土材料从 2010 年后成为用量最多的结构材料，主要在近半成的混凝土结构和占据第二体量的组合结构中使用。其次是钢材。近年来，木材也成为高层建筑的第三大结构材料。除了结构材料外，高层建筑同样需要较多非结构构件用材料，如玻璃、铝合金等。

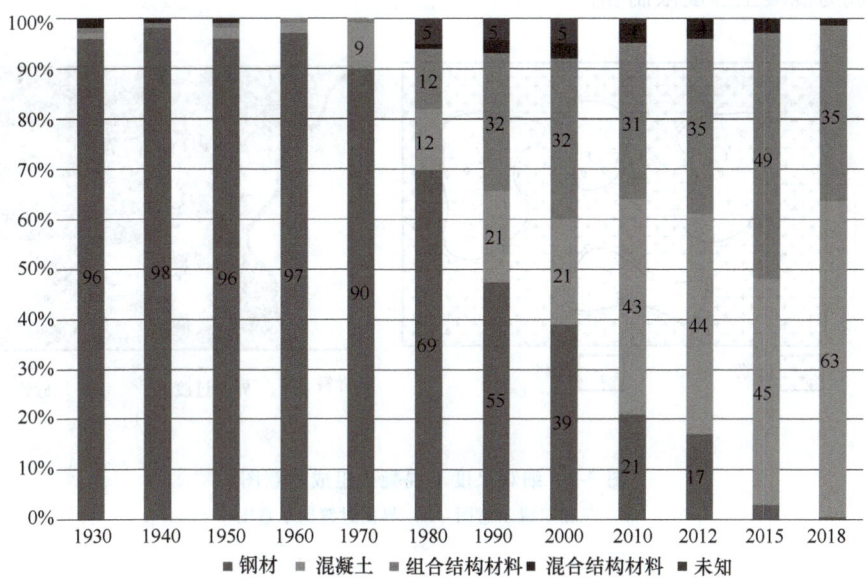

图 3-1 高层建筑结构材料比例

3.2 高强混凝土

随着混凝土材料科学与技术的发展，尤其是高效减水剂的出现，混凝土强度不断提高。20 世纪 50 年代，商品混凝土强度最高仅达 34MPa。20 世纪 60 年代，随着日本、德国相继研发出高效减水剂，混凝土强度突破 40MPa。随后商品混凝土实现了 60~120MPa 的突破。因此，高强混凝土强度定义的界限值也不断提高。以美国混凝土协会（ACI）给出的数据显示，在 1984 年 ACI 高强混凝土委员会定义强度[一]大于 41MPa 的混凝土为高强混凝土。到 1992 年，该委员会将限值提高到 55MPa。1999 年我国《高强混凝土结构技术规程》（CECS 104—1999）认定混凝土强度[二]大于 50MPa 为高强混凝土，2012 年《高强混凝土应用技术规程》（JGJ/T 281—2012）则将强度限值提高到 60MPa，并定义强度大于 100MPa 的混凝土为超高强混凝土。目前，C60 混凝土已广泛应用在高层建筑中。

结构设计时混凝土通常视为各向同性的均质材料。而实际上，混凝土是一类复合材料，是由水泥、砂、粗骨料、水及少量添加物按一定比例组成的材料。通过一定时间的水泥水化反应使材料由浆体硬化为固体材料。从细观尺度（10^{-4}~10^{-1}m），混凝土可视为三相复合材料，由水泥砂浆、粗骨料及两者间的界面层组成（图 3-2a）。其中界面层称为界面过渡区（Interfacial Transition Zone，ITZ）。过渡区也是水泥砂浆材料，但由于粗骨料表面的吸水效应导致该区域局部水胶比较高，过渡区在微观结构和水化产物与外侧的水泥砂浆有所不同，孔隙率较大、氢氧化钙和钙矾石晶体的数量体积较大（图 3-2b）。因此过渡区是三相中最薄弱

[一] 在美国规范体系中，混凝土强度为圆柱体强度。
[二] 在我国规范体系中，混凝土强度为立方体强度。

的一环，成为混凝土强度限制相。

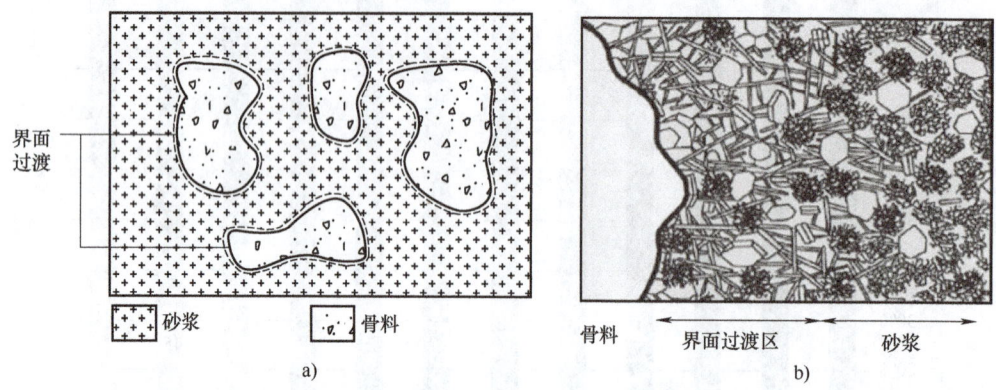

图 3-2 细观尺度下混凝土组成示意图
a）三相组成示意图 b）界面过渡区示意图

3.2.1 强度提升的关键因素

混凝土的强度与水胶比成正相关，但当水胶比降低到一定水平时，由于水泥颗粒的絮凝结构使得有限的水泥颗粒与水分子发生水化反应，因此混凝土强度提升受到限制。减水剂的作用就是消除絮凝结构的产生，使水泥颗粒在混合物中分散良好，可与水分子充分结合。因此，减水剂的出现是混凝土向高强度发展的必要条件。超塑化剂是一种减水效率可达普通减水剂 3~4 倍的高效减水剂，在水胶比小于 0.26 以下的混凝土内起到更优越的减水效果，有效提高系统流动性。在我国，大于 100MPa 的混凝土需要添加超塑化剂。

和其他固体材料一样，混凝土强度同样与孔隙率成一定反相关性。在减小水胶比时，不仅对化合物比例产生影响，同时也降低了孔隙率，然而水胶比的作用对减小孔隙率孔径有一定限度。因此，需要通过物理填充进一步减小大孔径、连通孔隙的数量。添加细度远小于水泥的粉煤灰、硅灰颗粒，填充孔结构，打断连通性。使孔结构得到进一步优化，水泥浆体更致密。

解决了水泥颗粒与水分子的接触和孔隙结构的优化问题，并采用高强优质的粗骨料时，混凝土的强度最终还是由水泥砂浆基体和界面过渡区强度决定。水泥砂浆的强度主要由第一大水化产物水化硅酸钙凝胶（C-S-H），其体积率达 50%~60%，也是浆体强度的主要来源。第二大水化产物是氢氧化钙（CH），但对强度贡献有限。通过添加粉煤灰或硅灰，其主要成分二氧化硅可与氢氧化钙进一步发生水化反应，生成水化硅酸钙凝胶。该反应称为二次水化反应或火山灰反应。二次水化后可减少氢氧化钙，生成的水化硅酸钙凝胶在微观相貌上比第一次水化生成的更致密，因此水泥浆体和过渡区强度均得到提高。同时，粉煤灰或硅灰的物理填充作用还可优化过渡区孔结构，最终可缩小过渡区厚度。

因此，高强混凝土的实现除了需要减水剂，同时还须添加粉煤灰或硅灰等矿物掺合料发挥物理及化学作用，改善混凝土的微观结构和化合产物。

3.2.2 弹性模量

弹性模量是表征材料弹性阶段的刚度。混凝土弹性模量随着强度的提高而提高，弹性模量与强度的相关性系数随着混凝土强度的提高而减小，非线性正相关（图 3-3）。刚度和强度是高层建筑设计中需同时满足的结构性能指标。设计混凝土高层建筑时，混凝土强度等级的选择由刚度限制决定。如美国西雅图第二联合广场大楼，结构高度 216m，按强度要求设计，混凝土所需的抗压强度需不小于 90MPa；按满足刚度要求设计，混凝土弹性模量需不小于 50GPa，依据弹性模量与混凝土抗压强度的关系函数推定混凝土抗压强度需达到 130MPa。因此最终该高层建筑的混凝土强度等级由刚度设计要求决定。

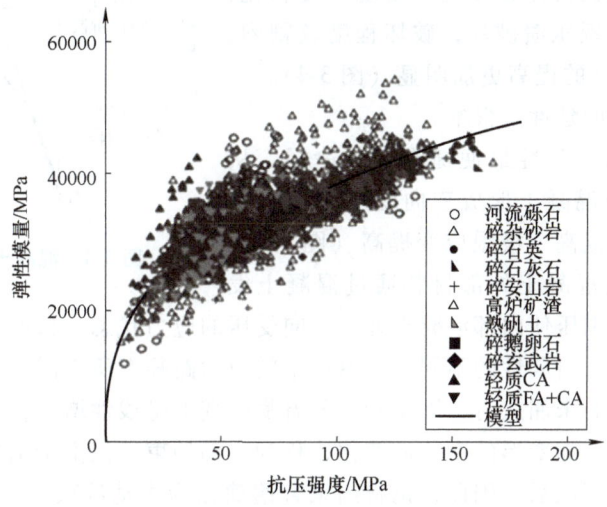

图 3-3 混凝土弹性模量与抗压强度相关性

3.2.3 徐变与收缩

高层混凝土结构的施工周期较长，构件尺寸较大，结构施工期必须考虑混凝土材料的长期变形对构件及结构的影响，尤其是竖向构件（框架柱、剪力墙）。混凝土长期变形主要是混凝土的徐变和收缩产生的。混凝土徐变是混凝土在长期荷载作用下，除产生瞬间的弹性变形和塑性变形外，还会产生随时间而增长的非弹性变形。收缩变形是混凝土在大气中或湿度较低的环境中硬化产生的体积减小。混凝土弹性变形和收缩徐变导致不同竖向构件在相同楼层出现变形差。变形较小的钢筋混凝土竖向构件中钢筋受力会增加，造成水平连接构件产生附加应力，也会影响电梯、管道、玻璃幕墙等非结构构件的正常工作。结构设计需依据长期变形与时间的关系函数，推测结构在不同施工阶段的不同结构高度的竖向变形差，据此采取相应措施。影响混凝土长期变形的主要因素有混凝土配合比设计、配筋/钢率、轴压比、几何参数（表面积/体积）、环境因素。一方面在材料设计时减小混凝土材料的长期变形；另一方面，可通过设计施工次序控制变形差。在无法通过上述方式时，尤其在结构形式较复杂、结构高度较高的建筑中，需要通过一定的施工措施解决因变形差引起构件内较大的附加应力的问题。深圳平安大厦采用钢筋混凝土核心筒-钢外框筒结构形式，核心筒与外框通过伸臂桁架进行水平连接。为解决核心筒混凝土长期变形对伸臂桁架内力分布的影响，设计了相应的施工措施：伸臂腹杆后装，弦杆先铰接后刚接；斜撑一端后装；与弦杆相连的混凝土楼板设后浇带；限定最大施工荷载。

3.2.4 约束混凝土

在建筑结构抗震设计中，一般需要依靠结构的延性耗散地震动能量。延性即结构、构件某个截面或材料经历非弹性变形，在达到承载力后承载能力没有明显下降，仍具有一定刚度。而结构、构件的延性与材料延性息息相关。混凝土是一种准脆性材料，素混凝土达到抗压强度后，出现应变软化，且强度下降较快，出现压溃破坏，破坏程度较剧烈。该现象随着混凝土强度的提高更加明显（图3-4）。结构要实现延性，材料的延性是根本。

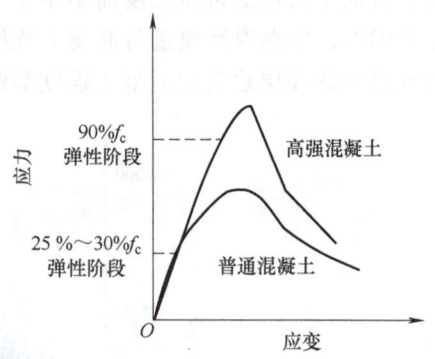

图 3-4 混凝土应力-应变曲线

约束是提高混凝土延性最便捷有效的途径。从材料层面，约束是使混凝土形成三向受压的应力状态，混凝土破坏强度提高、极限应变提高（图3-5）。从构件层面，约束是混凝土外部材料通过混凝土发生侧向膨胀变形产生围压使内部混凝土处于三向受压的应力状态，目前常见的外部材料有箍筋、钢管。由于外部材料属性的不同，约束产生的应力路径有所不同。钢筋和钢管是典型的弹塑性材料，当钢材尚未屈服时，围压始终随着膨胀变形呈线性增长，称为被动约束；当钢材屈服后，围压基本不随变形的变化而变化，称为主动约束。但由于钢材弹性模量较高，有效围压往往处于钢材屈服后。因此，钢材约束普遍简化为主动约束。而随着构件截面尺寸、受力工况的变化，混凝土的约束又分为均匀约束和非均匀约束。钢管混凝土柱受轴压是典型的均匀主动约束轴心受压应力状态，也是钢筋混凝土结构、钢-混凝土组合结构中最常见的应力状态。1928年Richart最早研究均匀主动约束下混凝土的力学性能及破坏准则。当混凝土截面为矩形或采用箍筋约束时，混凝土构件内的约束应力场为非均匀场。1988年Mander等提出了适用于钢筋混凝土的均匀约束混凝土强度及极限应变计算模型，同时给出了如何计算钢筋混凝土结构中常见非均匀约束工况下混凝土的强度及极限应变的计算方法。

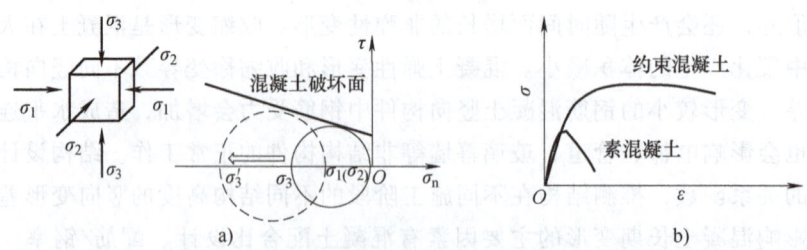

图 3-5 约束混凝土力学性能
a) 约束混凝土应力状态 b) 约束混凝土应力-应变特征曲线

混凝土极限应变的提高可进一步提高混凝土构件的截面抗弯极限曲率，提高结构构件截面的抗弯延性及结构的抗弯延性。在"强剪弱弯"的设计准则下，材料延性对抗弯延性设计至关重要。图 3-6 为相关学者以钢筋混凝土柱构件截面为分析对象，分析结果表明，约束对抗弯曲率的提高效果显著。因此，在高层结构采用高强混凝土时，采用钢管混凝土是解决该混凝土延性不足的最为普遍的措施，如北京保利国际广场、台北 101 大楼等。但从图 3-6 可见，随着轴压比的提高延性提升率会有所减小，因此，限定设计轴压比是保障结构延性的另一个控制因素。

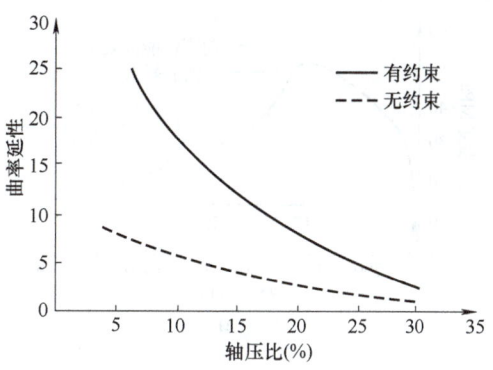

图 3-6　在不同轴压比下约束对曲率延性的影响

随着新材料科学和结构材料应用研究的发展，提升高强混凝土延性的组合结构形式将更为丰富。如最先在加固钢筋混凝土柱中采用的纤维复合增强材料（Fiber Reinforced Polymer，FRP），FRP 是线弹性材料，其约束特征为典型的被动约束，同样可以提高混凝土的强度和延性（图 3-7），尤其是柱构件塑性铰性能，这是抗弯结构实现延性的重要保障之一。随着 FRP 制备技术的发展，也将可作为提高高强混凝土竖向构件延性的组合结构材料。此外，由于混凝土抗拉较弱，在钢筋混凝土结构中一般忽略混凝土的抗拉作用，而通过配置钢筋抵抗拉应力，实现延性。在高层结构中，随着构件承载力需求的提高，配筋率也相应增加，尤其在节点和底部构件，密集的钢筋笼给施工带来的难度，混凝土成型质量难于控制。超高性能混凝土（Ultra High Performance Concrete，UHPC），又称为活性粉末混凝土（Reactive Powder Concrete，RPC），是以水泥和矿物掺合料等活性粉末材料、细骨料、外加剂、高强度微细钢纤维和/或有机合成纤维、水等原料组成的超高强增韧混凝土。纤维在混凝土微裂缝区域可起到桥接作用，改变裂缝开裂机制，可使混凝土呈现抗拉应变强化，抗拉强度可达 5~10MPa，极限拉应变可达 0.2%。可有效降低构件配筋率，降低截面尺寸，提高关键部位施工速度和质量（图 3-8）。

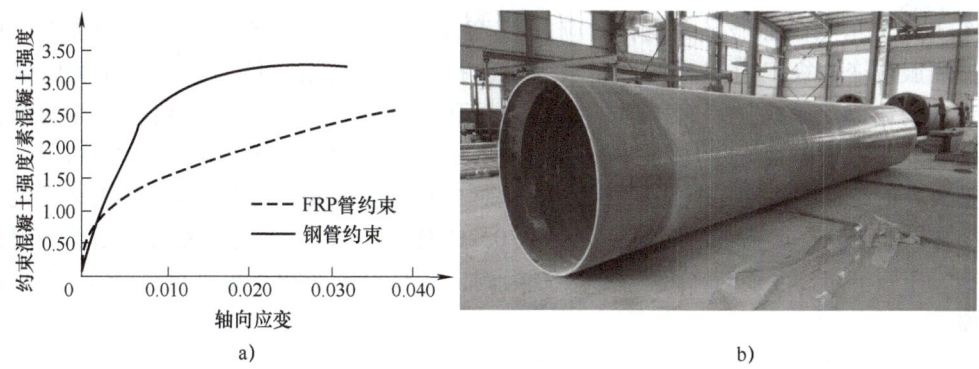

图 3-7　FRP 管约束混凝土
a）应力-应变曲线　b）国内某 FRP 管生产车间

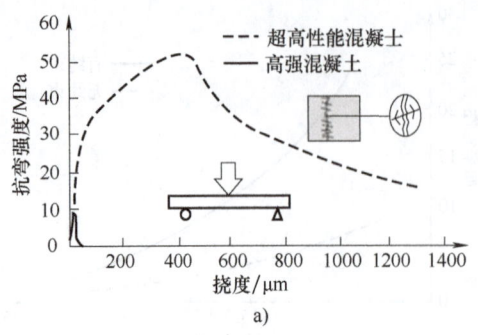 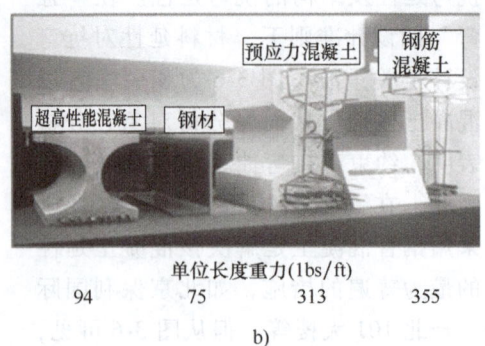

图 3-8 钢纤维混凝土
a) 抗弯性能 b) 不同材料的抗弯强度截面

3.3 高强钢材

钢材具有轻质高强延性程度高，对降低结构自重，减轻地基承载力和地震力响应等方面有显著作用。钢结构的装配化程度高，也充分满足现代建造业绿色可持续的需求。在高层建筑发展的早期，绝大部分高层建筑是钢结构。20 世纪 70 年代，高度前 100 名的高层建筑中 90% 是全钢结构。20 世纪 90 年代，仍有 50% 的高层建筑采用钢材。和混凝土材料的发展相似，钢材也在向高强高性能发展。

高强钢材是名义屈服强度不低于 460MPa 的钢材。随着冶金技术的发展，提高钢材屈服强度和加工性并不矛盾。采用微合金化和温度-形变控轧控冷等冶金技术，高强钢材不仅强度提高，在韧性、延性及焊接性能方面均可满足结构设计要求。强度提高可以降低型钢钢板厚度、钢构件尺寸，降低结构自重、焊接难度和数量，在高层建筑中应用具有极大的潜力。

3.3.1 屈强比与屈服平台

图 3-9a 是有明显屈服平台钢材的应力-应变模型。主要的材料参数是屈服强度、极限强度、屈服应变和极限应变。钢材屈服强度的提高会影响钢材的屈强比，即屈服强度与极限强度的比值。研究显示，国内外钢材的屈强比与强度基本呈现正相关。普通钢材的屈强比在 0.6 左右，而 Q690 及更高强度钢材的屈强比可超过 0.85，达到 0.9~0.95。屈服平台是表征钢材延性的另一个重要参数，即钢材达到屈服强度后在强度基本不变的情况下有一定的变形能力。普通钢材的屈服平台可从 0.2% 发展到 2.5% 左右。然而，随着钢材强度的提高，屈服平台长度逐渐降低。以 Q460 为例，屈服阶段变形极限降低到 2% 左右，降低了 20%。

3.3.2 高强钢结构延性

钢结构的延性即为塑性发展过程，是结构在陆续出现塑性铰后直至结构发展为机构的极限状态的过程。钢材的屈强比和屈服平台长度与结构延性设计息息相关。以钢框架为例，结构的延性取决于构件的塑性变形能力，一般可用转动延性表示，即达到屈服转角后的转角能力。研究表明，屈强比越小（Y/T），屈服平台越长（C_2/C_1），转动延性越强（图3-9b），因此，从延性设计或抗震设计角度出发，高强钢材的使用需考虑上述两个参数对结构延性的影响。

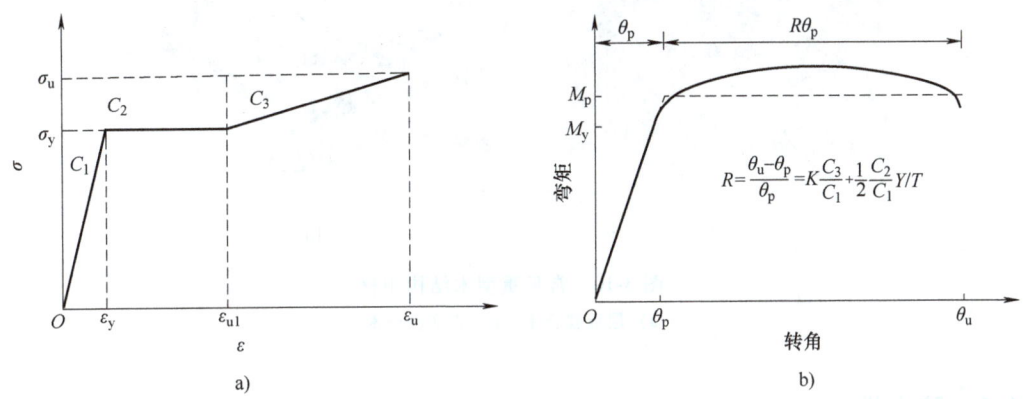

图3-9 钢材延性与钢构件转动延性的相关性
a) 钢材应力-应变模型 b) 钢构件转动延性

对钢结构材料，不同国家的设计规范或手册均限定了屈强比和是否需要有屈服平台。我国《高层建筑混凝土结构技术规程》（JGJ 3—2010）规定：抗震设计时组合结构中的钢材应有明显的屈服台阶，且钢材的屈服强度实测值与抗拉强度实测值的比值不应大于0.85。此外，框架和斜撑构件的纵向钢筋的屈服强度实测值与抗拉强度实测值的比不应大于0.8。

3.4 高层木结构材料

木结构材料是众多建筑材料中绿色属性最突出的结构材料。材料的全寿命周期评价中，由于其在生态系统中的固碳作用（绿色植物的光合作用），且为可再生资源，木材较混凝土和钢材具有更为突出的绿色属性。早期的现代木结构以轻木结构为主，多为二至三层的低层房屋，大多分布在欧美日等发达国家。随着现代木结构材料加工技术的发展，以胶合木为代表的重型木结构材料的出现提升了现代木结构的适用高度。常见的工程木材为层板胶合木（Glued Laminated Timber, Glulam 或 GLT）和正交胶合木（Cross Laminated Timber, CLT）。层板胶合木，也称为胶合木，是以厚度为20~45mm的板材，一般采用同一树种的板材，沿顺纹方向叠层胶合而成的木制品（图3-10a）。木材为典型的各向异性材料，分顺纹和横纹两个正交方向，一般顺纹受拉和横纹受压是木材力学性能最优的受力方向。胶合木为充分利用顺纹抗拉性能的材料。构件长度方向为顺纹方向，一般作为梁、柱等线性构件的结构材料，也可通过弯曲加工形成一定弧度。正交胶合木是用三层及三层以上实木锯材或结构复合材料垂直正交组坯胶合而成的木制品，一般为平面板材（图3-10b）。由于正交铺成，克服了木材本身的各向异性，充分利用木材顺纹抗拉和横纹抗压的优势，使材料各向

木材特性

强度更强更稳定，具有较好的抗侧性能，主要是木结构剪力墙和楼板的结构材料。工程木材的特点是单位质量下的强度高，尺寸和质量稳定性高及防火性能好。

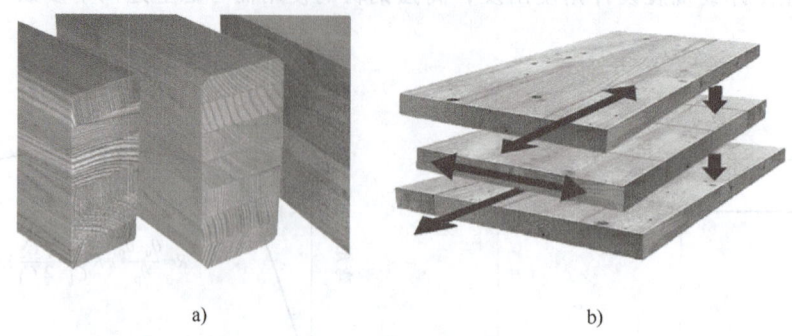

图 3-10　常见重型木结构用材
a）层板胶合木　b）正交胶合木

3.4.1　防火性

防火性能是突破木结构高度最为重要的因素。重型木结构材料截面尺寸较大，受火后最外层的木材燃烧后转变为木炭形成天然的防火保护层，保护内部木材，降低了木材的燃烧率。图 3-11 为胶合木受火后的形貌及不同深度的温度变化情况。由于胶合木为工业化合成的工程材料，具有稳定的材料属性，采用剩余截面法可计算受火后木构件的承载力或耐火等级。剩余截面法假设碳化层强度为零，按碳化率（每小时碳化层厚度）计算有效碳化层厚度，按剩余截面内部区域材料强度保持不变计算受火后木构件的承载力。而防火设计则为依据火灾下荷载设计值确定木结构的尺寸、材性及约束条件等。而在木结构规范中，还需外设石膏板和喷水灭火装置等措施，木结构的防火性能有了质的飞跃。

 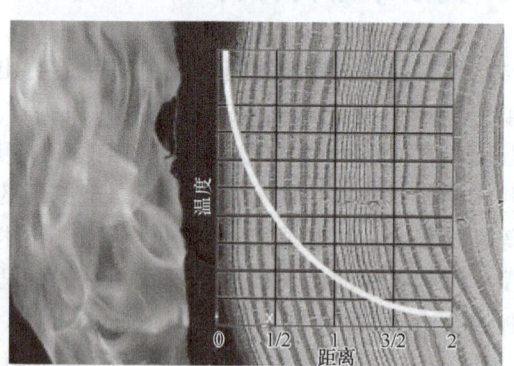

图 3-11　胶合木受火性能

3.4.2　蠕变性

木材是典型的黏弹性材料。其中蠕变是典型的静态黏弹性，是木结构设计必须考虑的特性。与混凝土类似，木材在长期持载下，变形也将随时间的变化而增加（图 3-12）。木材的蠕变与应力历史、温度、湿度密切相关。高应力下的蠕变量要大于低应力水平；温度越高，蠕变量也会有所增加；相同荷载下湿材的蠕变可达初始变形的 4~6 倍，而混凝土的蠕变约为初始弹性变形的 1~2 倍。加拿大 UBC 大学的 Brock Common 学生宿舍大楼是木框架-混凝土核心筒混合结构高层。混凝土核心筒提供抗侧力，外围木框架结构只考虑承受竖向荷载。木框架柱均由胶合木柱组成，考虑木柱蠕变，混凝土和木材蠕变性能的差异，采用局部构造措施（图 3-13），降低木柱蠕变对木构件产生附加内力的影响。

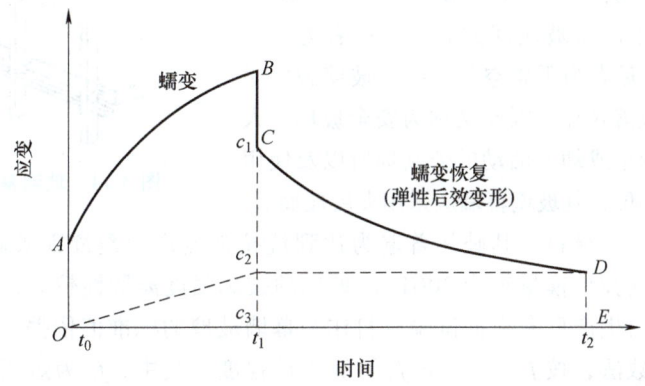

图 3-12 木材蠕变

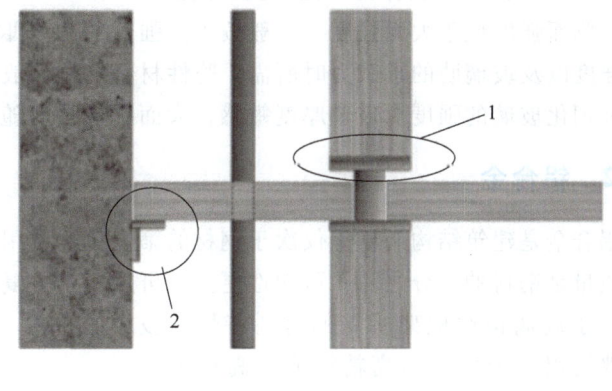

图 3-13 加拿大 UBC 大学 Brock Common 宿舍楼解决竖向构件蠕变的构造措施
1—采用钢垫板以调节木柱蠕变　2—采用角钢调节内外部结构竖向变形差

3.5 玻璃和铝合金

玻璃幕墙是高层建筑中最常见、体量最大的非结构构件。玻璃幕墙用材主要有玻璃、铝合金、钢材。由于玻璃幕墙为外立面材料，材料需要具备耐气候性。常见的玻璃幕墙由铝合金框架和各类玻璃组成，通过紧固件与主体结构连接（图 3-14）。

3.5.1 玻璃

玻璃幕墙的第一大用材是玻璃。按玻璃材料种类，玻璃幕墙用玻璃主要有半钢化玻璃和钢化玻璃，钢化玻璃是淬火增强的玻璃，抗弯强度比未经处理的玻璃大 3~5 倍，热稳定性提高 3~4 倍。按玻璃结构种类，主要有单层玻璃、夹层玻璃、中空玻璃。夹层玻璃和中空玻璃的区别在于两层玻璃间的介质。前者为一层或多层有机聚合物，后者为干燥空气。夹层玻璃破碎时因中间胶层而不会散落碎片，因此又称为安全玻璃。人员流动密度大、青少年或幼儿活动的公共场所以及使用中容易受到撞击的部位，其玻璃幕墙应采用夹层玻璃。

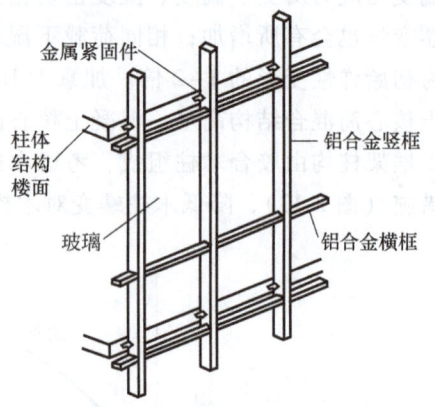

图 3-14　玻璃幕墙结构示意图

玻璃是典型的脆性材料，其破坏普遍为达到抗拉强度产生裂缝而破碎，应力-应变可视为线性变化关系，其弹性模量约为 20GPa。玻璃的破坏强度离散性较大，在我国，玻璃的实际强度设计值一般由生产厂家根据试验资料作为幕墙玻璃的标准值依据。在我国建筑用玻璃的设计采用安全系数法，按 $f_g = c_1 c_2 c_3 c_4 f_0$ 计算设计强度，其中，f_0 为短期荷载作用下平板玻璃中部强度设计值，取 28MPa，分别考虑玻璃种类（c_1）、玻璃强度位置（c_2）、荷载类型（c_3）、玻璃厚度（c_4）的影响。具体设计值可查看《建筑玻璃应用技术规程》（JGJ 113—2015）。一般而言，玻璃大面的强度设计值为 20~80MPa，即计算平面外受弯时的材料强度参数。侧面强度低于大面强度，一般按大面强度的 70% 取值，该参数在验算玻璃局部强度、连接强度以及玻璃肋的承载力时所需。脆性材料抗拉一般具有尺寸效应，玻璃幕墙用的浮法玻璃和钢化玻璃的强度对玻璃厚度敏感，大面抗拉强度随厚度增加而降低。

3.5.2 铝合金

铝合金是建筑结构用材里仅次于钢材的第二大金属用材。铝合金较钢材具有更轻质的特点，质量是钢材的三分之一；可塑性更强，可加工出更复杂的截面；耐腐蚀性更强。上述特征满足了玻璃幕墙框架所需的材料特性。玻璃幕墙用铝合金材料为高精级或超高精级的铝合金型材，主要采用的牌号为 6061、6063 和 6063A。6061 是经热处理预拉伸工艺生产的高品质铝合金产品，为焊接性与抗蚀性高的铝合金，6063 系列为建筑常用挤压铝合金材料。

铝合金材料也是一种冶金材料，和钢材具有相似的力学性能，具有明显的弹塑性力学性能且各向同性，在不考虑失稳的情况下，拉压等强。弹性模量在 70 GPa 左右，抗拉强度在 200MPa 以上，伸长率均可达到 5% 以上。玻璃幕墙用铝合金材料没有明显的屈服平台（图 3-15），

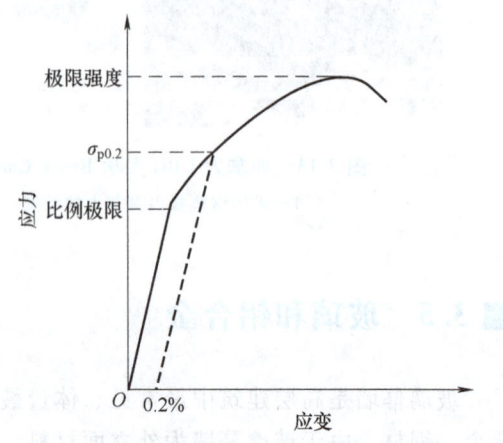

图 3-15　铝合金应力-应变曲线

以 0.2%残余变形时所对应的应力值为条件屈服强度。铝合金结构设计也是采用安全系数法进行设计，同样考虑安全系数和作用安全系数得到材料分项系数，确定铝合金材料的设计强度值。各国铝合金建筑结构设计的安全系数不同，为 1.6~1.8，考虑我国铝材的产业情况，我国采取的安全系数为 1.8。不同牌号铝合金材料的设计强度可直接查阅《玻璃幕墙工程技术规程》（JGJ 102—2003）。

3.6 案例分析

3.6.1 案例一 高性能混凝土

迪拜塔，又称为哈利法塔（Burj Khalifa Tower），自 2004 年开始建设，2010 年正式落成，建筑物塔尖高度 828m，为扶壁核心筒体系（图 3-16），601m 以上为钢结构。总建筑面积 52.67 万 m^2。用钢总量 10.4 万 t，其中高强钢筋 65.6 万 t，型钢 3.9 万 t；混凝土用量 33 万 m^3。混凝土结构体系均采用高强混凝土，350m 结构高度以下采用 C80 混凝土，350~601m 结构高度采用 C60 混凝土，基础筏板采用 C50 混凝土，桩基采用 C60 混凝土。

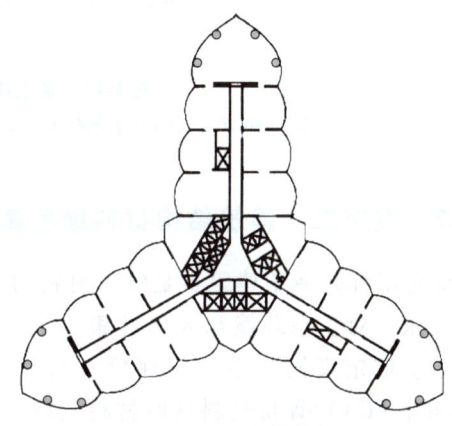

图 3-16 迪拜塔结构

项目选用的 C80 混凝土弹性模量约为 44GPa，可同时满足承载力和结构刚度的要求，令所采用的结构体系本身即可达到较高的抗侧刚度，无须增设阻尼装置；高弹性模量也可降低施工期及建成后竖向构件的弹性变形量。迪拜塔所用混凝土通过配合比设计实现了自密实、抗渗性好、耐久性优、可泵送性强的特点。以 C80 混凝土为例，配合比中部分水泥由粉煤灰和增密硅灰替代，分别占总胶凝材料的 13%和 10%，水胶比为 0.34。采用超塑化剂，可令混凝土强度提高并具有较致密的微观结构，降低收缩徐变及渗透性。基础筏板混凝土为大体积浇筑，水化热容易引起开裂，除了采取分阶段浇筑外，还在混凝土材料配合比设计时降低单位体积水化热。由于粉煤灰的二次水化反应过程可降低混凝土整个硬化过程的水化热总量，基础筏板用混凝土 40%的胶凝材料为粉煤灰。

该项目突破了混凝土的泵送高度，实现了近 600m 高一站式泵送。从设备方面，项目采用的 ZX 型泵送管道可实现最大压力为 250bar（1bar=0.1MPa），泵送管道直径为 150mm。从混凝土方面，需要保证浆体的流动性，项目中所用混凝土通过将 10%的胶凝材料采用增密硅灰替代，砂率取为 50%，保证了浆体泵送所需的流动性，其坍落度高达 600mm。影响浆体泵送的另一个因素为粗骨料，粗骨料间的咬合作用会导致浆体在管道中发生阻塞，粗骨料粒径越大发生的概率越高，需较大的泵送压力才能抵抗咬合作用，因此一般最大骨料粒径不可过大。通过研究发现不同强度等级、不同最大粒径的混凝土的泵送压力与泵送高度的相关性，其中骨料最大粒径影响最大，强度等级并不明显（图 3-17）。根据该规律，迪拜塔在

350m 高度以下采用最大粒径为 20mm，350m 以上将最大粒径减小到 10mm，可减小泵送压力。此外，硬度较高的粗骨料是提高混凝土弹性模量的一个因素，但其表面一般研磨性较高，因易磨损泵送管而无法实现长距离泵送。为解决两者的矛盾，该项目选用了具有高硬度低研磨性白云石灰岩粗骨料。

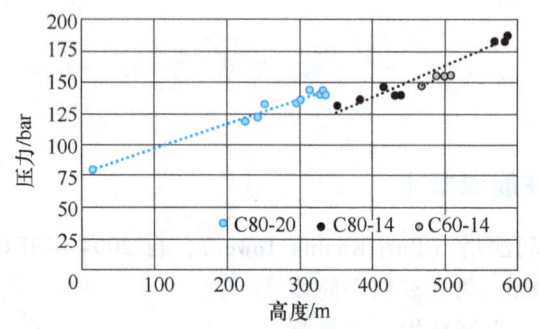

图 3-17　泵送压力与骨料粒径相关性

注：C80-20 中 C80 代表混凝土强度等级，20 代表粗骨料粒径，其余含义相同。

3.6.2　案例二　建筑结构材料绿色属性

绿色属性是赋予建筑也是赋予材料的一种特征属性。在全寿命周期过程中，符合环境保护要求，对生态环境和人体健康无害、危害小、资源能耗消耗少品质高则可认定为绿色产品。该定义同样适用于评价建筑材料。一般通过全寿命周期评价方法（Life Cycle Analysis，LCA）评价材料从原材料获取、制造与运输、使用到报废和最后处置的全过程对环境影响。该方法需要相应的评价模型定量分析环境的影响，以及规范统一评价材料的绿色程度，组成完备的评价体系。目前各国采用的体系各有差异，较为著名的评价体系有美国 LEED 能源与环境设计先锋建筑评级系统，英国 BREEAM 建筑研究中心环境评估法。不管采用哪类体系，寿命周期评价体系的一般内容为：评价目标与范围的确定、清单分析、影响评价、结果解释。评价目标一般较为统一，即综合考虑资源、环境、经济、材料特性和社会等因素，范围的界定为评价对象全寿命周期的边界线，是广义的全寿命周期还是重点考虑某一阶段或某几个特征过程的影响。清单分析则为定量分析各类环境损害类型的程度，其中环境损害类型则为清单指标。评价建筑材料主要的清单指标为温室效应、臭氧层破坏、酸雨、富营养化、光化学烟雾等，各类的权重和如何定量材料全过程对这些指标的影响值则存在差异。最后结果解释即为材料绿色等级的评定标准。

本案例以芝加哥的 Dewitt-Chestnut 公寓为原型结构，对比采用不同结构材料对建筑结构竣工前能耗量的影响。原型结构为 1966 年建于芝加哥的一栋高层公寓，结构 120m 高，为第一栋钢筋混凝土框筒结构。SOM（Skidmore, Owings & Merrill，SOM）公司提出了木-混凝土混合结构，结构体系仍为外框筒体结构（图 3-18），但主要的结构构件包括梁、柱、板及剪力墙，采用重型木结构材料（Glulam 和 CLT），外框裙梁和楼层节点处采用现浇混凝土梁通过预埋连接件与木构件实现竖向刚性连接。

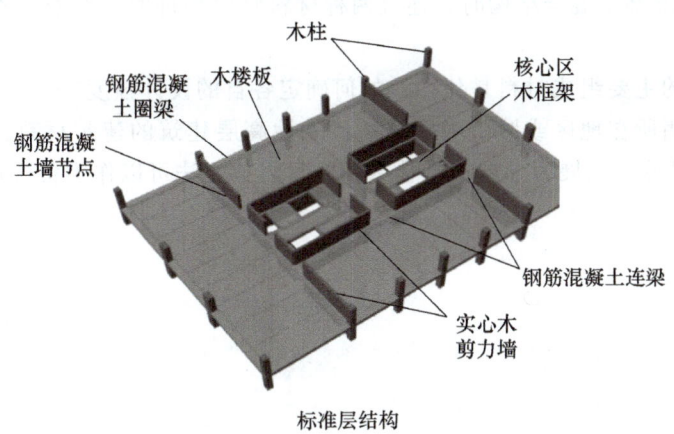

图 3-18 某公寓结构平面示意图

通过 LCA 分析两种结构方案的能耗。主要分析不同材料对建筑全寿命过程的影响,此处不包括建筑结构材料对竣工后能耗的影响,因此 LCA 的分析范围包含建筑所用材料从生产到结构竣工对环境的影响。为简化分析,建造能耗量假设相同。图 3-19 为两种结构方案的各项碳排放量及综合建造能耗的总排放量。分析结果显示,由于木材的负碳效应,结构的总碳排放量降低了 60%。

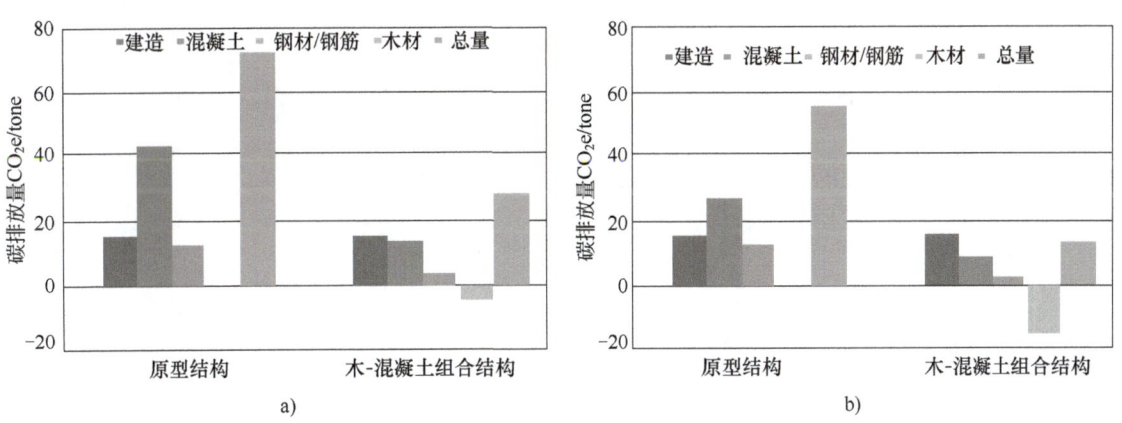

图 3-19 某高层建筑采用不同结构方案的碳排放量

 思考题

1. 高层建筑结构的结构用材主要有哪些?各材料应用在高层建筑中的优势是什么?
2. 哪些因素影响混凝土实现高强度?
3. 约束混凝土与未约束混凝土的力学性能有何异同?
4. 高强钢材中哪些重要因素影响高层建筑抗震性能?

5. 当采用木-混凝土混合结构时，连接两种材料竖向构件时应注意什么问题？可采用哪些措施？

6. 玻璃幕墙的主要组成材料是什么？如何确定各自的设计强度？

7. 试举例说明所在地区或城市中的某一代表性高层建筑的建筑材料，选用该材料有什么优势。如果以可持续发展为导向，有什么新的材料或方法可以作为备选材料？

第 4 章　高层建筑结构荷载及荷载效应组合

【学习目标】

掌握高层建筑结构设计需要考虑的恒荷载、活荷载、雪荷载；了解确定风荷载的基本要素，掌握高层建筑风荷载计算方法；了解地震成因、地震波特性及结构反应谱基本原理，掌握高层建筑地震作用计算的三种方法；掌握高层建筑荷载效应基本组合，地震效应组合以及正常使用极限状态下的组合。

【学习方法】

注意高层建筑结构承受的荷载与一般多层房屋建筑承受的荷载的异同，特别是最不利组合工况的异同。与多层建筑结构相比，高层建筑结构的水平荷载产生的效应随着楼层高度的增加而迅速增加，成为控制结构设计的主要因素；同时，高层建筑设计时温度对结构的影响、材料收缩和徐变对结构的影响，以及地基不均匀沉降等间接作用在结构中产生的不利影响也应予以关注。

4.1　竖向荷载

4.1.1　恒荷载

恒荷载一般包括结构构件自重、非承重构件自重、装饰面层自重、围护或分隔墙自重、固定设备或储物等自重，其作用方式为长期静态作用在建筑物上，作用方向垂直向下，由地心引力作用产生。结构自重的标准值可按结构构件的设计尺寸与材料单位体积的自重计算确定。常用材料和构件单位体积的自重可按《建筑结构荷载规范》（GB 50009—2012）附录 A 采用；一般材料和构件的单位自重可取其平均值，对于自重变异较大的材料和构件，自重的标准值应根据对结构的不利或有利状态，分别取上限值或下限值。固定隔墙的自重可按恒荷载考虑，灵活布置的隔墙自重应按可变荷载考虑。

由于高层建筑楼层多且使用功能多而复杂，在恒荷载计算时，除结构构件自重外，尚应特别注意查看建筑节点剖面图，了解附加建筑做法、设计要求和设备布置情况。计算时不得漏项，也不可随意放大，应仔细逐项准确计算。

在计算高层建筑裙房屋顶或地下室屋顶时,应注意屋顶的建筑功能和特殊做法,如屋顶花园,恒荷载取值时应注意植物培养土的密度、厚度、水景的位置、水深、屋面排水方法、花园植物特性等,以及屋顶找坡坡度、排水方向、保温层材料和厚度等的做法。

当地下车库屋顶作为小区机动车道路、消防车道路时,应分别根据建筑做法确定其恒荷载的取值。

4.1.2 楼面和屋面活荷载

可变荷载是与恒荷载对应的竖向荷载。由于其作用的大小在一定的范围内变化,故称为可变荷载。因此,根据不同的参考时间段,在不同的荷载组合下,其数值有所变化,分别为标准值、组合值、频遇值和准永久值,《建筑结构荷载规范》(GB 50009—2012)给出了一般民用建筑楼面均布活荷载的标准值和相应的组合值系数、频遇值系数和准永久值系数。当机房、储藏室或运动场的活荷载标准值大于规范要求时,应根据实际情况取值。

活荷载取值应注意以下几点:

1)对高层建筑结构,在计算活荷载产生的内力时,可不考虑活荷载的最不利布置。因为相对于恒荷载而言,活荷载较小,以钢筋混凝土高层建筑为例,仅占全部竖向荷载的15%左右,所以楼面活荷载的最不利布置对内力产生的影响较小;为简化计算,可按活荷载满布进行计算。

2)在高层建筑中,因为楼层数多,考虑到楼层楼面同时达到满布活荷载设计值的概率较小,设计时根据梁围合的面积大小,对楼面活荷载进行折减。

① 设计楼面框架梁时,住宅、宿舍、旅馆、办公楼、医院病房、托儿所和幼儿园的楼面,当框架梁从属面积超过$25m^2$时,折减系数为0.9;实验室、阅览室、会议室、门诊大厅等楼面,以及教师、餐厅、礼堂、影院等,当框架梁的从属面积超过$50m^2$时,折减系数为0.9。

② 设计柱、墙和基础时,应考虑所设计构件以上的楼层数,采用不同的荷载折减系数,见表4-1。

表4-1 活荷载按楼层折减系数

墙、柱、基础计算截面以上的楼层数	1	2~3	4~5	6~8	9~20	>20
计算截面以上的各楼层活荷载总和的折减系数	1(0.90)	0.85	0.70	0.65	0.60	0.55

注:当楼面梁的从属面积超过$25m^2$时,应采用括号内的数值。

3)特殊屋面的荷载取值根据使用功能的要求确定,如屋顶直升机停机坪、屋顶花园、屋顶游泳池等。

4)当高层建筑的地下室屋顶兼作小区内道路时,应注意机动车,特别是消防车通道的活荷载取值,并注意道路的排水。

4.1.3 屋面雪荷载

高层建筑的屋面雪荷载一般不起控制作用,但在寒冷地区,雪荷载可能比屋面活荷载大。屋面雪荷载为水平投影面上的雪荷载,其标准值s_k为

$$s_k = \mu_r s_0 \tag{4-1}$$

式中 s_0——基本雪压（kN/m^2），一般按当地空旷平坦地面上积雪自重的观测数据，经概率统计得出 50 年一遇的最大值确定，对于雪荷载敏感的结构（如高层建筑屋顶上另有搭建或建筑造型要求）应按 100 年重现期的雪压确定；

μ_r——屋面积雪分布系数，雪荷载的组合值系数可取 0.7；频遇值系数可取 0.6；准永久值系数按雪荷载分区Ⅰ、Ⅱ、Ⅲ的不同，分别取 0.5、0.2 和 0。全国基本雪压分布图应按《建筑结构荷载规范》（GB 50009—2012）取用。

4.1.4 施工活荷载

施工活荷载一般取 $1.0 \sim 1.5 kN/m^2$。当施工中采用附墙塔、爬塔等对结构受力有影响的起重机械或其他施工设备时，应根据具体情况确定施工荷载对结构的影响。擦窗机等清洗设备应按实际情况确定其自重的大小和作用位置。

4.2 风荷载

空气流动形成风，当气流运动遇到阻塞时就形成高压气幕，从而对物体表面产生风压。一般情况下，距离地面越高，风压值越大，对建筑物的影响也越大。随着建筑物高度的增高，水平荷载对结构水平位移的影响起着决定性的作用，从而对结构的整体受力和设计起着控制作用。若将高层建筑简化成底部固定的悬臂柱，在水平集中荷载作用下，顶点水平位移与建筑物高度的三次方成正比。高层建筑的水平荷载包括持续性作用的风荷载和偶然作用的地震荷载。本章着重介绍风荷载的计算方法。

作用在建筑物表面上的风压值主要取决于风速、物体表面形状、表面粗糙度和坡度、物体表面的动力特性等。我国规范给出了高层建筑表面风荷载标准值的计算公式，为

$$w_k = \beta_z \mu_s \mu_z w_0 \tag{4-2}$$

式中 w_k——风荷载标准值（kN/m^2）；

w_0——基本风压（kN/m^2）；

μ_s——风荷载体型系数；

μ_z——风压高度变化系数；

β_z——高度 z 处的风振系数。

4.2.1 基本风压

基本风压是以当地空旷平坦地面上 10m 高度处统计所得的 50 年一遇 10min 平均最大风速 v_0 为标准，按 $w_0 = \frac{1}{2}\rho v_0^2$ 确定的风压值，其中 ρ 为空气密度（t/m^3）。为安全起见，《建筑结构荷载规范》（GB 50009—2012）规定基本风压最小值不得小于 $0.3 kN/m^2$。高层建筑设计时基本风压可适当提高，可乘以 1.1 的放大系数；对于安全等级为一级的高层建筑以及对风荷载比较敏感的高层建筑，设计时应按 100 年重现期的基本风压值采用。

4.2.2 风荷载体型系数

风荷载体型系数 μ_s 是指风作用在建筑物表面一定面积范围内所产生的平均压力（或吸

力)与来流风的风压的比值,主要与建筑的体型和尺度有关,一般由试验确定。图 4-1a 为房屋平面风压分布系数,表明当风流经建筑物时,在迎风面上产生压力(正值),在侧风面及背风面均产生吸力(负值),各面风压分布不均匀;图 4-1b 为建筑物立面上迎风面和背风面的风压分布系数,即风等压线。它表明在建筑物表面上的某个部分风压力(或吸力)较大,另一部分较小,风压力分布也不均匀。通常,迎风面的风压力在建筑物的中间偏上为最大,两边及底部最小;侧风面一般近侧大,远侧小,分布也不均匀;背风面一般两边略大,中间小。

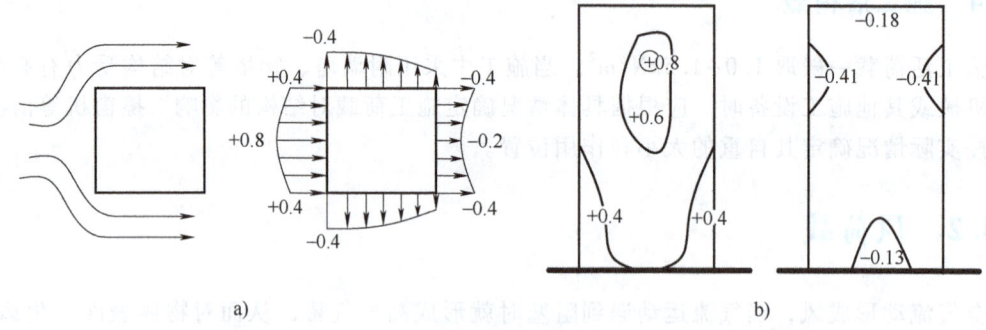

图 4-1 风压分布系数
a) 房屋平面风压分布系数 b) 风等压线

《建筑结构荷载规范》根据建筑物平面形状、长宽比、风向与受风墙面所成的角度、建筑物的高宽比、立面的细部处理、周围建筑密集程度等给出了 39 种情况下的风荷载体型系数。风荷载体型系数一般可按下述规定采用:

1. 单体风荷载体型系数

1)圆形及椭圆平面建筑取 0.8。

2)正多边形及截角三角形平面建筑风荷载体型系数 μ_s 为

$$\mu_s = 0.8 + 1.2/\sqrt{n} \tag{4-3}$$

式中 n——多边形的边数。

3)高宽比 H/B 小于或等于 4 的矩形、方形、十字形平面建筑取 1.3。

4)对于 V 形、Y 形、弧形、双十字形、井字形平面建筑,L 形、槽形平面建筑及高宽比 H/B 大于 4、长宽比 L/B 不大于 1.5 的矩形和鼓形平面建筑,其风荷载体型系数为 1.4。

5)对于重要且体型复杂的房屋和构筑物,由风洞试验确定。

6)当房屋高度大于 200m 时宜采用风洞试验确定建筑物的风荷载。对于建筑物平面形状或立面形状复杂、立面开洞或连体建筑、周围地形和环境较复杂的高层建筑,宜由风洞试验确定建筑物的风荷载。

2. 群体风荷载体型系数

对于建筑群,特别是高层建筑群,当房屋相互间距较近时,由于漩涡的相互干扰,房屋某些部位的局部风压会显著增大。因此《高层建筑混凝土结构技术规程》(JGJ 3—2010)规定,当多栋或群集的高层建筑相互间距较近时,宜考虑风力相互干扰的群体效应。一般可将单栋建筑的体型系数 μ_s 乘以相互干扰系数,即受扰后的结构风荷载和单体结构风荷载的比值。相互干扰系数的确定：对矩形平面高层建筑，当单个施扰建筑与受扰建筑高度相近时，对顺风向风荷载可在1.0~1.1范围内选取，对于横风向风荷载可在1.0~1.2范围内选取。对于密集高层建筑群、复杂高层建筑，特别是风荷载起控制作用的超高层建筑，宜进行风洞试验确定。

3. 局部风荷载体型系数

一般来说，作用于高层建筑表面的风荷载压力分布很不均匀，在檐口、角隅、边棱处和附属结构的部位（如雨篷、阳台等外挑构件），局部风压会超过平均风压。因此，计算风荷载对建筑物某个局部表面的作用时，要采用局部风荷载体型系数。

根据一些实测结果和风洞试验资料，及我国相关规范，檐口、雨篷、遮阳板、阳台等水平构件，计算局部上浮风荷载时，风荷载体型系数 μ_s 不宜小于2.0。设计高层建筑的幕墙结构时，风荷载应按相关标准规定采用。

4.2.3 风压高度变化系数

在大气边界层内，风速随离地面的高度增加而增加。当气压场随高度不变时，风速随高度增大的规律取决于地面粗糙度和温度垂直梯度。通常认为离地面300~550m时，风速不再受地面粗糙度的影响，达到"梯度风速"，对应的高度称为"梯度风高度"。

地面粗糙度分为四类：A类，指近海海面和海岛、海岸、湖岸及沙漠地区；B类，指田野、乡村、丛林、丘陵以及房屋比较稀疏的乡镇和城市郊区；C类，指有密集建筑群的城市市区；D类，指有密集建筑群且房屋较高的城市市区。

位于平坦或稍有起伏地形的高层建筑，其风压高度变化系数应根据地面粗糙度类别按表4-2确定。位于山区的高层建筑，按表4-2确定风压高度变化系数后，还应考虑建筑物所处的位置（山峰、山坡、盆地、谷地、山口和谷口）和地形条件进行修正，具体修正方法可参见《建筑结构荷载规范》（GB 50009—2012）（以下简称《荷载规范》）的有关规定。

表4-2 风压高度变化系数

离地面或海平面高度/m	地面粗糙度类别			
	A	B	C	D
5	1.09	1.00	0.65	0.51
10	1.28	1.00	0.65	0.51
15	1.42	1.13	0.65	0.51
20	1.52	1.23	0.74	0.51
30	1.67	1.39	0.88	0.51
40	1.79	1.52	1.00	0.60
50	1.89	1.62	1.10	0.69
60	1.97	1.71	1.20	0.77
70	2.05	1.79	1.28	0.84
80	2.12	1.87	1.36	0.91
90	2.18	1.93	1.43	0.98
100	2.23	2.00	1.50	1.04

（续）

离地面或	地面粗糙度类别			
海平面高度/m	A	B	C	D
150	2.46	2.25	1.79	1.33
200	2.64	2.46	2.03	1.58
250	2.78	2.63	2.24	1.81
300	2.91	2.77	2.43	2.02
350	2.91	2.91	2.60	2.22
400	2.91	2.91	2.76	2.40
450	2.91	2.91	2.91	2.58
500	2.91	2.91	2.91	2.74
≥550	2.91	2.91	2.91	2.91

4.2.4 风振系数

风作用在建筑物表面实际是一种作用。由风速记录曲线可知，风速一般由两部分组成：一种是长周期部分，周期一般为 10min 或以上，称为平均风或稳定风；另一种是短周期部分，周期一般为 1~3s，称为阵风或脉动风，如图 4-2 所示。由于平均风的周期大于一般高层建筑第一自振周期，可将其简化为静力荷载；而脉动风周期较短，与普通高层房屋的基本周期相接近，可导致建筑物的振动，产生不可忽略的动力效应。为方便起见，采用风振系数加大风荷载的办法来考虑这个动力效应，$\beta_z \geq 1$。

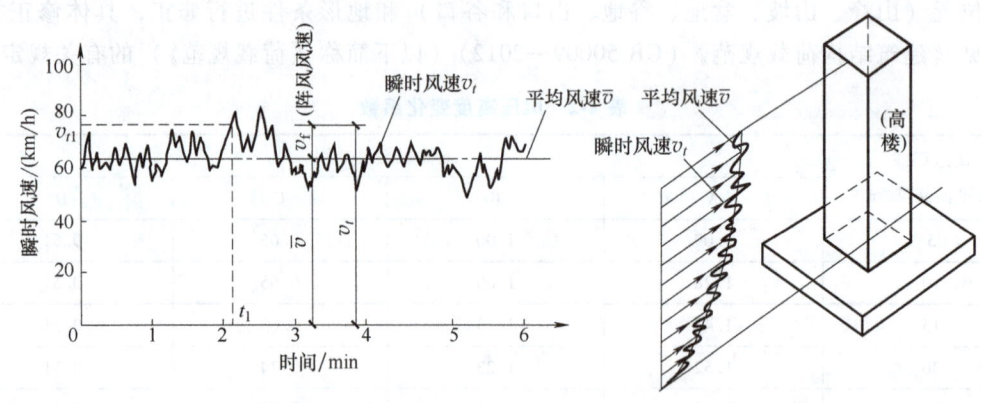

图 4-2 平均风和脉动风示意图

对于高度大于 30m，高宽比大于 1.5，且忽略扭转影响的高层建筑，可仅考虑第一振型的影响。结构在 z 高度处的风振系数为

$$\beta_z = 1 + 2gI_{10}B_z\sqrt{1+R^2} \tag{4-4}$$

式中　g——峰值因子，可取 2.5；

　　　I_{10}——10m 高度名义湍流强度，对应 A 类、B 类、C 类和 D 类地面粗糙度，可分别取 0.12、0.14、0.23 和 0.39；

R——脉动风荷载的共振分量因子;

B_z——脉动风荷载的背景分量因子。

脉动风荷载的共振分量因子按下式计算

$$R = \sqrt{\frac{\pi}{6\zeta} \frac{x_1^2}{(1+x_1^2)^{4/3}}} \tag{4-5}$$

$$x_1 = \frac{30 f_1}{\sqrt{k_w w_0}}, \quad x_1 > 5 \tag{4-6}$$

式中 f_1——结构第1阶自振频率(Hz);

k_w——地面粗糙度修正系数,对 A 类、B 类、C 类和 D 类地面粗糙度分别取 1.28、1.0、1.54 和 0.26;

ζ——结构阻尼比,对钢结构可取 0.01,对有填充墙结构的钢结构房屋可取 0.02,钢筋混凝土及砌体结构可取 0.05,对其他结构可根据工程经验确定。

对质量和体型沿高度均匀分布的高层建筑,第1阶振型起控制作用,脉动风荷载的背景分量因子为

$$B_z = k H^{a_1} \rho_x \rho_z \frac{\phi_1(z)}{\mu_z} \tag{4-7}$$

式中 $\phi_1(z)$——结构第1阶振型系数,可根据结构动力计算确定,对迎风面宽度较大的高层建筑,当剪力墙和框架均起主要作用时,其振型系数按表4-3确定;

H——结构总高度(m),对 A 类、B 类、C 类和 D 类地面粗糙度,其取值分别不应大于300m、350m、450m 和550m;

ρ_x——脉动风荷载水平方向相关系数;

ρ_z——脉动风荷载竖直方向相关系数;

k、a_1——系数,按表4-4取值。

脉动风荷载水平方向相关系数和竖直方向相关系数分别按式(4-8)和式(4-9)计算

$$\rho_x = \frac{10\sqrt{B + 50 e^{-B/50} - 50}}{B} \tag{4-8}$$

$$\rho_z = \frac{10\sqrt{H + 60 e^{-H/60} - 60}}{H} \tag{4-9}$$

式中 B——结构迎风面宽度(m)。

表 4-3 高层建筑振型系数

相对高度 z/H	振型序号			
	1	2	3	4
0.1	0.02	-0.09	0.22	-0.38
0.2	0.08	-0.30	0.58	-0.73
0.3	0.17	-0.50	0.70	-0.40
0.4	0.27	-0.68	0.46	0.33

(续)

相对高度	振型序号			
z/H	1	2	3	4
0.5	0.38	-0.63	-0.03	0.68
0.6	0.45	-0.48	-0.49	0.29
0.7	0.67	-0.18	-0.63	-0.47
0.8	0.74	0.17	-0.34	-0.62
0.9	0.86	0.58	0.27	-0.02
1.0	1.00	1.00	1.00	1.00

表 4-4 系数 k 和 a_1

粗糙度类别		A	B	C	D
高层建筑	k	0.944	0.670	0.295	0.112
	a_1	0.155	0.187	0.261	0.346

4.2.5 局部风荷载体型系数

局部风荷载用于计算结构局部构件、围护构件或围护构件与主体的连接，如水平悬挑构件、幕墙构件及其连接件等，其单位面积上的荷载标准值 w_k 的计算公式仍用式（4-2），但要采用局部风荷载体型系数，对于檐口、雨篷、遮阳板、边棱处的装饰条等凸出构件，取 $\mu_s = -2.0$。对于封闭式矩形平面房屋的墙面及屋面，可按国家现行荷载设计规范选取局部风荷载体型系数。

4.3 地震作用

地震灾害实景

我国是一个多地震国家，地震区的高层建筑应按照国家规范要求进行抗震设计。高层结构的动力响应与地震释放的能量、震源深度、场地特征以及结构自身的动力特性密切相关。地震发生时，能量以地震波的形式传递到建筑物。但是，地震的发生是随机的，就目前科学技术水平，尚无法提前确定地震发生的时间、地点、强度和频率。要求建筑物在任何情况下都保持完好是不经济也是不科学的。因此，我国提出了"三水准"的抗震设防目标。

第一水准：在遭受低于本地区设防烈度（即基本烈度）的多遇地震影响时（50 年设计基准期内超越概率是 64.2%），建筑物一般不损坏或不需修理仍可继续使用。

第二水准：在遭受本地区设防烈度的地震影响时（50 年设计基准期内超越概率是 10%），建筑物（包括结构和非结构构件）可能损坏，但不危及人民生命和生产设备的安全，经一般修理或不修理仍能继续使用。

第三水准：在遭受高于本地区设防烈度的罕遇地震影响时（50 年设计基准期内超越概

率是 2%～3%），建筑物不致倒塌或发生危及人民生命的严重破坏。

在高层建筑结构设计时，采用"二阶段"设计方法。

第一阶段：计算多遇地震水准下的地震作用和结构地震效应，并按照地震组合效应验算结构构件的承载力和弹性变形，以满足第一水准的设防目标要求。

第二阶段：计算罕遇地震水准下结构的弹塑性变形，以满足第三水准设防目标要求；通过抗震构造措施满足第二水准下的设防目标要求。

4.3.1 地震作用一般规定

1. 抗震设防

高层建筑设计时，根据其使用功能的重要性分为甲、乙、丙三类建筑。

甲类建筑：特别重要的建筑，地震破坏会导致严重后果，造成经济上的严重损失。

乙类建筑：重要的建筑，即在地震时使用功能不能中断或需尽快恢复的建筑物，人员大量集中的公共建筑物或其他重要建筑物，如国家级、省级的广播电视中心、通信枢纽、大型商场、医院、中小学宿舍等。

丙类建筑：除上述以外的一般高层民用建筑。

高层建筑应按照国家规范要求进行抗震设计。甲类建筑应按高于本地区抗震设防烈度计算，其值应按批准的地震安全性评价结果确定，并采取专门的抗震措施。乙、丙类建筑应按照本地区抗震设防烈度计算地震作用。

2. 地震作用计算的规定

高层建筑结构按以下原则考虑地震作用：

1）一般情况下按建筑结构的两个主轴方向分别考虑水平地震作用并进行抗震验算，各方向的水平地震作用应全部由该方向的水平抗侧力构件承担；有斜交抗侧力构件的结构，当相交角度大于15°时，应分别计算各抗侧力构件方向的水平地震作用。

2）质量与刚度分布明显不对称的结构，应计算双向水平地震作用下的扭转影响；其他情况，应计算单向水平地震作用下的扭转作用。

计算单向地震作用时应考虑偶然偏心的影响。每层质心沿垂直于地震作用方向的偏移值为

$$e_i = \pm 0.05 L_i \tag{4-10}$$

式中　e_i——第 i 层质心偏移值（m），各楼层质心偏移方向相同；

L_i——第 i 层垂直于地震作用方向的建筑物总长度（m）。

3）9度抗震设计时，应考虑竖向地震作用，并与水平地震作用进行组合。

3. 地震作用计算方法的规定

地震作用是随时间变化的动荷载作用，且随着不同的地震烈度、场地条件、结构动力特性的不同而不同。对于动荷载作用，建立结构的动荷载方程并求解得出结构的反应是最直接的方法。但是，对于地震作用，由于其特定的随机性，无法预测得到特定的地震波输入，而且，对于高层建筑结构，其三维空间结构在某时刻的动力反应方程的求解是一个耗时且复杂的过程，因此，高层建筑结构应根据不同情况，分别采用下列计算方法：

1）振型分解反应谱法。对质量和刚度不对称、不均匀的结构，以及高度超过100m 的高层建筑结构，应采用考虑扭转耦联振动影响的振型分解反应谱法。

2）底部剪力法。对于高度不超过40m、以剪切变形为主且质量和刚度沿高度分布比较均匀的高层建筑结构，可以采用底部剪力法。

3）弹性时程分析法。对于要求高的高层建筑，或者复杂的高层建筑，应根据建筑物高度、场地类型和设防烈度进行弹性时程分析，计算结构在地震作用下的动力时程反应。对于复杂高层建筑结构，或结构严重不规则，有薄弱层或软弱层的结构，需要进行弹塑性时程分析。

4.3.2 设计反应谱

反应谱是在给定的地震作用期间内，单自由度体系的反应最大值（位移反应、速度反应或加速度反应）与体系的自振周期之间变化的曲线。当结构固有频率、阻尼比和场地条件确定后，就能利用地面反应谱快速计算得到结构的最大加速度、最大速度和最大位移，从而得到节点和构件对应的最大内力。

一个单自由度体系（Single Degree of Freedom，SDOF）有其自身的动力特性，即体系的基本自振周期（T_1）、频率（f_1）和阻尼比（ζ），如图4-3所示。该特定体系在某个已知的地震加速度激励下，质点产生相应的加速度、速度和位移时程反应。以体系的自振周期为横坐标，以体系的最大反应值为纵坐标，对应不同的地面记录，可以得到一系列反应谱。反应谱可以是加速度反应谱、速度反应谱、位移反应谱。对应结构的弹性反应和弹塑性反应分别

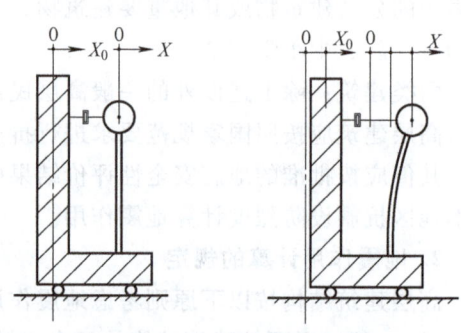

图4-3 单自由度体系运动模型

得到弹性反应谱和弹塑性反应谱。图4-4是单自由度体系在El-Centro地震波激励下的弹性加速度反应谱、速度反应谱和位移反应谱。

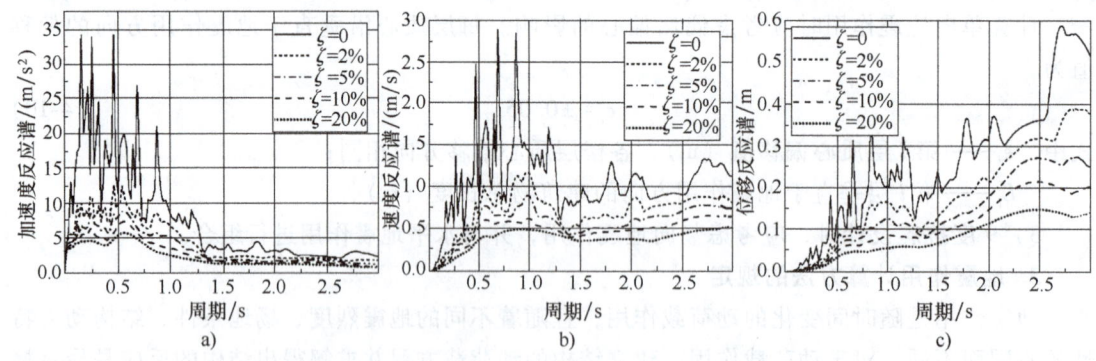

图4-4 单自由度体系在El-Centro地震波激振下的弹性反应谱
a）加速度反应谱 b）速度反应谱 c）位移反应谱

反应谱与结构抗震设防烈度、场地特征、结构自振周期和阻尼比密切相关。当结构自振周期接近场地特征周期时，结构的加速度反应达到最大值，随着结构自振周期的增大，加速

度反应减小，但速度反应和位移反应增大。结构反应谱均随着结构阻尼比的增大而减小，因此提高结构的阻尼比有助于减小地震反应，图 4-4 列出了阻尼比分别为 0、2%、5%、10% 和 20% 对应的反应谱。

高层建筑结构自振周期一般较长。当该周期大于场地卓越周期时，加速度反应衰减明显，但位移反应增加迅速。美国抗震设计规范建议当结构自振周期超过 1s 时，需要采用速度反应谱进行设计。我国抗震规范采用基于多遇地震下的弹性设计方法，要求弹性位移角小于规范规定的最大值要求。同时，针对特定高层建筑结构，要求进行弹性时程反应补充分析和弹塑性分析。

不同地面运动下结构的加速度反应谱呈现不同峰值，图 4-5 为 7 个长持时远震地震记录下的单自由度结构反应谱。其中黑色虚线为这 7 条反应谱的平均值曲线，黑实线是设计反应谱。

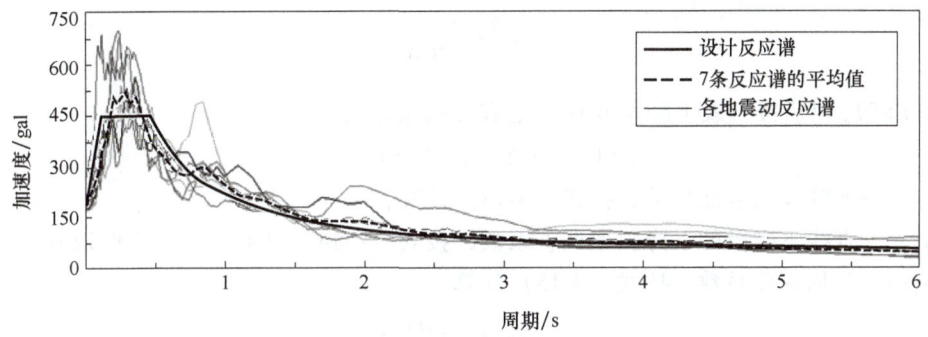

图 4-5　不同自振频率的单自由度体系在一系列地面运动下的加速度反应谱（$1\text{gal} = 0.01\text{m/s}^2$）

设计反应谱是以一定的概率统计值，在保证一定的失效概率统计下的一条可用于指导结构设计的反应谱。我国《抗震规范》规定反应谱时，收集了国内外 255 条 7 度以上（包括少部分 6 度）的地震加速度记录，计算得到了不同场地的加速度反应谱，经过处理后得到无量纲加速度反应谱，即规范给出的地震影响系数曲线，如图 4-6 所示。

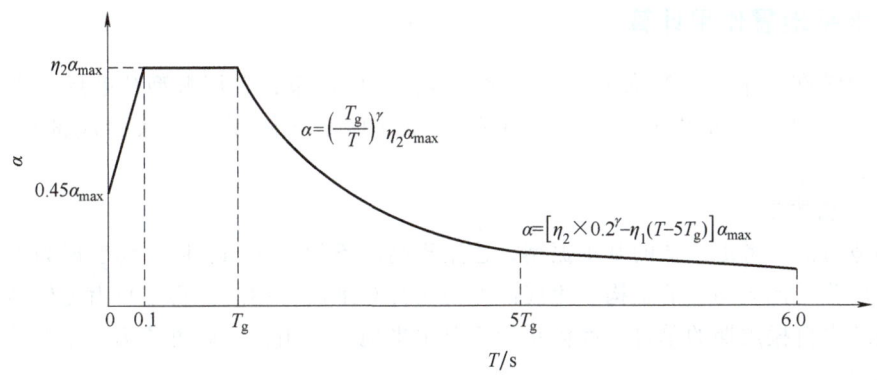

图 4-6　地震影响系数曲线

α—地震影响系数　$\alpha_{\max}$—地震影响系数最大值　T—结构自振周期　T_g—特征周期
γ—衰减指数　η_1—直线下降段的下降斜率调整系数　η_2—阻尼调整系数

具体说明如下：

1) T 小于 0.1s 为直线上升段。

2) $0.1<T<T_g$ 时，$\alpha=\eta_2\alpha_{max}$ 为平台段。η_2 是与阻尼比有关的系数，α_{max} 只与设防烈度有关，表 4-5 给出了设防烈度 6~9 度对应的多遇地震、设防地震和罕遇地震的 α_{max} 值。

表 4-5 地震影响系数最大值 α_{max}

设防烈度	6 度	7 度	8 度	9 度
多遇地震	0.04	0.08（0.12）	0.16（0.24）	0.32
设防地震	0.12	0.23（0.34）	0.45（0.68）	0.90
罕遇地震	0.28	0.50（0.72）	0.90（1.20）	1.40

3) $T>T_g$ 后，进入下降段，$5T_g$ 以前为曲线下降，地震影响系数为

$$\alpha=\left(\frac{T_g}{T}\right)^\gamma \eta_2\alpha_{max} \tag{4-11}$$

4) $T>5T_g$ 以后按直线下降至 6.0s，地震影响系数为

$$\alpha=[\eta_2\times 0.2^\gamma-\eta_1(T-5T_g)]\alpha_{max} \tag{4-12}$$

式中　γ——下降段的衰减指数，按式（4-13）计算；

η_1——直线下降段的下降斜率调整系数，按式（4-14）计算，小于 0 时取 0；

η_2——阻尼调整系数，按式（4-15）计算。

$$\gamma=0.9+\frac{0.05-\zeta}{0.3+6\zeta} \tag{4-13}$$

$$\eta_1=0.02+\frac{0.05-\zeta}{4+32\zeta} \tag{4-14}$$

$$\eta_2=1+\frac{0.05-\zeta}{0.08+1.6\zeta} \tag{4-15}$$

其中阻尼比 ζ，一般钢筋混凝土结构取 0.05，钢结构取 0.02。

4.3.3 水平地震作用计算

高层建筑在水平地震激励下，可简化为多自由度体系，采用振型分解反应谱法求解地震作用。当满足简化条件时，也可采用基于简化振型分解反应谱法的底部剪力法进行计算。

1. 底部剪力法

底部剪力法只考虑结构的基本振型，适用于高度不超过 40m、以剪切变形为主且质量和刚度沿高度分布比较均匀的结构。用底部剪力法计算地震作用时，将多自由度体系等效为只考虑结构基本自振周期的单自由度体系计算总水平地震作用，然后再按第一振型的规律分配到各个楼层。

结构总水平地震作用的标准值为

$$F_{Ek}=\alpha_1 G_{eq} \tag{4-16}$$

式中　α_1——相应于结构基本自振周期 T_1 的地震影响系数值；

G_{eq}——结构等效总重力荷载代表值，$G_{eq} = 0.85 G_E$，其中 G_E 为结构总重力荷载代表值，即各层重力荷载代表值之和。重力荷载代表值一般是指100%的恒荷载、50%或80%的楼面均布活荷载和50%的雪荷载之和。

第 i 个质点的等效地震荷载分布形式如图4-7所示，质点 i 处的水平地震作用为

$$F_i = \frac{G_i H_i}{\sum_{j=1}^{n} G_j H_j} F_{Ek}(1-\delta_n) \quad (i=1,2,\cdots,n) \quad (4\text{-}17)$$

式中 H_i、H_j——质点 i、j 的计算高度。

为考虑高层建筑顶部高阶振型的影响，采用附加顶部水平地震作用的方式进行等效计算，即

$$\Delta F_n = \delta_n F_{Ek} \quad (4\text{-}18)$$

式中 δ_n——顶部附加水平地震作用系数，当基本自振周期 $T_1 < 1.4 T_g$ 时，δ_n 取为0；当基本自振周期 $T_1 \geq 1.4 T_g$ 时，δ_n 按表4-6取值。

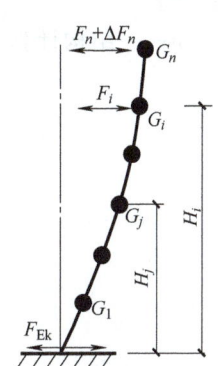

图4-7 水平地震作用沿高度分布

表4-6 顶部附加水平地震作用系数

T_g / s	$T_1 \geq 1.4 T_g$
≤ 0.35	$0.08 T_1 + 0.07$
$0.35 \sim 0.55$	$0.08 T_1 + 0.01$
> 0.55	$0.08 T_1 - 0.02$

注：T_g 为场地特征周期；T_1 为结构基本自振周期。

2. 振型分解反应谱法

振型分解反应谱法的基本原理是：根据振型的正交性将多自由度体系转化为自振频率模态下的单自由度体系，然后计算该单自由度体系的反应，再将不同模态下的单自由度反应按一定方式叠加，得到结构在地震作用下的反应。

振型分解反应谱法是动力分析方法的静态表达方式，适合结构工程师快速得到具有一定保证率的安全的设计结果。因此，振型分解反应谱法是结构抗震设计的根本方法，适用于多种复杂的情况。

（1）不考虑扭转影响的振型分解反应谱法　不考虑扭转耦联，就可以将单一方向的地震作用由该方向的抗侧力构件承受，质量凝聚在楼层质点上，计算模型简图如图4-8a所示。

沿结构的主轴方向，结构第 j 振型第 i 层的水平地震作用的标准值为

$$F_{ji} = \alpha_j \gamma_j X_{ji} G_i \quad (i=1,2,\cdots,n; j=1,2,\cdots,m) \quad (4\text{-}19)$$

式中 F_{ji}——第 j 振型第 i 层的水平地震作用标准值；

α_j——相应于第 j 振型自振周期的地震影响系数；

X_{ji}——第 j 振型第 i 层的水平相对位移；

γ_j——第 j 振型的参与系数，计算公式为

$$\gamma_j = \frac{\sum_{i=1}^{n} X_{ji} G_i}{\sum_{i=1}^{n} X_{ji}^2 G_i} \tag{4-20}$$

式中　n——结构计算总质点数。

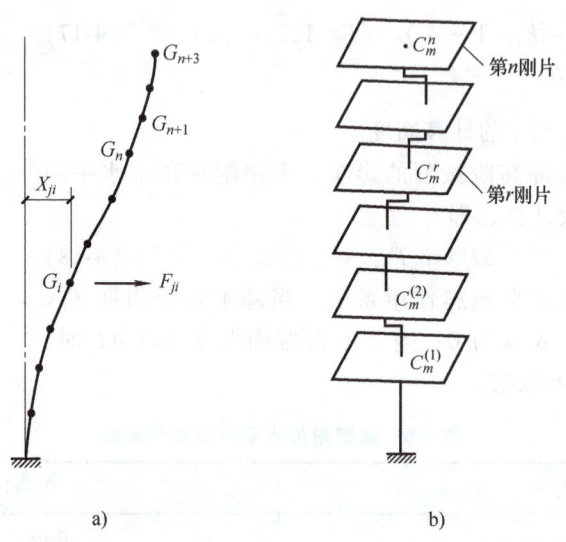

图 4-8　振型分解反应谱法计算模型简图
a）不考虑扭转——葫芦串模型　b）考虑扭转——刚片串模型

（2）考虑扭转耦联振动影响的振型分解反应谱法　考虑扭转影响的结构，按扭转耦联振型分解反应谱法计算时，各楼层可取两个正交的水平位移和一个转角位移共三个自由度，并应按下列规定计算地震作用和作用效应。

第 j 振型第 i 层的水平地震作用标准值为

$$\begin{cases} F_{xji} = \alpha_j \gamma_{tj} X_{ji} G_i \\ F_{yji} = \alpha_j \gamma_{tj} Y_{ji} G_i \quad (i=1, 2, \cdots, n; j=1, 2, \cdots, m) \\ F_{tji} = \alpha_j \gamma_{tj} r_i^2 \varphi_{ji} G_i \end{cases} \tag{4-21}$$

式中　F_{xji}、F_{yji}、F_{tji}——第 j 振型第 i 层的 x 方向、y 方向和转角方向的地震作用标准值；

　　　　α_j——相应于第 j 振型自振周期的地震影响系数；

　　　　X_{ji}、Y_{ji}——第 j 振型 i 层质心在 x、y 方向的水平相对位移；

　　　　φ_{ji}——第 j 振型第 i 层的相对扭转角；

　　　　r_i——第 i 层的转动半径，可取第 i 层绕质心的转动惯量除以该层质量的商的正二次方根；

　　　　γ_{tj}——考虑扭转的第 j 振型参与系数，可按以下情况计算：

当仅考虑 x 方向地震作用时

$$\gamma_{tj} = \sum_{i=1}^{n} X_{ji} G_i \Big/ \sum_{i=1}^{n} (X_{ji}^2 + Y_{ji}^2 + \varphi_{ji}^2 r_i^2) G_i \tag{4-22}$$

当仅考虑 y 方向地震作用时

$$\gamma_{tj} = \sum_{i=1}^{n} Y_{ji} G_i \bigg/ \sum_{i=1}^{n} (X_{ji}^2 + Y_{ji}^2 + \varphi_{ji}^2 r_i^2) G_i \qquad (4\text{-}23)$$

当考虑与 x 方向夹角为 θ 的地震作用时

$$\gamma_{tj} = \gamma_{xj}\cos\theta + \gamma_{yj}\sin\theta \qquad (4\text{-}24)$$

式中 γ_{xj}、γ_{yj}——由式（4-22）、式（4-23）求得的振型参与系数。

（3）振型叠加 振型叠加方法一般采用平方和开平方方法（SRSS 法），或完全二次项组合方法（CQC 法）。两种方法得到的数值不同，但都比较接近于结构动力时程分析得到的最大反应值，在设计中一般采用两种方法得到的较大值进行设计。

1）平方和开平方方法（SRSS 法）。当相邻振型的周期比小于 0.85 时，且不考虑扭转耦联作用时，一般可采用平方和开平方方法（SRSS 法）计算，即

$$S = \sqrt{\sum_{j=1}^{m} S_j^2} \qquad (4\text{-}25)$$

式中 S——水平地震作用标准值的效应；

S_j——第 j 振型的水平地震作用标准值作用下的结构效应（如弯矩、剪力、轴向力和位移等）；

m——需要叠加的振型个数。当满足有效质量参与系数大于 90% 时，结构整体反应与 m 个振型叠加的反应基本相同，如果仅考虑水平方向地震作用，按照刚片模型，每阶振型对应 x 方向、y 方向和 xy 平面转动的 3 个振型，因此，该值一般是 3 的倍数。

2）完全二次项组合方法（CQC 法）。单向水平地震作用下，考虑扭转的地震作用效应为

$$S = \sqrt{\sum_{j=1}^{m}\sum_{k=1}^{m} \rho_{jk} S_j S_k} \qquad (4\text{-}26)$$

$$\rho_{jk} = \frac{8\sqrt{\zeta_j\zeta_k}(\zeta_j+\lambda_T\zeta_k)\lambda_T^{1.5}}{(1-\lambda_T^2)^2 + 4\zeta_j\zeta_k(1+\lambda_T^2)\lambda_T + 4(\zeta_j^2+\zeta_k^2)\lambda_T^2} \qquad (4\text{-}27)$$

式中 S——考虑扭转的地震作用标准值的效应；

S_j、S_k——第 j、k 振型地震作用标准值的效应；

ρ_{jk}——第 j 振型与第 k 振型的耦联系数；

λ_T——第 k 振型与第 j 振型的自振周期比；

ζ_j、ζ_k——第 j、k 振型的阻尼比。

3）考虑双向水平地震作用下的扭转地震作用效应，可按式（4-28）、式（4-29）中的较大值确定

$$S = \sqrt{S_x^2 + (0.85 S_y)^2} \qquad (4\text{-}28)$$

或

$$S = \sqrt{S_y^2 + (0.85 S_x)^2} \qquad (4\text{-}29)$$

式中 S_x——仅考虑 x 方向水平地震作用时的地震作用效应；

S_y——仅考虑 y 方向水平地震作用时的地震作用效应。

3. 动力时程反应分析法

动力时程反应分析法为直接动力法。结构在特定的地面激励下产生强迫振动，结构每一

时刻的反应随地面加速度激励而不断变化。地震动是随机动力问题，一般采用多条反应场地土特征的已有地震记录作为设计依据。

我国《抗震规范》规定，采用动力时程反应分析时，应按建筑场地类别和设计地震分组选取实际地震记录和人工模拟加速度时程曲线，其中实际地震记录的数量不应少于总数量的三分之二，多条时程曲线的平均地震影响系数曲线应与振型分解反应谱法所采用的地震影响系数曲线在统计意义上相符；地震波的持续时间不宜小于建筑结构基本自振周期的5倍和15s，时间间隔可取0.01s或0.02s。弹性时程分析时，每条时程曲线计算所得结构底部剪力不应小于振型分解反应谱法计算结果的65%，多条时程曲线计算所得结构底部剪力的平均值不应小于振型分解反应谱法的80%。

选取的地震波峰值应与设防烈度的设计要求一致，可采用峰值等效原则按比例对整个地震记录进行幅值调整。我国《抗震规范》给出了输入地震加速度的最大值与抗震设防烈度的关系，见表4-7。当取三组时程曲线进行计算时，结构地震作用效应宜取时程法计算结果的包络值与振型分解反应谱法计算结果的较大值。当取七组及七组以上时程曲线进行计算时，结构地震作用效应可取时程法计算结果的平均值与振型分解反应谱法计算结果的较大值。

表4-7 时程分析时输入地震加速度的最大值 （单位：cm/s^2）

设防烈度	6度	7度	8度	9度
多遇地震	18	35（55）	70（110）	140
设防地震	50	100（150）	200（300）	400
罕遇地震	125	220（310）	400（510）	620

注：括号内数值分别用于设计基本地震加速度为0.15g和0.30g地区。

4. 三种方法的适用范围

1）高层建筑结构宜采用振型分解反应谱法；对质量和刚度不均匀、不对称的结构以及高度超过100m的高层建筑结构，应采用考虑扭转耦联振动影响的振型分解反应谱法。

2）对于高度不超过40m、以剪切变形为主且质量和刚度沿高度分布比较均匀的高层建筑结构，可采用底部剪力法。

3）7~9度抗震设防时，甲类高层建筑结构、表4-8所列的乙类和丙类高层建筑结构、复杂高层建筑结构、竖向不规则高层建筑结构、质量沿竖向分布特别不均匀的高层建筑结构和复杂高层建筑结构，均应采用弹性时程分析法进行多遇地震作用下的补充计算。

表4-8 采用时程分析法的高层建筑结构

设防烈度、场地类别	建筑高度范围
8度Ⅰ类、Ⅱ类场地和7度	>100m
8度Ⅲ类、Ⅳ类场地	>80m
9度	>60m

5. 楼层水平地震剪力最小值

《抗震规范》规定，无论哪种反应谱方法计算等效地震力，结构任一楼层的水平地震剪力应满足式（4-30）的要求

$$V_{Eki} \geq \lambda \sum_{j=i}^{n} G_j \qquad (4\text{-}30)$$

式中 V_{Eki}——第 i 层对应于水平地震作用标准值的剪力；

λ——水平地震剪力系数，不应小于表 4-9 规定的值；对于竖向不规则结构的薄弱层，尚应乘以 1.15 的增大系数；

G_j——第 j 层的重力荷载代表值；

n——结构计算总层数。

表 4-9 楼层最小水平地震剪力系数

类别	6度	7度	8度	9度
扭转效应明显或基本周期小于 4.5s 的结构	0.008	0.016（0.024）	0.032（0.048）	0.064
基本周期大于 5.0s 的结构	0.006	0.012（0.018）	0.024（0.036）	0.048

注：括号中数据分别对应于 7 度 0.15g 和 8 度 0.30g。

6. 结构自振周期计算

结构自振周期 T 在施工图设计时一般通过有限元分析确定，由于在结构计算时只考虑了主要承重构件的刚度，而刚度很大的砌体填充墙的刚度在计算中未予以反映，因此计算所得的周期比实际周期长，如果按计算周期直接计算地震作用，将偏于不安全。因此计算周期必须乘以周期折减系数 φ_T 后，再用于计算地震作用。

周期折减系数 φ_T 取决于非结构构件对结构刚度的贡献度。框架主体刚度较小，而砌体墙较多，刚度影响较大，实测周期一般只是计算周期的 50%～60%；相反，剪力墙结构具有很大的刚度，少数甚至没有砌体填充墙，因而实测周期接近于计算周期。因此，周期折减系数 φ_T 可按下列规定取值：

1）框架结构 $\varphi_T = 0.6 \sim 0.7$。

2）框架-剪力墙结构 $\varphi_T = 0.7 \sim 0.8$。

3）框架-核心筒结构 $\varphi_T = 0.8 \sim 0.9$。

4）剪力墙结构 $\varphi_T = 0.9 \sim 1.0$。

5）对于其他结构体系或采用其他非承重墙体时，可根据工程情况确定周期折减系数 φ_T。

4.3.4 竖向地震作用计算

结构竖向地震作用标准值可采用时程分析方法或振型分解反应谱法计算，也可按下列规定计算（图 4-9）：

1）结构总竖向地震作用标准值为

$$F_{Evk} = \alpha_{vmax} G_{eq} \qquad (4\text{-}31)$$

$$G_{eq} = 0.75 G_E \qquad (4\text{-}32)$$

$$\alpha_{vmax} = 0.65\alpha_{max} \qquad (4\text{-}33)$$

式中 F_{Evk}——结构总竖向地震作用标准值；

α_{vmax}——结构竖向地震影响系数最大值；

G_{eq}——结构等效总重力荷载代表值；

G_E——计算竖向地震作用时，结构总重力荷载代表值，应取各质点重力荷载代表值之和。

2) 结构质点 i 的竖向地震作用标准值为

$$F_{vi} = \frac{G_i H_i}{\sum_{j=1}^{n} G_j H_j} F_{Evk} \qquad (4\text{-}34)$$

式中 F_{vi}——质点 i 的竖向地震作用标准值；

G_i、G_j——集中于质点 i、j 的重力荷载代表值；

H_i、H_j——质点 i、j 的计算高度。

图 4-9 结构竖向地震作用计算简图

3) 楼层各构件的竖向地震作用效应可按各构件承受的重力荷载代表值比例分配，并宜乘以增大系数 1.5。

高层建筑中，大跨度结构、悬挑结构、转换结构、连体结构的连接体的竖向地震作用标准值，不宜小于结构或构件承受的重力荷载代表值与表 4-10 所规定的竖向地震作用系数的乘积。

表 4-10 竖向地震作用系数

设防烈度	7 度	8 度		9 度
设计基本地震加速度	0.15g	0.20g	0.30g	0.40g
竖向地震作用系数	0.08	0.10	0.15	0.20

注：g 为重力加速度。

对于跨度大于 24m 的楼盖结构、跨度大于 12m 的转换结构和连体结构，悬挑长度大于 5m 的悬挑结构，结构竖向地震作用效应标准值宜采用时程分析法或振型分解反应谱法进行计算。时程分析计算时输入的地震加速度最大值可按规定的水平输入最大值的 65% 取值，振型分解反应谱分析时结构竖向地震影响系数最大值可按水平地震影响系数最大值的 65% 取值，但设计地震分组可按第一组采用。对于跨度或悬挑长度不满足上述条件的大跨度结构和悬挑结构，可按地震作用系数乘以相应的重力荷载代表值作为竖向地震作用标准值。

4.4 荷载效应组合

建筑结构设计应根据使用过程中在结构上可能同时出现的荷载，按承载能力极限状态和正常使用极限状态分别进行荷载效应组合，并应取各自的最不利组合进行构件截面设计。高层建筑结构承受的荷载种类基本与多层建筑相同，但最不利荷载组合随着建筑物高度的变化而有所不同。

4.4.1 荷载效应组合方式

作用在高层建筑结构上的荷载有恒荷载、活荷载、风荷载以及地震作用。在结构计算时，首先应计算结构在不同荷载作用下的效应，即轴力、弯矩、剪力、位移等，然后分别按照设计要求将其进行组合，得到所设计的结构或构件的效应组合，最后按承载能力极限状态下最不利基本效应组合进行承载力验算，按正常使用极限状态下最不利标准组合验算结构的位移或构件的应力、应变和变形。

不同设计要求下应考虑的荷载和地震作用见表 4-11。

表 4-11 设计中考虑的荷载和地震作用表

设计要求		竖向荷载	风荷载	水平地震作用	竖向地震作用
非抗震设计		√	√		
抗震设计	6~8 度	√	√	√	
	9 度	√	√	√	√

注：只有当建筑物的高度超过 60m 时，才同时考虑风与地震产生的效应，√表示效应组合。

4.4.2 荷载效应基本组合

对于承载能力极限状态，应按荷载的基本组合或偶然组合计算荷载组合的效应设计值，并应按式（4-35）进行设计

$$\gamma_0 S_d \leq R_d \tag{4-35}$$

式中 γ_0——结构重要性系数，对安全等级为一级的结构构件不应小于 1.1，其余为 1.0；

S_d——荷载组合的效应设计值；

R_d——结构构件抗力的设计值，应按不同材料和构件设计要求确定。

高层建筑结构设计时，若不考虑地震作用荷载基本组合的效应设计值为

$$S_d = \gamma_G S_{Gk} + \gamma_L \psi_Q \gamma_Q S_{Qk} + \psi_w \gamma_w S_{wk} \tag{4-36}$$

式中 S_d——荷载基本组合的效应设计值；

γ_G——恒荷载的分项系数，当其效应对结构不利时取 1.3，对结构有利时取 1.0；

γ_Q——楼面活荷载的分项系数，当恒荷载起控制作用时取 1.4，活荷载起控制作用时取 1.5；

γ_w——风荷载的分项系数，取 1.4；

γ_L——考虑结构设计使用年限的荷载调整系数，设计使用年限为 50 年时取 1.0，设计使用年限为 100 年时取 1.1；

S_{Gk}——恒荷载效应标准值；

S_{Qk}——楼面活荷载效应标准值；

S_{wk}——风荷载效应标准值；

ψ_Q、ψ_w——楼面活荷载组合值系数和风荷载组合值系数，当恒荷载效应起控制作用时分别取 0.7 和 0.0，当活荷载效应起控制作用时应分别取 1.0 和 0.7 或 0.7 和 1.0。（注：对书库、档案库、储藏室、通风机房和电梯机房，楼面活荷载组合值系数取 0.7 的情况应取为 0.9）。

高层建筑的楼层水平位移角是结构整体性能的主要控制指标。在进行结构位移、速度和加速度计算、结构沉降或温度变形等验算时,应采用正常使用极限状态下的最不利组合。此时,荷载正常使用极限状态组合的荷载分项系数取1.0。

4.4.3 地震作用效应组合

我国高层建筑一般需要考虑抗震设计,结构构件的地震作用效应和其他荷载效应的基本组合的设计值为

$$S = \gamma_G S_{GE} + \gamma_{Eh} S_{Ehk} + \gamma_{Ev} S_{Evk} + \psi_w \gamma_w S_{wk} \tag{4-37}$$

式中 S——地震作用效应和荷载效应基本组合的设计值;

γ_G——恒荷载分项系数;

γ_{Eh}——水平地震分项系数;

γ_{Ev}——竖向地震分项系数;

γ_w——风荷载分项系数;

ψ_w——风荷载组合值系数,应取0.2;

S_{GE}——重力荷载代表值的效应;

S_{Ehk}——水平地震作用标准值的效应,尚应乘以相应的放大系数或调整系数;

S_{Evk}——竖向地震作用标准值的效应,尚应乘以相应的放大系数或调整系数;

S_{wk}——风荷载标准值的效应。

高层建筑抗震设计时,其荷载和地震作用效应的分项系数见表4-12。当重力荷载代表值效应对结构的承载力有利时,表中的γ_G不应大于1.0。

表4-12 地震作用效应组合时荷载和地震作用分项系数

所考虑的组合	γ_G	γ_{Eh}	γ_{Ev}	γ_w	说　明
重力荷载及水平地震作用	1.2	1.3	—	—	抗震设计的高层建筑均应考虑
重力荷载及竖向地震作用	1.2	—	1.3	—	9度抗震设计时考虑,水平长悬臂和大跨度结构7度(0.15g)、8度、9度抗震设计时考虑
重力荷载、水平地震作用及竖向地震作用	1.2	1.3	0.5	—	9度抗震设计时考虑,水平长悬臂和大跨度结构7度(0.15g)、8度、9度抗震设计时考虑
重力荷载、水平地震作用及风荷载	1.2	1.3	—	1.4	60m以上的高层建筑考虑
重力荷载、水平地震作用、竖向地震作用及风荷载	1.2	1.3	0.5	1.4	60m以上的高层建筑,9度抗震设计时考虑;水平长悬臂和大跨度结构7度、8度、9度抗震设计时考虑
	1.2	0.5	1.3	1.4	水平长悬臂和大跨度结构7度(0.15g)、8度、9度抗震设计时考虑

注:表中"—"号表示不考虑该项荷载或作用效应。

结构构件的截面抗震验算应满足要求,即

$$S \leq R/\gamma_{RE} \tag{4-38}$$

式中 γ_{RE}——承载力抗震调整系数,一般按表 4-13 取值;当仅计算竖向地震作用时,承载力抗震调整系数均取 1.0;

S——抗震设计时考虑地震作用的荷载组合效应设计值;

R——结构构件承载力设计值,应按不同材料和构件设计要求确定。

表 4-13 承载力抗震调整系数

材料	结构构件	受力状态	γ_{RE}
钢	柱、梁、支撑、节点板件、螺栓、焊缝柱、支撑	强度	0.75
		稳定	0.80
砌体	两端都有构造柱、芯柱的抗震墙	受剪	0.90
	其他抗震墙	受剪	1.00
混凝土	梁	弯	0.75
	轴压比小于 0.15 的柱	偏压	0.75
	轴压比不小于 0.15 的柱	偏压	0.80
	抗震墙	偏压	0.85
	各类构件	受剪、偏拉	0.85

4.4.4 抗震等级

抗震等级是各类房屋建筑的重要抗震设计参数。抗震设计时,高层建筑钢筋混凝土结构构件应根据抗震设防分类、烈度、结构类型和房屋高度采用不同的抗震等级,这体现了对不同抗震设防类别、不同结构类型、不同烈度和相同烈度但不同高度的建筑结构弹塑性变形能力要求的不同,以及同类构件在不同结构类型中的弹塑性变形能力要求的不同。建筑结构根据其抗震等级采取相应的抗震措施,包括抗震计算时构件截面内力调整措施和抗震构造措施。

丙类建筑 A 级、B 级高度现浇钢筋混凝土结构的抗震等级分别列于表 4-14 和表 4-15,其中抗震等级特一、一、二、三、四级的要求依次递降。

表 4-14 A 级高度现浇钢筋混凝土房屋的抗震等级

结构类型		烈 度						
		6 度		7 度		8 度		9 度
框架结构		三		二		一		一
框架-剪力墙结构	高度/m	≤60	>60	≤60	>60	≤60	>60	≤50
	框架	四	三	三	二	二	一	一
	剪力墙	三		三	二	二	一	一
剪力墙结构	高度/m	≤80	>80	≤80	>80	≤80	>80	≤60
	剪力墙	四	三	三	二	二	一	一

（续）

结构类型			烈度					
			6度		7度		8度	9度
部分框支剪力墙结构	非底部加强部位的剪力墙		四		三		二	—
	底部加强部位的剪力墙		三		二		二	—
	框支框架		二		二		一	—
筒体结构	框架-核心筒	框架	三		二		一	一
		核心筒	二		二		一	一
	筒中筒	内筒	三		二		一	一
		外筒	三		二		一	一
板柱-剪力墙结构	高度/m		≤35	>35	≤35	>35	≤35	>35
	框架、板柱及柱上板带		三	二	二	二	一	—
	剪力墙		二	二	二	一	二	—

注：1. 接近或等于高度分界时，应允许结合房屋不规则程度及场地、地基条件确定抗震等级。
2. 底部带转换层的筒体结构，其转换框架的抗震等级应按表中部分框支剪力墙结构的规定采用。
3. 高度不超过60m的框架-核心筒结构按框架-剪力墙的要求设计时，按表中框架-剪力墙结构的规定确定其抗震等级。

表 4-15 B 级高度现浇钢筋混凝土房屋的抗震等级

结构类型		设防烈度		
		6度	7度	8度
框架-剪力墙	框架	二	一	一
	剪力墙	二	一	特一
剪力墙		二	一	一
部分框支剪力墙	非底部加强部位的剪力墙	二	一	一
	底部加强部位的剪力墙	一	一	特一
	框支框架	一	特一	特一
框架-核心筒	框架	二	一	一
	筒体	二	一	特一
筒中筒	外筒	二	一	特一
	内筒	二	一	特一

丙类民用建筑钢结构的抗震等级见表 4-16。6 度、高度不超过 50m 的民用建筑钢结构，按非抗震设计执行，因此没有抗震等级。一般情况下，钢结构构件的抗震等级与结构相同；当某个部位各构件的承载力均满足 2 倍地震作用组合下的内力要求时，7~9 度的构件抗震等级可以按降低一度确定。

表 4-16　丙类民用钢结构的抗震等级

房屋高度	设防烈度			
	6 度	7 度	8 度	9 度
≤50m	—	四	三	二
>50m	四	三	二	一

丙类建筑钢-混凝土混合结构中钢筋混凝土核心筒、型钢（钢管）混凝土核心筒、型钢（钢管）混凝土框架、型钢（钢管）混凝土外筒的抗震等级列于表 4-17；混合结构中钢结构构件的抗震等级，抗震设防烈度为 6 度、7 度、8 度、9 度时分别取四、三、二、一级。

表 4-17　钢-混凝土混合结构房屋的抗震等级

结构类型			设防烈度						
			6 度		7 度		8 度		9 度
混合框架结构		高度/m	≤30	>30	≤30	>30	≤30	>30	≤25
		框架	四	三	三	二	二	二	二
双重抗侧力体系	钢框架-钢筋混凝土剪力墙 钢框架-钢骨混凝土剪力墙	高度/m	≤50	50～130	>130	≤50	50～120	>120	≤50	50～100	>100	≤50
		剪力墙	四	三	二	三	二	一	二	一	特一
	钢框架-钢筋混凝土核心筒 钢框架-钢骨混凝土核心筒	高度/m	≤150	>150	≤130	>130	≤100	>100	≤70
		核心筒	二					一	特一	
	混合框架-钢筋混凝土墙 混合框架-钢骨混凝土墙	高度/m	≤60	60～130	>130	≤60	60～120	>120	≤60	60～100	>100	≤60
		钢骨混凝土框架	四	三	二	三	二	二	一	特一
		墙	四	三	二	三	二	一	二	一	特一
	混合框架-钢筋混凝土筒 混合框架-钢骨混凝土筒	高度/m	≤150	>150	≤130	>130	≤100	>100	≤80
		钢骨混凝土框架	三	二				一	特一	
		核心筒	二					一	特一	
	筒中筒	高度/m	≤180	>180	≤150	>150	≤120	>120	≤90
		钢骨混凝土外框筒	三	二				一	特一	
		内筒	三	二				一	特一	
非双重抗侧力体系		高度/m	≤80	>80	≤60	>60			
		钢骨混凝土框架	三	二			—	—	—
		核心筒	一		一		—	—	—

甲、乙类建筑应提高一度根据建筑高度查表 4-14～表 4-17 确定其抗震等级。建筑场地

为Ⅰ类时，对甲、乙类建筑应按本地区抗震设防烈度的要求采取抗震构造措施，按提高一度的要求采取内力调整措施；对丙类的建筑按本地区抗震设防烈度降低一度的要求采取抗震构造措施，按本地区烈度的要求采取内力调整措施，但抗震设防烈度为6度时仍按本地区抗震设防烈度的要求采取抗震构造措施。建筑场地为Ⅲ、Ⅳ类时，设计基本地震加速度为 $0.15g$ 和 $0.30g$ 的地区，分别按抗震设防烈度8度（$0.20g$）和9度（$0.40g$）时各抗震设防类别建筑的要求采取抗震构造措施，分别按7度和8度的要求采取内力调整措施。

思考题

1. 高层建筑结构的竖向荷载包含哪些荷载？如何取值？
2. 进行竖向荷载作用下的内力计算时，是否要考虑活荷载的不利布置？
3. 高层建筑的基本风压及风荷载体型系数如何取值？
4. 什么是风振系数？风振系数与什么因素有关？
5. 针对不同的结构，地震作用计算方法应如何选取？
6. 如何考虑凸出屋面小塔楼的地震作用影响？振型分解反应谱法和底部剪力法是否相同？为什么？
7. 高层建筑结构荷载效应和地震作用效应如何组合？
8. 地震作用和风荷载各有什么特点？
9. 地震作用与场地卓越周期有什么关系？请分析影响因素及其原因。
10. 不考虑地震作用的荷载效应基本组合中，各分项系数如何取值？
11. 考虑地震作用时，楼面恒荷载与活荷载体现在哪一参数中？
12. 为什么在计算地震作用时，需要对高层建筑的基本自振周期进行折减？

第 5 章　高层建筑结构有限元计算

【学习目标】
了解高层建筑结构中构件、节点和荷载等的计算假定，了解材料性能假定，掌握结构弹性状态下的三维整体计算方法，了解常用计算软件的适用范围，学习对计算结果进行合理判断的方法。

【学习方法】
通过对结构力学知识、材料力学知识和结构概念设计方法的梳理和复习，以案例学习和上机操作，了解和掌握本章节的具体内容。

■ 5.1　有限单元法基本概念和计算假定

高层建筑结构为多次超静定空间结构。由于功能和经济指标需求，其平面布置比多层结构复杂，如果按多层框架结构简化成平面单元，可能带来极大的计算量和较大的计算误差。随着计算机技术的发展、数值计算方法和结构计算理论的提高，高层建筑结构的内力分析、变形计算和承载力验算已广泛采用三维空间有限元方法进行。

5.1.1　有限单元法基本概念

有限元法（Finite Element Method）是一种近似数值方法，用来解决力学、数学中的带有特定边界条件的偏微分方程问题。在有限元法提出之前，求解结构和构件的力学问题采用的是解析法。解析法依赖于理想化的假定，一旦工程问题稍微复杂一些就不能直接得到解析解。有限元法把复杂的整体结构离散成有限个单元，再把理想化的假定和力学方程施加于每一个单元，然后通过单元分析组合得到结构总刚度方程，通过边界条件和其他约束解得结构总体反应。

一般情况下，结构体系中的基本构件可分别采用有限单元中的三类基本单元实现，构件间的连接采用有限单元之间的弹簧或连接单元。同一实际结构，构件或节点选用不同的计算单元，将直接影响结构的整体反应。因此单元选择、边界条件确定和计算假定一定要尽可能符合实际工程结构受力特点。

5.1.2 单元基本假定

常用的单元和节点如图 5-1 所示。

一维杆单元（1D Element）用于求解杆两端和杆内的应力和应变。单元杆的两端各有一个端点，端点最多可以有 6 个自由度，分别是 X、Y、Z 三向位移和绕 X、Y、Z 轴的转动。单元杆可受拉、受压、受弯、受剪和受扭。高层建筑结构中的梁、柱、支撑、连杆等杆系构件一般采用一维杆单元模拟。需要注意的是，对于只承受张力而不能承受压力的索，需要针对性地采用索单元。

二维平面单元（2D Element）用于求解平面三个或更多端点及平面内部的应力和应变。二维平面单元根据其形状可以分为三角形单元、四边形单元。单元的每个角点有 6 个自由度。结构中的墙体、楼板和横隔一般采用平面单元。在某些软件中，二维平面单元也称为墙单元或壳单元。需要注意的是，对于只承受双向张力而不能承受压力的膜，需要针对性地采用膜单元。

三维实体单元（3D Element）用于求解实体空间内的应力和应变问题。根据其形状可以分为三棱体单元（又称为四面体单元）、立方体单元（又称为六面体单元）。每个节点最多可以有 6 个自由度。

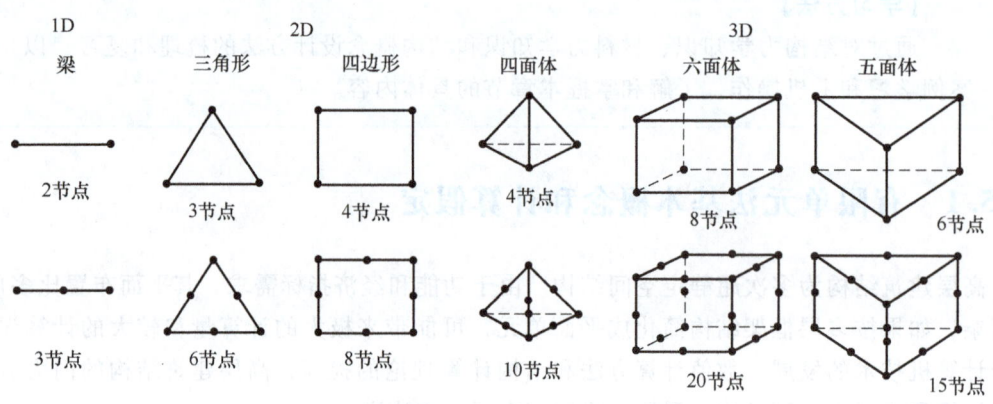

图 5-1 有限元计算中的三种基本单元形式

一般情况下，在边界条件假定准确的前提下，细分单元或增加单元中间的节点数可以提高计算精度，但节点数的增加会使得刚度矩阵的阶数以几何倍数增加，从而导致计算时间也呈几何倍数增加。如果把一个框架梁用三维实体单元模拟，计算的节点数从 2 节点上升至数百倍，但这样做并不一定带来更准确的结果，反而可能因三维实体单元边界条件的不准确造成更大的误差。如果计算非线性反应或动力反应，则可能带来迭代不收敛，无法得到计算结果，或者造成计算时间的极大浪费。因此，在建模时需要合理选择单元，以同时满足工程精度要求和高效的计算时间。

图 5-2 为某框架-剪力墙结构的三维有限元模型，其中梁和柱采用一维杆单元，剪力墙采用二维平面单元。

针对性研究和分析块体中内部的应力和应变时，需要采用三维实体单元。如研究超高层建筑某巨型柱中钢板、钢筋和混凝土之间力的传递和变形分布时，巨型柱中的混凝土需选用三维实体单元，钢板可选用二维平面单元，而钢筋则可选用一维杆单元，三者单元的节点是对应和连续的。如要进一步研究三者之间的黏结滑移、脱开等情况，节点之间需要设置弹簧单元和接触单元等。相关知识可参考有限单元法、数值分析和有限元计算程序说明等书籍。

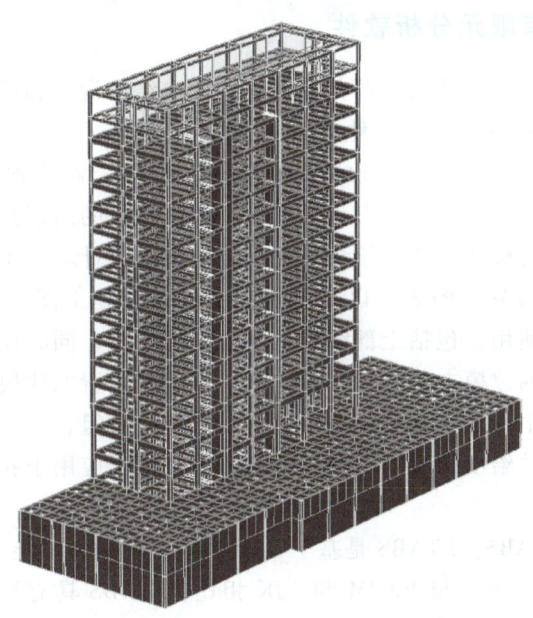

图 5-2　某框架-剪力墙结构的三维有限元模型

5.1.3　节点连接基本假定

1. 刚性连接

两个单元在连接节点处的 6 个自由度变形完全一致，节点传递 x、y、z 三个方向的力和位移，以及 3 个平面内的弯矩或扭矩。

2. 铰接

两个单元在连接处的 3 个平动自由度一致，3 个转角为零；节点处仅传递轴力和剪力，不传递弯矩或扭矩为零。

3. 弹簧连接

两个单元在节点处设置零长度的一维弹簧单元，即节点连接处有一个位移差，该位移差源于连接处的轴向力除以弹簧的刚度。如果是角位移，则是弯矩除以弹簧的转动刚度。两个节点处最多可以有 6 个独立的弹簧单元与 6 个自由度对应。

4. 接触连接

两个节点之间只传递压力，不传递拉力。即一旦出现拉力，两个节点在该拉力方向没有连接，位移不再协调。

5. 摩擦连接

两个节点在垂直于受力的方向有个摩擦弹簧连接，摩擦力与正压力和界面摩擦系数有关。

6. 耗能连接

两个节点之间的弹簧是耗能弹簧。两点之间的耗能特性由耗能构件或设备的耗能特性决定。

5.1.4 常用的结构有限元分析软件

目前，结构有限元分析软件大致可分为两种：面向结构设计和面向结构分析。

1. 面向结构设计的有限元分析软件

我国工程界广为采用的是 PKPM 软件和 YJK 软件。两个设计软件的共同特点是紧跟国家现行规范的更新，内置了交互式图形设计界面，具有良好的前期接入和后期出图，可以与 AutoCAD 对接。通过结构整体计算，给出结构和构件的内力计算、承载力和变形验算等，并且给出计算书、计算结果分析图表，以及可供参考的设计施工图。软件包含大量的计算模块，可根据需要添加和使用，包括上部结构、基础、楼梯等，同时还有计算工程造价的工程量模块等。使用轴网式的建模方式，对于柱、梁、墙等有内置的建模库，包含常见的截面和材料选用。在计算假定中考虑了相关规范中提到的所有荷载组合方式，可直接按照最不利荷载效应进行配筋计算，并给出构造要求和系数折减等，广泛应用于我国民用建筑的结构设计和计算分析。

国外常用软件有 ETABS。ETABS 是基于 SAP 系列分析软件的核心开发出来应用于房屋，特别是高层建筑的结构分析。与 PKPM 和 YJK 相比，ETABS 具有更多的国外规范数据库，采用英文界面，在国际上广泛采用。

SAP 系列（SAP2000）是应用领域更为广泛的结构分析软件，不仅应用在房屋结构工程中，还可以应用在机械、水利等工程中。荷载工况可以是振动、温度场、压力场或局部变形等工况，可选节点多，如耗能或半刚性节点等。可支持更多类型的结构形式，在非线性计算方面和地震计算方面功能强大，目前也常作为高层建筑结构反应分析和辅助验算等。SAP 相对于 PKPM 和 ETABS，在输入输出界面较为复杂。

2. 面向结构分析的有限元软件

面向构件分析的有限元软件有 ABAQUS、ANSYS 和 OpenSEES 等，建模由点到线，再到构件和单元，最后组装成结构。这些软件没有内置的梁、柱、板等特定构件定义，而是拥有非常丰富的结构和构件定义库，需要从中选取符合相应计算假定的模型。这些软件同时配备大量的非线性参数模型、接触定义和应力分析等，计算功能更为全面。然而，由于其非轴网式建模，建模过程相对比较复杂，通常用于复杂高层建筑结构的性能分析和补充计算，特别是关键节点和构件的精细化有限元分析。与 ABAQUS 和 ANSYS 不同之处是，OpenSEES 是开源软件，具有丰富的单元和节点的自定义方式，在非线性计算中表现出色，常用于结构试验研究和结构性能分析。

5.2 材料特性与荷载工况选取

PKPM、YJK、ETABS 和 SAP2000 等有限元软件一般内置了常用的混凝土、钢、砌体等结构的材料库，可直接根据材料定义选用。对于 ANSYS、ABAQUS、OpenSEES 等分析软件，需从其材料库中定义符合材料特性的计算参数。本书以 ABAQUS 和 OpenSEES 软件为例，简单介绍面向结构分析的有限元软件中相关材料的定义。

5.2.1 混凝土材料模型

ABAQUS 中除了弹性材料模型外，常用的塑性混凝土定义主要有三种：塑性损伤模型（Concrete Damage Plasticity）、弥散裂缝模型（Concrete Smeared Cracking）和脆性破裂模型（Concrete Brittle Cracking），如图 5-3 所示。

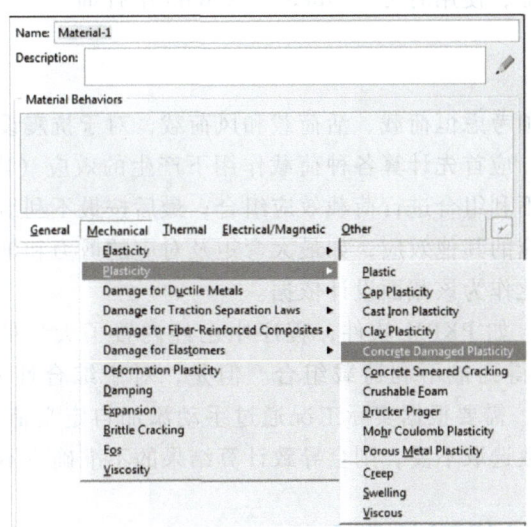

图 5-3　ABAQUS 中对于混凝土材料的定义

塑性损伤模型适用于混凝土的各种荷载分析，单调应变，循环荷载，动力荷载，包含拉伸开裂和压缩破碎，此模型可以模拟刚度退化机制以及反向加载刚度恢复的混凝土力学特性。此模型是最为常用的混凝土塑性模型，相关文献给出了混凝土材料的计算参数和本构模型。

弥散裂缝模型用于定义混凝土受损特性。裂缝是影响混凝土材料行为的关键因素，它将导致进一步开裂以及开裂后材料的各向异性。此模型用于描述材料在单调加载下的应变发展，在材料中表现出受拉开裂或受压破碎。

脆性破裂模型主要表征混凝土的受拉脆性断裂的特征，适用于受拉伸控制的材料行为，材料压缩的行为假定为线弹性。此模型考虑了由于裂缝引起的材料各向异性特征，脆性断裂准则用于材料在拉伸应力过大时进入失效状态。

OpenSEES 中对于混凝土常用的定义有单压混凝土模型 Concrete01、拉压混凝土模型 Concrete02、约束混凝土模型 Confined Concrete01 等，主要基于 Scott 等对于 Kent-Park 混凝土本构的修正模型和 Mander 的混凝土骨架曲线。

5.2.2 钢材模型

ABAQUS 对于钢材的定义较多，最常采用的为双折线或多折线模型，即分别定义钢材的弹性段和屈服段，利用多段直线模拟计算采用的钢材应力-应变曲线。

OpenSEES 中常用的钢材主要有双折线模型 Steel01 和考虑单轴各向同性强化的 Giuffre-

Menegotto-Pinto 钢材本构的 Steel02 模型。由于 OpenSEES 计算非线性较多，因此 Steel02 模型较为常用。

ANSYS、ABAQUS 是大型分析软件，具有大量的材料特性定义和节点力学特性定义，包含材料的线弹性和弹塑性特征、滞回曲线以及众多的连接受力定义，读者在运用时一定要深入学习软件应用指南、结构有限元分析等参考书，理解和掌握材料定义和单元定义，本书不再赘述。OpenSEES 是开源软件，读者可以根据研究分析的对象，自行定义材料的基本特性，特别是材料的弹塑性特征，使用时可在 OpenSEES Wiki 中查询。

5.2.3 荷载工况

高层建筑设计时必须考虑恒荷载、活荷载和风荷载，对于抗震设防的地区，需要考虑地震作用。在结构计算时，应首先计算各种荷载作用下产生的效应（内力和位移）；然后将这些内力和位移分别按最不利组合进行荷载效应组合；最后按最不利组合得到构件某一截面的某一效应最大值及其对应的其他效应，如最大弯矩及对应的剪力和轴力，或最大剪力及对应的弯矩和轴力等，并以此作为该截面设计依据。

在专业设计软件中，如 PKPM 软件，程序中已经内置了大量的可能出现的组合方式，按照默认方式一般可以得到最不利荷载组合。但是，对于综合性的有限元分析软件，如 OpenSEES，计算分析中，需要根据实际工况通过手动添加自定义荷载分项系数及可能的组合情况。如果漏项或系数选取不妥，则会导致计算结果的不准确或不完备。

■ 5.3 三维有限元模型的建立

三维有限元结构建立的过程，就是模拟实际构件在空间的相对位置及连接方式，数字化再现梁、柱、支撑、墙体、筒体等构件的特性。因此，有限元模型建立时，需要对各种构件采用不同的单元，在节点处采用合适的连接单元，完成有限元模型的整体组装。

5.3.1 梁、柱单元

PKPM 或 YJK 等设计软件中对于不同的结构构件默认采用某一单元，软件使用指南有清晰明确的说明，一般梁、柱、支撑等细长的构件采用杆单元。SAP2000 中梁、柱、斜杆等构件也采用杆单元，但不做区分，均为梁单元。如果考虑结构塑性分布和塑性铰等，需要对梁和柱做不同的塑性定义。通常考虑梁在平面内弯矩作用下进入塑性，而柱在轴力和 X、Y 两个方向（平面内和平面外）的弯矩作用下都会进入塑性。SAP2000 可直接定义带有配筋的梁、柱等单元。

ABAQUS 软件注重结构或构件的力学性能分析，根据不同目标，梁、柱可按一维杆单元或三维实体单元建模，通过对其定义不同的截面进行区分。如对钢骨混凝土柱，研究型钢与混凝土界面间的剪切滑移等，柱体混凝土按三维实体单元，型钢按一维杆单元或二维平面单元，钢筋采用一维杆单元。如果结构比较简单、规则，且主要注重结构整体的受力性能，则可以采用梁单元进行模拟，而无须采用实体单元。对于含有配筋的结构，可采用 Truss 单元定义钢筋，之后利用相互作用中的 Embed 将钢筋与混凝土进行结合。

OpenSEES 中，常用的梁、柱单元定义有基于刚度法的梁、柱单元（Displacement-Based

Beam-Column Element）和基于柔度法的梁、柱单元（Force-Based Beam-Column Element）。对于配筋构件，可采用纤维截面，分别对应不同的纤维材料，再进行组装。

5.3.2 墙单元

高层建筑结构中，剪力墙是重要的抗侧力构件，墙体一般采用壳单元。在不同的软件中，其单元名称不同，但实质均为二维平面单元，如PKPM中称为墙单元，SAP2000中称为壳（Shell）单元。

值得注意的是，当进行非线性有限元计算或非线性时程反应分析时，过多的壳单元会导致刚度矩阵臃肿、计算时间长、计算收敛性差，一般采用简化等效抗剪切桁架单元模拟，或将墙体简化为短柱与抗剪弹簧的组合等。

一般情况下，填充墙不属于结构受力单元，但是如果需要研究填充墙对结构的影响，可采用壳单元或简化支撑单元模拟填充墙对结构整体性能的影响。

5.3.3 板单元

楼板分为刚性楼板和弹性楼板，分别对应平面内刚度无穷大的板单元，或平面内刚度按弹性计算的壳单元。

对于楼板，如果采用刚性楼板假定，则可以不对楼板进行建模，而是采用刚性虚面使板的四边具有共同的变形协调性，也就是所有竖向单元在楼层处具有协同的平面平移和转动。楼板承受的静荷载和活荷载按照单向板或双向板假定作用在周边梁上；对于不规则板，荷载按放射性或周边均匀受荷的方式传递。

如果楼板为钢-混凝土组合楼板或者楼板平面因功能需要局部开大洞，则楼板不符合平面内刚性假定。此时，需要采用壳单元进行模拟。

5.3.4 有限元模型组装

完成每一楼层的构件定义、定位以及荷载布置后，需要将楼层进行组装，形成数字化结构体系。一般按照先柱后梁、先墙后板的顺序，从底层至顶层依次组装，然后需要设置分析工况。一般先对结构进行模态分析，得到结构的基本周期。观察基本周期和结构振型，可以得知是否所有结构构件已经组装并且连接以及结构建模是否正确。基本顺序如下：

1) 轴网建立。
2) 构件定义。
3) 楼层竖向荷载布置。
4) 楼层组装。
5) 特殊节点定义。
6) 计算参数选取。
7) 结构整体计算及结果准确性初步判断。
8) 模型调整或计算参数调整。
9) 结构整体计算及结构反应分析。
10) 结构优化分析。

需要注意的是，为方便结构工程师设计，PKPM和YJK等软件已根据我国现行结构规范对计算结果做一定设计微调，并提示不符合规范要求的报错信息，且可输出结构设计计算书、图表及设计施工图，具有友好的前处理和后处理功能。相对而言，美国的 ETABS 软件也具有一定的图表输出功能，但依据不同国家的结构设计规范，以及略有不同的静力凝聚法，不同软件对同一结构的计算结果会有一定不同，计算选用时要根据实际需求，确定设计参数，选择有效的计算软件，并对计算结果进行仔细判断和分析。

5.4 结构总体反应分析

有限元的快速运算能力为结构计算分析带来了极大的便利，但是对于计算结果的准确性需要设计人员极其认真地对待。因此，学生在学习时需要建立清晰的力学概念，并在工作中不断尝试，积累经验，日积月累才能磨炼出信得过的判断力。在此基础上，才有可能对结构进行优化分析，得到满足结构安全和性能要求的最经济合理的结构。本节简单介绍基本判断方法。

5.4.1 输出结构总信息

输出的结构总信息是检查结构计算结果的重要文件。通过总信息文件，可以对结构的输入参数进行全面了解，这是判断计算准确与否的第一步，也是至关重要的一步。总信息一般包括以下几项：

1. 结构总体信息

结构总体信息包括：结构体系分类、楼层数、地下室楼层数、结构分析的基本任务和假定等，如：是否考虑地震作用，风荷载计算方式、竖向荷载加载方式等；是否考虑填充墙的刚度贡献；计算模型是否包含基础结构、结构嵌固端位置、加强层位置等。

2. 材料信息

材料信息包括：结构材料的力学指标取值，如强度、弹性模量、密度、强度、泊松比等，以及墙体分布钢筋配筋率、框架梁柱箍筋最小配筋率和间距等基本构造要求。

3. 竖向荷载信息

竖向荷载信息包括：结构恒荷载是否由程序自动计算（一般情况下，结构的恒荷载由软件根据材料密度和构件截面尺寸，自动计算框架梁、柱、楼板和剪力墙自重），活荷载标准值取值以及折减系数取值等。

4. 风荷载信息

风荷载信息包括：风荷载是否按规范取值，基本风压计算中结构的第一自振周期估算值、结构阻尼比、地面粗糙度、舒适度验算的风荷载信息等。

5. 地震荷载信息

地震荷载信息包括：是否按规范取值，地震烈度、地震设计分组、场地类别、特征周期、阻尼比、振型计算数目、结构抗震等级、是否考虑偶然偏心计算或双向地震作用计算、活荷载重力代表值组合系数取值等。

6. 荷载组合信息

荷载组合信息包括：是否按规范取值，恒荷载和活荷载设计分项系数、活荷载频遇系数、组合系数、地震作用分项系数等。

7. 构件设计控制信息

构件设计控制信息包括：设计给定的定义和参数，如框架柱是按单偏压设计还是按双偏压设计，梁端弯矩是否折减，框架梁是否按T形梁截面计算，墙体边缘构件计算假定，钢结构计算长度是否考虑侧移影响等。

8. 楼层属性等

楼层属性等信息包括：各楼层的层高、质量中心位置、恒荷载、活荷载、附加荷载等；每层楼结构构件数和对应的材料强度信息等；以及薄弱层信息。

初学者一定要仔细阅读软件指南，了解每一输出信息的物理意义以及参数背后的设计原理和依据，通过阅读总输出文件，了解结构设计的合理性，或者进一步调整输入参数，并与后续信息一同判断计算的准确性和合理性。

5.4.2 结构动力特性

结构动力特性是反应结构自身特征的一个重要指标。高层建筑结构对风荷载和地震作用敏感，设计时更需要关注结构的动力特性。同时，动力特性可以作为预判计算结果准确性的依据，也是判断结构规则性的重要因素之一。

有限元分析软件的输出文件一般都会给出结构的前 n 阶的自振周期，对应的振型、振动的方位、扭转成分以及有效参与质量比例。通过这些因素，可以判断结构计算的合理性和规则。

根据工程经验，对于比较规则的高层建筑结构，结构基本自振周期 T_1 可采用与楼层总数 n 相关的近似公式估算，即

$$\begin{cases} \text{钢结构} & T_1 = (0.10 \sim 0.15)n \\ \text{钢筋混凝土框架结构} & T_1 = (0.05 \sim 0.10)n \\ \text{钢筋混凝土框架-剪力墙结构和框架-核心筒结构} & T_1 = (0.06 \sim 0.08)n \\ \text{钢筋混凝土剪力墙结构和筒中筒结构} & T_1 = (0.05 \sim 0.06)n \end{cases} \quad (5-1)$$

初学者可依据经验公式，对比有限元软件计算的结果，初步判断计算结果是否在合理范围内。如一个15层的混凝土框架结构房屋，其第一自振周期在3.03s，则可能结构过于柔弱，原因是可能柱截面选择过小，相应地会出现楼层水平位移角严重超限的情况；也可能是某根杆件节点脱落，此刻会伴生某个节点的位移超大的情况；也有可能是结构自重输入有问题，此刻需检查是否重复计入结构自重等。如果该结构的第一自振周期在0.35s，则可能结构抗侧力刚度过大，原因是可能柱截面选择过大，相应地会出现楼层水平位移角远小于设计限值，造成材料的浪费；也可能是结构自重输入有问题，此刻需检查是否漏算了部分荷载。

高层建筑结构要考虑高振型影响，但是如果按楼层数乘以6个自由度确定计算的振型总数，不仅计算时间长，而且也没有必要。为统一设计标准，一般要求结构总质量的90%参与振型组合以得到满足精度要求的计算结果。如某高层建筑，总楼层为30层，每层考虑 X 轴、Y 轴和绕 Z 轴转动的3个自由度，则结构整体的总质点可以凝聚成30个，自由度为90个。若前15阶振型的参与质量已经不小于90%，则结构整体力学分析时可以选取前15阶振型下的地震作用进行组合，得到各质点的地震作用、位移和效应。

5.4.3 结构侧移判断

结构位移可以反映结构计算的准确性和合理性。当结构模型建立后，可以得到每一构件的刚度和结构总刚度矩阵，采用位移法得到对应不同荷载组合下的节点位移，有限元软件一般以图形的方式给出各节点的位移，以列表方式给出对应某荷载效应组合下的最大水平位移和竖向位移。

楼层水平位移角是设计中判断结构设计合理与否的重要参数。针对不同结构体系，楼层弹性水平位移角和弹塑性水平位移角是控制参数。如框架-剪力墙结构弹性和弹塑性楼层水平位移角分别是 1/800 和 1/100。如果结构计算的楼层水平位移角大于规范规定的限值，则需要增加抗侧力构件的刚度，或者增加支撑，或者减小水平力作用，以满足规范的强制性要求。

5.4.4 结构规则性判断

1. 通过周期比判断

结构动力特性可以用来判断结构的规则性。如果第一扭转振型出现的自振周期与第一平动周期的比值大于 0.9，说明结构的抗扭性能较差，造成扭转振型过早出现。此时需要增加结构外围构件，特别是角部构件的刚度，以提高结构的抗扭转刚度；或者减小结构的刚度中心与质量中心的距离，以减少扭转作用。

为提高结构的平面抗扭刚度，结构动力特性分析时要求扭转振型不可以是第一自振周期。具体量化要求是，对于 A 级高度房屋，其第一扭转振型对应的周期与第一平动振型对应的周期的比值不应大于 0.9；对于 B 级高度的结构，该值不应大于 0.85。

2. 通过位移比判断

竖向构件在楼层处的最大水平位移和层间位移与楼层平均位移的比值可以反映结构平面的扭转程度。一般采用考虑地震单向偶然偏心作用，或双向偏心作用下竖向构件在楼层处的最大水平位移与楼层平均位移的比值作为结构平面规则性的判断依据。为减少平面扭转效应，我国《高层建筑混凝土结构技术规程》（JGJ 3—2010）指出，对于 A 级高度的高层建筑，其比值不宜大于该楼层平均值的 1.2 倍，不应大于该楼层平均值的 1.5 倍；B 级高度的高层建筑，超过 A 级高度的混合结构及复杂高层建筑不宜大于该楼层平均值的 1.2 倍，不应大于该楼层平均值的 1.4 倍。如果位移比超出上述限值，需要调整结构平面布置，重新计算。

5.4.5 构件承载力判断

与结构受力分析不同，构件设计总是基于一定的规范和标准进行。因此，不同的设计软件会给出清晰的设计依据和条文，并给出清晰的说明。初学者在学习时一定要耐心细致地看清每一输出信息的设计依据，以及信息的表达方式。

一般情况下，对于不满足规范要求的构件，输出文件给出具体的数值和分析依据，或者在平面图中标出红色，从而显著标明不满足设计依据的构件。但是，对于大型结构分析软件，则未必标注。因此，当选择大型分析软件对复杂结构进行分析时，需要自己判断构件承载力或者构件应力和应变，从而得到有意义的计算结果。

在构件承载力计算中，因为不同国家设计标准要求不同，其承载力计算结果也不同。因此，需要明确荷载取值、荷载效应组合、荷载折减系数、抗震调整系数等具体要求。对于明显的红色标注的构件，初学者应该仔细查看对应的计算书，分析不足的原因，思考解决的方案。

思考题

1. 有限元法与解析法有什么区别？为什么工程力学问题常常用有限元法求解？
2. 常用的基本单元有哪三类？请举例说明您熟悉的某软件中这三种单元分别对应哪些单元？
3. 常用的连接单元有哪些？请举例说明您熟悉的某软件中的连接单元分别对应哪些单元？如果某梁柱节点是半刚性节点，在有限元计算中如何选择单元？
4. 举例说明高层框架结构和高层剪力墙结构有限元分析时，梁、柱单元的选择、剪力墙单元的选择、楼板单元的选择，以及节点单元的选择或节点假定。
5. 有限元分析中，荷载是如何输入的？荷载效应组合又是怎样实现的？试用您熟悉的软件进行简要说明。
6. 有限元计算输出文件中，给出的结构自振频率、振型反映了结构的什么特征？如何用于计算结果合理性的判断？
7. 当计算得到的第一扭转周期与第一平动周期之比大于0.9，说明什么问题？需要对结构进行怎样的调整？
8. 当计算得到的楼层水平位移角大于一定的指标，说明什么问题？需要对结构进行怎样的调整？
9. 计算得到的某框架柱的最大水平位移与楼层平均位移比越大，说明扭转效应越大还是越小？需要对结构进行怎样的调整？
10. 某20层钢筋混凝土框架结构，计算得到第一自振周期为2.8s，对应Y方向平动振型；第二自振周期为2.7s，对应第一扭转振型；框架柱最大水平位移与楼层平均位移比是1.8。请问该结构需做怎样的调整以满足合理安全的结构设计要求？

第 6 章　高层框架结构设计

> 【学习目标】
> 通过本章的学习，了解高层框架结构与多层框架结构的区别，掌握高层框架结构的平面布置，掌握框架结构整体计算方法和楼层剪力分配原则，掌握钢筋混凝土框架梁、柱和节点的延性设计理论、实现方式、承载力计算方法及构造设计要求。
>
> 【学习方法】
> 复习多层框架结构的内力计算方法，学习和总结高层框架结构与多层框架结构在结构设计中的相同点和不同点，掌握高层框架结构设计的要点和难点，注重构造要求，思考提高其抗侧刚度的方法。

■ 6.1　高层框架结构的特点

框架结构是高层建筑中最基本的结构形式，其特点是梁与柱刚性连接，节点传递弯矩，竖向荷载和水平荷载通过梁与柱传递到基础，传力路线清晰。与多层框架结构不同的是，高层框架结构因其层数一般在 12 层及以上，地震水平作用导致梁柱节点区的弯矩较竖向荷载下的弯矩增大，地震作用组合成为最不利组合，因此，高层框架结构设计应注重结构自身动力特性和耗能性能。

高层框架结构体系分类一般按材料和体系两个参数进行分类，一般材料表述在前、结构体系在后。按材料分类主要有钢筋混凝土框架、钢框架、钢骨混凝土框架，以及新型的胶合木框架结构等。为提高框架结构的抗侧刚度，高层框架结构常与剪力墙、支撑和核心筒等形成框架-剪力墙结构、框架-支撑结构、框架-核心筒结构等。本章主要介绍纯框架结构的受力性能、变形特点、设计方法，并以钢筋混凝土框架结构和高层钢框架结构为例介绍其构造设计要点。

6.1.1　框架结构的变形特点

在水平力作用下，刚性框架的变形由两部分组成：结构楼层剪力引起梁柱受弯，柱弯曲变形直接构成框架的侧移（图 6-1a），即：梁

1∶10 框架缩尺模型振动台试验视频

的弯曲变形引起框架节点的转动，间接引起框架的侧移（图 6-1b）；结构在倾覆力矩下柱产生拉压变形，进而使结构产生整体弯曲引起楼层侧移（图 6-1c），但该部分占比较小，为 10%～20%。高层框架结构的变形主要为剪切变形特征（图 6-1），即结构底部的层间位移角大于上部结构的层间位移角。可见，框架结构的抗侧移能力主要取决于梁与柱的抗弯能力与刚度。

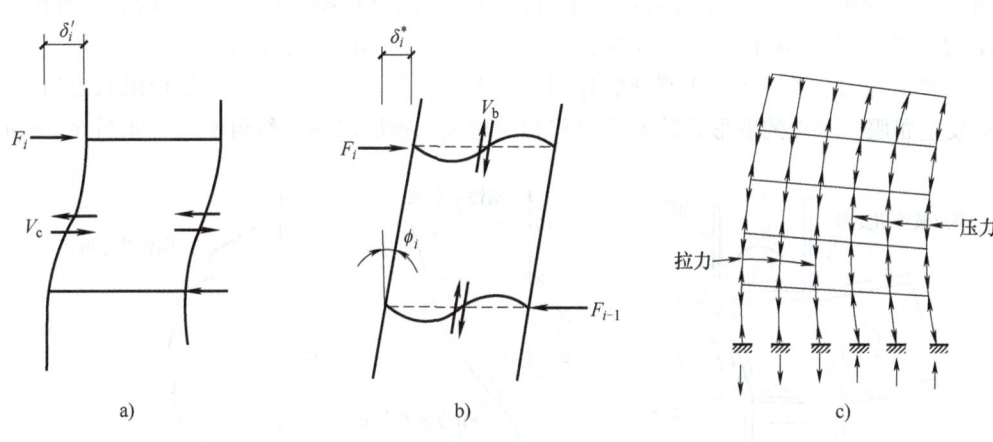

图 6-1 刚性框架的变形

a）由剪力引起的柱的变形　b）由剪力引起的梁的变形　c）由倾覆力矩引起的结构变形

某框架结构一阶振型

某框架结构二阶振型

某框架结构三阶振型

6.1.2　钢筋混凝土框架结构的特点

钢筋混凝土框架按施工方法的不同分为：梁、板、柱全部现场浇筑的现浇框架；楼板预制，梁、柱现场浇筑的现浇框架；梁、板预制，柱现场浇筑的半装配式框架；梁、板、柱全部预制的全装配式框架。

混凝土框架结构要求梁柱节点发生刚性转动时，节点自身并不发生剪切变形（在节点没有发生开裂或破坏前，其变形极小，一般忽略不计），即使是预制装配式混凝土结构，其节点的设计也需要满足刚性节点的设计要求。

当高宽比小于 4 时，框架结构以剪切变形为主，其整体位移曲线呈剪切型，特点是结构层间位移随楼层增高而减小。随着结构高度增加，水平作用使得框架底部梁柱构件的弯矩和剪力显著增加，从而导致梁柱截面尺寸和配筋量增加，材料用量和造价趋于不合理。因此，我国《抗震规范》、《高层建筑混凝土结构技术规程》（JGJ 3—2010）和《高层民用建筑钢结构技术规程》（JGJ 99—2015）都给出了框架结构的最大高度限值和最大高宽比限值，6 度、7 度、8 度和 9 度区框架结构的最大高度详见 2.4.1 节。由此可知，控制框架结构抗侧力设计的水平荷载主要是地震作用。针对地震作用下的框架结构设计，目前的设计方法依据的是延性设计理论。

6.1.3 钢框架结构的特点

钢框架结构若按施工方法，均为装配式框架结构。但纯钢框架抗侧刚度相对较小，因此，对于高层建筑，若采用建筑钢材为主材，则一般是钢框架-中心支撑结构、钢框架-偏心支撑结构、钢框架-混凝土核心筒结构等，以提高结构整体的抗侧刚度。

钢框架结构的节点区域在水平荷载作用下一般发生一定的转动，在临近极限状态时，节点区钢板发生屈服，节点的变形导致水平位移相应增大，楼层水平位移角增大，如图6-2所示。

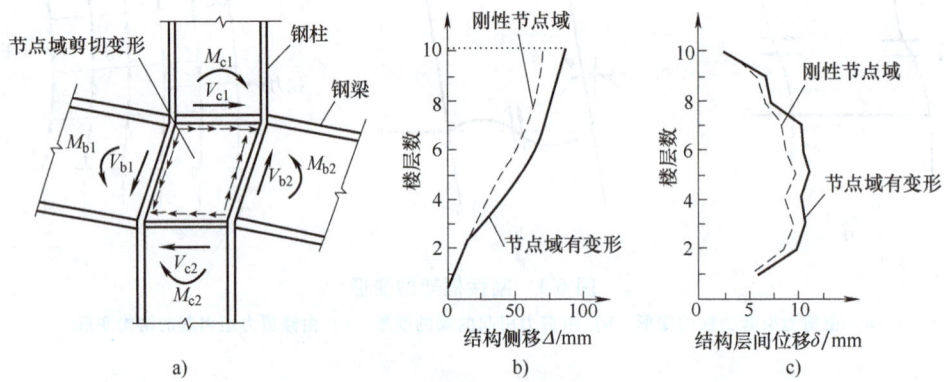

图6-2 钢框架结构的节点变形及其影响
a) 钢框架节点域剪切变形　b) 钢框架结构侧移　c) 钢框架结构层间侧移

由于钢柱的抗侧刚度相对较小，竖向荷载将加剧已发生侧移的构件的进一步侧移，即 P-Δ 效应较混凝土框架结构显著，因此在设计时应特别注意 P-Δ 效应，避免因此导致的钢框架柱失稳破坏。

6.2 框架结构的延性设计理论

经济、合理的抗震结构应当是：在罕遇或极罕遇地震作用下，部分结构构件（主要是水平构件）屈服，通过延性耗散地震能量，避免结构倒塌。抗震延性设计理论的主要思想：保证结构在罕遇地震作用下发生可控制的塑性变形，通过变形耗散地震能量。新的抗震设计方法提出了可恢复功能的设计理念，即结构在罕遇地震下特定节点或构件成为可动或可耗能的部件，当地面运动停止后，结构恢复到预定功能。该部分的内容将在第10章中介绍。本章介绍高层框架结构抗侧力体系延性设计方法。

6.2.1 结构延性与耗能

结构或构件的延性包括材料、截面、构件和结构的延性。延性是指屈服后强度或承载力没有显著降低时的塑性变形能力。换言之，延性是材料、截面、构件或结构保持一定的强度或承载力时的非弹性（塑性）变形能力。延性系数 μ 为

$$\mu = \Delta_u / \Delta_y \tag{6-1}$$

式中 Δ_y、Δ_u——应变、曲率、变形或位移的屈服值和极限值。

一般情况下，结构整体的延性常采用位移延性系数表示。由静力弹塑性分析得到整体结构的基底剪力与结构顶点水平位移曲线，或层间剪力与层间位移角曲线，通过式（6-1）得到结构的位移延性系数。延性系数大，说明塑性变形能力大，达到最大承载能力后强度或承载力降低缓慢，从而有足够大的能力吸收和耗散地震能量、避免结构倒塌；延性系数小，说明达到最大承载能力后承载能力迅速下降，塑性变形能力小。一般来说，延性大、滞回曲线饱满，则结构耗能能力大。

耗能能力一般用往复荷载作用下结构或构件消耗的势能度量，即采用力-位移滞回曲线包含的面积来度量。

6.2.2 理想破坏机制

由地震震害、试验研究和理论分析可以得到下述对钢筋混凝土框架抗震性能的认识。

框架结构节点震害

框架结构梁端震害

框架结构填充墙破坏

1. 梁铰机制优于柱铰机制

梁铰机制（图6-3a）是指塑性铰出现在梁端，除底层柱嵌固端外，柱端不出现塑性铰；柱铰机制（图6-3b）是指在同一层所有柱的上下端形成塑性铰。梁铰机制塑性变形分散在各层，不至于形成倒塌机构，而柱铰集中在某一层，塑性变形集中在该层，成为薄弱层，影响结构承受竖向荷载的能力，易导致倒塌。梁铰的数量多于柱铰的数量，梁是受弯构件，容易实现较大的延性和耗能能力；柱是压弯构件，尤其是轴压比大的柱，难以实现较大的延性和耗能能力。理想的框架结构破坏模式是在罕遇或极罕遇地震下，结构破坏首先从梁铰机制开始，并逐渐过渡到柱铰机制。在震害调查中发现，发生破坏的框架结构多为柱铰机制，且底层柱根部破坏比上部楼层破坏严重。因此，仅按结构构件在节点受力平衡方法进行设计，难以保证梁铰机制先于柱铰机制出现的延性设计理念。我国《抗震规范》中，通过调整系数加大柱端弯矩和剪力设计值，提高柱的抗剪强度和抗弯强度；并通过加大底层柱嵌固端截面的承载力，推迟柱脚根部出现塑性铰，实现"强柱弱梁"的抗震延性设计理念。

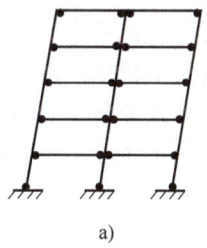
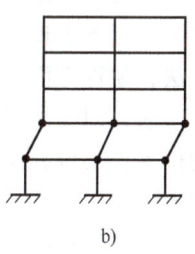

图6-3 框架屈服机制
a) 梁铰机制 b) 柱铰机制

2. 弯曲或压弯破坏优于剪切破坏

梁、柱弯曲破坏为延性破坏，构件的耗能能力大；而剪切破坏是脆性破坏。因此，梁、柱构件设计时，通过调整系数加大梁端剪力设计值，以此提高梁端抗剪承载力，使其弯曲破坏先于剪切破坏发生，实现"强剪弱弯"的抗震延性设计理念。

3. 避免节点破坏

节点核心区是框架梁和柱连接的关键部位。在地震往复作用下，核心区的破坏为剪切破坏，导致梁端转角增大，从而增大层间位移，使结构丧失承受竖向荷载的能力，导致框架结构失稳或倒塌。因此，通过调整系数加大节点区的剪力设计值，以此提高节点的抗剪强度，使塑性铰出现在构件端部，而不是节点内部，实现"强节点弱构件"的抗震延性设计理念。

由于地震造成结构的往复运动，梁端部的顶面和底面均会出现斜拉破坏（图 6-4）。因此，必须考虑梁截面下部具有抵抗拉应力的能力。钢筋混凝土框架结构必须确保梁端上下截面均布置锚固良好的纵向钢筋，使其发生屈服变形形成塑性铰；钢框架结构必须保证节点处焊接或高强螺栓连接不出现先于梁柱端部的屈服破坏。

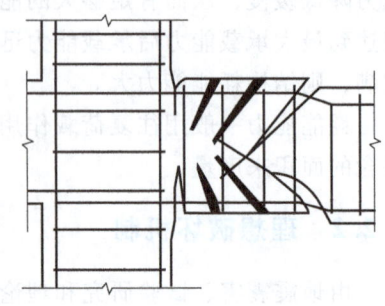

图 6-4 梁端破坏形态

6.2.3 框架结构整体分析及剪力分配

高层框架结构一般采用三维有限元分析，梁、柱单元按杆单元选取，节点处刚性连接，楼层平面采用刚度无穷大假定。因此，同一楼层内各框架柱的位移协调。在不考虑扭转影响时，同一楼层内各框架柱水平位移相同，柱端剪力按各柱的抗侧刚度分配。在考虑扭转影响时，由于楼面发生转动，各框架柱不仅要提供抗侧刚度，还要提供抗扭刚度，剪力分配时需乘以扭转增大系数。进行有限元分析时，各杆单元（梁、柱）刚度在空间构成总刚度矩阵，其逆矩阵为位移矩阵，楼层总剪力和总扭矩按单元刚度分配到各杆单元节点，形成梁、柱的节点剪力和弯矩。若平面内各框架柱的材料和截面相同，则在扭转时，角柱的位移最大，在地震作用下出现破坏。因此，为提高平面内的抗扭刚度，可采用加强边柱和角柱抗侧刚度的方法，使得平面的抗扭刚度大于抗侧刚度，以满足平面规则性要求。同时应满足结构抗侧刚度要求，即在多遇地震和风荷载的最不利效应组合下，高层钢筋混凝土框架结构和钢框架结构最大楼层位移角分别不大于 1/550 和 1/250；在罕遇地震作用组合下，其弹塑性位移角均应不大于 1/50。

以下以高层混凝土框架结构延性设计为引导，介绍框架梁、柱和节点的设计方法和构造要求。

6.3 钢筋混凝土框架梁设计

影响钢筋混凝土框架梁延性和耗能的主要因素有：跨高比、剪压比、纵向钢筋配筋率、截面混凝土受压区高度、塑性铰区混凝土箍筋配箍率等。

6.3.1 框架梁截面尺寸确定

1. 截面尺寸估算

高层钢筋混凝土框架梁截面高度可按跨度的 1/15~1/10 估算后确定，一般不小于 400mm，也不宜大于梁净跨的 1/8。框架梁截面宽度可取梁截面高度的 1/3~1/2，且不宜小于 200mm，截面高度和截面宽度的比值不宜大于 4，以保证梁平面外的稳定性。对于现浇梁板结构，宜考虑梁受压翼缘的有利影响。

当梁的截面高度受到限制时，可采用梁宽大于梁高的扁梁，扁梁的截面高度可取梁跨度的 1/18～1/15，也可对框架梁施加预应力，预应力梁高度可取跨度的 1/20～1/15，这时梁尚应满足挠度和裂缝验算。

2. 截面尺寸验算

（1）跨高比　梁的跨高比（即梁净跨与梁截面高度之比）对梁的延性有明显影响。随着跨高比的减小，剪力对梁的影响加大，剪切变形占梁挠度的比例加大。试验结果表明，当梁的跨高比小于 2 时，极易发生以斜裂缝为特征的剪切破坏形态。一般认为，梁净跨不宜小于截面高度的 6 倍。当梁的跨度较小，而梁的设计内力较大时，可考虑加大梁的宽度，虽然会导致梁纵向钢筋用量的略增，但对提高梁的延性是十分有利的。而且，从建筑功能和整体建设成本投资回报看，由于梁高降低，在保证同样楼层净高的条件下，结构总高度减小，或楼层数增加。

（2）剪压比　剪压比为梁截面上的名义剪应力（V/bh_0）与混凝土轴心抗压强度设计值 f_c 的比值。试验表明，剪压比对梁的延性、耗能能力及梁在反复荷载作用下的强度和刚度退化等有明显影响。当剪压比大于 0.15 时，梁的强度和刚度出现明显退化现象。剪压比越高则退化越快，此时增加箍筋用量已不能发挥约束混凝土的作用。

（3）框架梁截面最小尺寸验算　结构设计时，无论梁、柱还是节点，都必须限制截面剪压比，满足截面最小尺寸要求。在我国，高层建筑设计均需要考虑地震效应组合，其截面尺寸与剪力设计值应符合式（6-2）或式（6-3）的要求。

对于跨高比不大于 2.5 的框架梁

$$V \leq \frac{1}{\gamma_{RE}}(0.15 f_c b h_0) \tag{6-2}$$

对于跨高比大于 2.5 的框架梁

$$V \leq \frac{1}{\gamma_{RE}}(0.20 f_c b h_0) \tag{6-3}$$

式中　f_c——混凝土抗压强度设计值；
　　　b——截面宽度；
　　　h_0——截面有效高度；
　　　γ_{RE}——承载力抗震调整系数，一般取 0.75，当仅计算竖向地震作用时，取 1.0。

6.3.2　框架梁正截面抗弯承载力验算

框架梁是钢筋混凝土框架的主要延性耗能构件，其破坏形态主要有弯曲破坏和剪切破坏。设计时要求做到"强剪弱弯"。梁的破坏形式有超筋梁破坏、适筋梁破坏和少筋梁破坏，其对应的延性不同，如图 6-5 所示。超筋梁破坏以混凝土压碎、钢筋尚未屈服为特征，因此截面转动能力小，延性差。高层框架结构设计中，由于梁端弯矩包络值一般是地震作用产生的端部弯矩与竖向楼面荷载产生的端

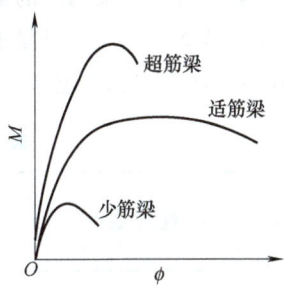

图 6-5　不同破坏形式下梁截面弯矩-曲率关系曲线

部弯矩的叠加,因此往往端部配筋量大,设计时要注意避免出现超筋现象。

少筋梁的纵向钢筋一旦屈服,将随着裂缝的迅速扩大而被拉断,导致梁的断裂破坏;适筋梁的纵向钢筋屈服后,塑性变形继续增大,同时,截面混凝土受压区高度减小,在梁端形成塑性铰,产生塑性转动,直到受压区混凝土压碎。适筋梁能充分发挥钢筋的受拉变形能力和混凝土的受压变形能力,属于延性破坏模式。

1. 框架梁正截面承载力设计

求出梁的控制截面的不利组合弯矩后,即可按钢筋混凝土受弯构件计算方法进行配筋计算。

2. 纵向钢筋最大配筋率要求

图 6-6 为一组钢筋混凝土单筋矩形截面简支梁的弯矩-曲率关系曲线。由图可见,在高配筋率的情况下,弯矩达到峰值后,弯矩-曲率关系曲线很快下降,配筋率越高,承载力越大,但下降段越陡,说明截面的延性越差;在低配筋率的情况下,弯矩-曲率关系曲线能保持有相当长的水平段,然后才缓慢地下降,截面的延性好。

在适筋梁的范围内,受弯构件截面的延性随受拉钢筋配筋率的提高而降低,随钢筋屈服强度的提高而降低,随受压钢筋配筋率的提高而提高,随混凝土强度的提高而提高。试验表明,当 $x/h_0 = 0.2 \sim 0.35$ 时,梁的延性系数可达 3~4。试验还表明,如果加大截面受压区宽度(如采用 T 形截面梁),也能使梁的延性得到改善。

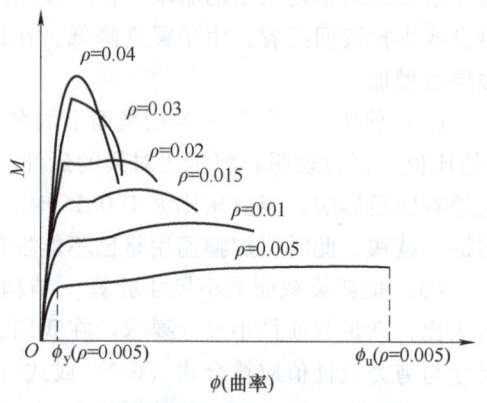

图 6-6 不同配筋率下矩形截面简支梁弯矩-曲率关系曲线

《抗震规范》规定,截面相对受压区高度(可考虑受压钢筋影响)与有效高度之比,一级框架梁不应大于 0.25,二级、三级框架梁不应大于 0.35,且梁端纵向受拉钢筋的配筋率不宜大于 2.5%。限制受拉配筋率是为了避免剪跨比较大的梁在未达到延性要求之前,梁端下部受压区混凝土过早达到极限压应变而破坏。受压钢筋配筋率与受拉钢筋配筋率的比值,一级抗震不应小于 0.5,二级、三级不应小于 0.3。

3. 框架梁最小配筋率要求

框架梁纵向受拉钢筋的配筋率,不应小于表 6-1 中的数值。梁顶面和底面均应有一定的钢筋贯通梁全长。高层混凝土框架结构一般抗震等级不低于二级,因此,最小配筋不应少于 2φ14mm,且不应少于梁端顶面和底面纵向钢筋中较大截面面积的 1/4。

表 6-1 框架梁纵向受拉钢筋最小配筋率(%)

抗震等级	截面位置	
	支座(取较大值)	跨中(取较大值)
一级	0.40 和 $80f_t/f_y$	0.30 和 $65f_t/f_y$
二级	0.30 和 $65f_t/f_y$	0.25 和 $55f_t/f_y$

(续)

抗 震 等 级	截 面 位 置	
	支座（取较大值）	跨中（取较大值）
三级、四级	0.25 和 $55f_t/f_y$	0.20 和 $45f_t/f_y$
非抗震设计	0.20 和 $45f_t/f_y$	0.20 和 $45f_t/f_y$

6.3.3 框架梁斜截面抗剪承载力验算

1. 框架梁斜截面承载力设计

为实现"强剪弱弯"的延性设计原则，框架梁斜截面验算时，通过梁端剪力增大系数人为调整因水平荷载产生的梁端剪力（但楼面竖向荷载产生的剪力不做调整），以避免梁在弯曲破坏前发生剪切破坏。《抗震规范》规定：对于抗震等级为一级、二级、三级的框架梁，梁端剪力设计值应按式（6-4）进行调整

$$V = \eta_{vb}(M_b^l + M_b^r)/l_n + V_{Gb} \tag{6-4}$$

一级框架结构和 9 度设防地区框架-剪力墙结构等的一级框架梁、连梁可不按式（6-4）调整，但应符合式（6-5）的规定

$$V = 1.1(M_{bua}^l + M_{bua}^r)/l_n + V_{Gb} \tag{6-5}$$

式中 V——梁端截面组合的剪力设计值；

l_n——梁的净跨；

V_{Gb}——梁在重力荷载代表值（9度区高层建筑包括竖向地震作用标准值）作用下，按简支梁分析的梁端截面剪力设计值；

M_b^l、M_b^r——梁左、右端逆时针或顺时针方向组合的弯矩设计值，一级框架两端弯矩均为负弯矩时，绝对值较小的弯矩应取零；

M_{bua}^l、M_{bua}^r——梁左、右端逆时针或顺时针方向实配的正截面抗震受弯承载力所对应弯矩值，根据实配钢筋面积（计入受压钢筋和相关楼板钢筋）和材料强度标准值确定；

η_{vb}——梁端剪力增大系数，一级可取 1.3，二级可取 1.2，三级可取 1.1。

在反复荷载作用下，混凝土斜截面强度有所降低，因此地震作用下的抗剪承载力乘以 0.6 的系数，其验算表达式为

$$V_b \leq \frac{1}{\gamma_{RE}}\left(0.42f_t bh_0 + f_{yv}\frac{A_{sv}}{s}h_0\right) \tag{6-6}$$

对集中荷载作用下的框架梁（包括有多种荷载作用，其中荷载对节点边缘的剪力值占总剪力值的 75% 以上的情况），其斜截面抗剪承载力应按式（6-7）验算

$$V_b \leq \frac{1}{\gamma_{RE}}\left(\frac{1.05}{\lambda+1}f_t bh_0 + f_{yv}\frac{A_{sv}}{s}h_0\right) \tag{6-7}$$

式中 λ——计算截面剪跨比，$\lambda = a/h_0$，当 $\lambda < 1.5$ 时取 $\lambda = 1.5$；$\lambda > 3$ 时，取 $\lambda = 3$；

a——集中荷载作用点至节点边缘的距离；

f_t——混凝土抗拉承载力；

b——截面的宽度;

f_{yv}——箍筋抗拉强度设计值;

A_{sv}——受剪箍筋的截面面积;

h_0——截面有效高度;

s——沿构件方向箍筋间距;

γ_{RE}——承载力抗震调整系数,一般取 0.85,对于一级、二级框架结构中的深梁,取 1.0。

2. 最小配箍率要求

抗震设计时,沿梁全长箍筋的配筋率 ρ_{sv},一级抗震不应小于 $0.30f_t/f_{yv}$,二级抗震不应小于 $0.28f_t/f_{yv}$,三级、四级抗震不应小于 $0.26f_t/f_{yv}$。

3. 塑性铰区的箍筋加密区设置

在框架梁梁端塑性铰范围内,箍筋必须加密设置。加密区的长度、箍筋最大间距和最小直径应按表 6-2 采用。当梁端纵向受拉钢筋配筋率大于 2% 时,表中箍筋最小直径应增加 2mm。加密区箍筋肢距,一级抗震不宜大于 200mm 和 20 倍箍筋直径的较大值,二级、三级抗震不宜大于 250mm 和 20 倍箍筋直径的较大值;纵向钢筋每排多于 4 根时,每隔一根宜用箍筋或拉筋固定。

表 6-2 框架梁梁端箍筋加密区的构造要求

抗 震 等 级	加密区长度 (采用较大值)	箍筋最大间距 (采用最小值)	箍筋最小直径
一级	$2h_d$,500mm	$h_d/4$,$6d$,100mm	ϕ10mm
二级	$1.5h_d$,500mm	$h_d/4$,$8d$,100mm	ϕ8mm
三级	$1.5h_d$,500mm	$h_d/4$,$8d$,150mm	ϕ8mm
四级	$1.5h_d$,500mm	$h_d/4$,$8d$,150mm	ϕ6mm

注:1. d 为纵向钢筋直径,h_d 为梁截面高度。

2. 一级、二级抗震等级框架,当箍筋直径大于 12mm、肢数大于 4 肢且肢距不大于 150mm 时,箍筋加密区最大间距应允许适当放松,但不应大于 150mm。

6.4 框架柱的延性设计

在大地震中,钢筋混凝土框架柱的震害主要表现在:柱两端混凝土压碎、箍筋拉断、纵向钢筋压屈呈灯笼状;沿柱全高混凝土破碎,纵向钢筋压屈;短柱剪切破坏,出现 X 形斜裂缝;角柱比中柱破坏严重。大量试验研究表明,在竖向荷载和往复水平荷载作用下,钢筋混凝土框架柱的破坏模式主要有压弯破坏或弯曲破坏、剪切受压破坏、剪切受拉破坏、剪切斜拉破坏和黏结开裂破坏。设计时应避免框架柱发生上述的后三种脆性破坏;相对而言,大偏压柱的压弯破坏延性较大、耗能能力大。高层框架结构中框架柱的设计应实现"强柱弱梁""强剪弱弯"的设计理念。影响框架柱延性和耗能能力的主要因素有剪跨比、轴压比和箍筋配置等。

6.4.1 框架柱截面尺寸确定

1. 轴压比

柱的轴压比定义为柱轴压力设计值与柱全截面面积和混凝土轴心抗压强度设计值乘积的比值,即

$$\mu = N/(f_c bh) \tag{6-8}$$

式中 μ——轴压比;

N——轴压力设计值;

$b、h$——柱截面的宽度、高度;

f_c——混凝土轴心抗压强度设计值。

柱截面配筋一般为对称配筋。轴压比增大,截面相对受压区高度增大,截面延性降低,因此,框架结构设计时,应严格控制框架柱的轴压比。框架柱抗震等级越高,要求其轴压比越小。表 6-3 给出了剪跨比大于 2、混凝土强度等级不高于 C60 的柱的轴压比限值。剪跨比不大于 2 的柱,轴压比限值应降低 0.05;剪跨比小于 1.5 的柱,轴压比限值应专门研究并采取特殊的构造措施;对于全柱采取复合箍或螺旋箍,当螺距、肢距、箍筋直径满足一定要求时,轴压比限值可提高 0.1;对于Ⅳ类场地土上的高层框架结构,轴压比限值宜适当减小。

表 6-3 柱轴压比限值

结构类型	抗震等级			
	一级	二级	三级	四级
框架结构	0.65	0.75	0.85	0.90
框架-剪力墙结构、板柱-剪力墙结构、框架-核心筒结构及筒中筒结构	0.75	0.85	0.90	0.95
部分框支剪力墙结构	0.60	0.70	—	

2. 框架柱截面尺寸估算

框架柱截面尺寸估算一般根据该柱承受的竖向荷载确定。在结构方案确定阶段,竖向荷载根据所选择的材料和结构形式,单位面积的设计值可按预估的静荷载和活荷载计算。考虑到高层建筑中同一轴线范围活荷载同时达到设计值的概率,活荷载可乘以折减系数。为方便计算,也可根据经验取值 10~14kN/m² 估算,当外墙和内部隔墙较多时取较大值。如果仅考虑竖向荷载,同一楼层中柱的承载面积是边柱的 2 倍,是角柱的 4 倍。但是,考虑到角柱和边柱在水平荷载作用的弯矩产生的附加拉力和压力,以及抗扭转作用,一般情况下,高层建筑柱截面角柱不小于边柱、边柱不小于中柱。因此,柱截面估算时可选择中柱的竖向受力 N 进行截面试算。

高层框架结构中,柱截面的 h/b,一般与框架柱连接的两个方向的梁的跨度有关,但 h/b 不宜大于 3,最小截面宽度不宜小于 400mm,圆柱直径不小于 450mm,且不小于(梁宽-100)mm。

当柱与梁截面尺寸确定,且结构平面布置和竖向布置确定后,一般采用有限元分析软件计算得到结构内力。然后,柱截面需要进一步验算,以满足剪跨比和剪压比要求。

3. 剪跨比

剪跨比反映了柱端截面承受的弯矩和剪力的相对大小。柱的剪跨比为

$$\lambda = M^c/(V^c h_0) \tag{6-9}$$

式中　λ——剪跨比；

　　　M^c——柱端截面弯矩设计值（kN·m）；

　　　V^c——柱端截面对应的剪力设计值（kN）；

　　　h_0——计算方向柱截面的有效高度（m）。

剪跨比大于 2 的柱称为长柱，破坏模式多为压弯破坏；剪跨比为 1.5~2 的柱称为短柱，破坏模式一般为剪切破坏，若配置足够多的箍筋，也可能实现延性较好的斜压破坏；剪跨比不大于 1.5 的柱称为极短柱，极短柱一般发生斜拉破坏，工程中应尽量避免极短柱。

一般情况下，高层建筑底层反弯点在距离支座 2/3 楼层净高处，在上部楼层，反弯点一般出现在柱中部，即 1/2 楼层净高处。因此，剪跨比可简化为楼层净高与柱截面高度之比，即楼层净高与柱截面高度之比大于 4 为长柱，3~4 为短柱，小于 3 为极短柱。设计时一般要求柱截面高度不大于楼层净高的 1/6~1/4，以提高框架柱的延性。举例来说，高层混凝土框架结构房屋的层高是 3.6m，梁高为 600mm，则净高为 3.0m，框架柱截面高度以不大于 500mm 为宜。如果柱截面为 1000mm，则成为极短柱，设计时应特别注意，提高其构造要求和轴压比限值要求，或采用更为有效的型钢混凝土组合柱。

4. 剪压比

与梁设计类似，控制柱剪压比即控制柱最小截面尺寸。《混凝土结构设计规范》（GB 50010—2010）（2015 年版）规定：

对于剪跨比大于 2 的框架柱，其截面尺寸与剪力设计值应符合式（6-10）的要求

$$V \leq \frac{1}{\gamma_{RE}}(0.20\beta_c f_c b h_0) \tag{6-10}$$

对于框支柱和剪跨比不大于 2 的框架短柱，其截面尺寸与剪力设计值应符合式（6-11）的要求

$$V \leq \frac{1}{\gamma_{RE}}(0.15\beta_c f_c b h_0) \tag{6-11}$$

式中　β_c——混凝土强度影响系数。

6.4.2　框架柱正截面验算

1. 框架柱柱端弯矩设计值

从结构计算可知，梁柱节点处柱的弯矩与梁的弯矩相等，但是，为实现"强柱弱梁"的框架结构延性设计要求，期望在罕遇地震下塑性铰首先出现在梁端，在梁柱节点处采用柱端弯矩增大系数人为提高柱端弯矩设计值，即上、下柱端截面极限抗弯承载力之和应大于同一平面内节点左、右梁端截面的极限抗弯承载力之和。《抗震规范》规定：一级、二级、三级、四级框架的梁柱节点处，柱端弯矩设计值应符合式（6-12）的要求

$$\sum M_c = \eta_c \sum M_b \tag{6-12}$$

9 度和一级框架结构可不符合式（6-12）的要求，但应符合式（6-13）的要求

$$\sum M_c = 1.2 \sum M_{bua} \tag{6-13}$$

式中 $\sum M_c$——节点上下柱端截面顺时针或逆时针方向组合的弯矩设计值之和，上下柱端的弯矩，一般情况可按弹性分析分配；

$\sum M_b$——节点左右梁端截面顺时针或逆时针方向组合的弯矩设计值之和，抗震等级为一级框架节点左右梁端均为负弯矩时，绝对值较小一端的弯矩应取零；

$\sum M_{bua}$——节点左右梁端截面顺时针或逆时针方向根据实配钢筋面积（考虑受压钢筋）和材料强度标准值计算的抗弯承载力所对应的弯矩设计值之和；

η_c——框架柱柱端弯矩增大系数；对框架结构，抗震等级为一级、二级、三级、四级时分别取 1.7、1.5、1.3、1.2；其他结构类型中的框架，一级可取 1.4，二级可取 1.2，三级、四级可取 1.1。

对于轴压比小于 0.15 的柱，包括顶层柱，因其具有与梁相近的变形能力，故可不必满足上述要求。

《抗震规范》规定：一级、二级、三级、四级框架结构的底层柱下端截面的弯矩设计值，应分别乘以增大系数 1.7、1.5、1.3、1.2。底层柱纵向钢筋应按上下端的不利情况配置。

《抗震规范》还规定：按两个主轴方向分别考虑地震作用时，一级、二级、三级、四级框架结构的角柱按调整后的弯矩及剪力设计值尚应乘以不小于 1.10 的增大系数。

2. 框架柱正截面承载力验算

柱端弯矩承载力验算可根据普通混凝土结构设计要求进行柱端弯矩与轴力的比值，按大偏压、小偏压或轴压验算。在某些极端情况下，如顶层，某些框架柱可能受到水平荷载作用产生的拉力，此时应考虑最不利组合，按大偏拉或小偏拉验算柱的纵向配筋。此处不再赘述。

3. 框架柱纵向钢筋构造要求

柱纵向钢筋的配筋量，除满足承载力要求外，还要满足最小配筋率的要求。表 6-4 列出了柱截面纵向钢筋的最小总配筋率，且柱截面每一侧配筋率不应小于 0.2%；建造于Ⅳ类场地上较高的抗震设防的高层建筑，表 6-4 中数值需增加 0.1；抗震框架柱纵向钢筋屈服强度标准值小于 400MPa 时，表 6-4 中数值增加 0.1，纵向钢筋屈服强度标准值为 400MPa 时，表 6-4 中数值增加 0.05；混凝土强度等级高于 C60 时，表 6-4 中数值增加 0.1。表 6-4 中括号内数值适用于纯框架结构中的框架柱。

表 6-4 柱截面纵向钢筋的最小总配筋率（%）

类别	抗震等级			
	一	二	三	四
中柱和边柱	0.9 (1.0)	0.7 (0.8)	0.6 (0.7)	0.5 (0.6)
角柱、框支柱	1.1	0.9	0.8	0.7

抗震框架柱的纵向配筋还需符合下列要求：对称配置；截面边长大于 400mm 的柱，纵向钢筋间距不大于 200mm，总配筋率不大于 5%；剪跨比不大于 2 的一级框架柱，每侧纵向钢筋配筋率不大于 1.2%；边柱、角柱及剪力墙端柱在地震作用产生小偏心受拉时，柱内纵向钢筋总截面面积比计算值增加 25%；柱纵向钢筋的绑扎接头避开柱端的箍筋加密区。

6.4.3 框架柱斜截面设计

1. 框架柱柱端剪力设计值

为实现"强剪弱弯"的框架结构柱延性设计要求,要求框架柱的抗剪能力大于抗弯能力,采用柱端剪力增大系数人为提高柱端剪力的设计值。《抗震规范》规定:对于抗震等级为一级、二级、三级、四级的框架柱柱端剪力设计值,应按式(6-14)进行调整

$$V = \eta_{vc}(M_c^t + M_c^b)/H_n \tag{6-14}$$

9度和一级框架结构可不按式(6-14)调整,但应符合式(6-15)的要求

$$V = 1.2(M_{cua}^t + M_{cua}^b)/H_n \tag{6-15}$$

式中 H_n——柱的净高;

η_{vc}——柱剪力增大系数,对框架结构,抗震等级为一级、二级、三级、四级可分别取 1.5、1.3、1.2、1.1;其他结构类型中的框架,一级可取 1.4,二级可取 1.2,三级、四级可取 1.1;

M_c^t、M_c^b——柱的上、下端顺时针或逆时针方向截面组合的弯矩设计值,应考虑强柱弱梁系数及底层柱下端弯矩放大系数的影响;

M_{cua}^t、M_{cua}^b——柱的上、下端顺时针或逆时针方向根据实配钢筋面积、材料强度标准值和轴压力等计算的偏压承载力所对应的弯矩设计值。

2. 框架柱柱端斜截面承载力验算

轴压比小于 0.4 时,由于轴向压力有利于骨料咬合,可以提高抗剪承载力;而轴压比过大时混凝土内部产生微裂缝,抗剪承载力下降。在一定范围内,配箍越多,对核心区约束越高,抗剪承载力也相应提高。在反复荷载下,截面上混凝土反复开裂和剥落,混凝土咬合作用有所削弱,因而材料的抗剪强度会有所降低。与单调加载相比,在反复荷载下的构件抗剪承载力要降低 10%~30%,因此,《混凝土结构设计规范》(GB 50010—2010)(2015 年版)规定,框架柱斜截面抗剪承载力验算按式(6-16)计算

$$V \leq \frac{1.75}{\lambda+1}f_t b h_0 + f_{yv}\frac{A_{sv}}{s}h_0 + 0.07N \tag{6-16}$$

当框架柱出现拉力时,其斜截面承载力验算按式(6-17)计算

$$V \leq \frac{1.75}{\lambda+1}f_t b h_0 + f_{yv}\frac{A_{sv}}{s}h_0 - 0.2N \tag{6-17}$$

式中 λ——柱的计算剪跨比,$\lambda = H_n/2h_{c0}$;当 $\lambda < 1$ 时,取 $\lambda = 1$,当 $\lambda > 3$ 时,取 $\lambda = 3$;

N——考虑地震作用组合的柱轴向压力或拉力设计值,当 $N > 0.3f_c b_c h_c$ 时,取 $N = 0.3f_c b_c h_c$;

A_{sv}——同一截面内各肢水平箍筋的全部截面面积;

s——箍筋间距。

3. 框架柱箍筋构造要求

框架柱的箍筋有三个作用:抵抗剪力、防止纵向钢筋压屈、对混凝土提供约束。约束程度与箍筋的抗拉强度和数量有关,与混凝土强度有关,可以用配箍特征值度量。配箍特征值为

$$\lambda_v = \rho_v \frac{f_{yv}}{f_c} \tag{6-18}$$

式中　λ_v——配箍特征值；
　　　f_{yv}——箍筋或拉筋的抗拉强度设计值；
　　　ρ_v——箍筋的体积配箍率。

配置箍筋的混凝土棱柱体和柱的轴心受压试验表明，轴向压应力接近峰值应力时，箍筋约束的核心混凝土迅速膨胀，横向变形增大。箍筋限制了核心混凝土的横向变形，使核心混凝土处于三向受压状态，混凝土的轴心抗压强度和对应的轴向应变得到提高，同时，轴心受压应力-应变曲线的下降段趋于平缓，意味着混凝土的极限压应变增大，柱的延性增大。《抗震规范》给出了最小箍筋配箍率特征值要求，按表 6-5 执行。

表 6-5　柱端箍筋配箍特征值 λ_v

抗震等级	箍筋形式	柱轴压比								
		≤0.3	0.4	0.5	0.6	0.7	0.8	0.9	1.0	1.05
一级	普通箍，复合箍	0.10	0.11	0.13	0.15	0.17	0.20	0.23	—	—
	螺旋箍，复合或连续复合矩形螺旋箍	0.08	0.09	0.11	0.13	0.15	0.18	0.21	—	—
二级	普通箍，复合箍	0.08	0.09	0.11	0.13	0.15	0.17	0.19	0.22	0.24
	螺旋箍，复合或连续复合矩形螺旋箍	0.06	0.07	0.09	0.11	0.13	0.15	0.17	0.20	0.22
三级、四级	普通箍，复合箍	0.06	0.07	0.09	0.11	0.13	0.15	0.17	0.20	0.22
	螺旋箍，复合或连续复合矩形螺旋箍	0.05	0.06	0.07	0.09	0.11	0.13	0.15	0.18	0.20

注：1. 普通箍指单个矩形箍和单个圆形箍；复合箍指由矩形、多边形、圆形箍或拉结钢筋组成的箍筋；复合螺旋箍指由螺旋箍与矩形、多边形、圆形箍或拉结钢筋组成的箍筋；连续复合矩形螺旋箍指全部螺旋箍为同一根钢筋加工而成的箍筋。
　　2. 框支柱宜采用复合螺旋箍或井字复合箍，其最小配箍特征值应比表内数值增加 0.02，且体积配箍率不应小于 1.5%。
　　3. 剪跨比不大于 2 的柱宜采用复合螺旋箍或井字复合箍，其体积配箍率不应小于 1.2%，9 度时不应小于 1.5%。
　　4. 计算复合螺旋箍的体积配箍率时，其非螺旋箍的箍筋体积应乘以换算系数 0.8。

此外，箍筋的形式、间距等都会对核心混凝土的约束作用有影响。在地震作用下框架柱可能屈服、形成塑性铰的区段，应设置箍筋加密区，使混凝土成为延性好的约束混凝土。剪跨比大于 2 的框架柱，箍筋加密区的范围为：

1）柱的两端取矩形截面高度（或圆形截面直径）、柱净高的 1/6 和 500mm 三者的最大值。

2）底层柱的下端不小于柱净高的 1/3。

3）当为刚性地面时，取刚性地面上下各 500mm。

剪跨比不大于 2 的柱、因设置填充墙等形成的柱净高与柱截面高度之比不大于 4 的柱、框支柱、一级和二级框架的角柱，箍筋加密区的范围为柱的全高。需要提高变形能力的柱，也应取柱的全高作为箍筋加密区。

6.5 框架梁柱节点核心区的延性设计

梁柱节点是框架结构整体安全最关键部位。在地震作用和竖向荷载下，梁柱节点核心区受力复杂，且该区域钢筋密集，可能出现混凝土浇捣不密实等情况。若梁柱节点核心区的抗剪承载力不足，则在剪压作用下出现斜裂缝，在反复荷载作用下形成交叉裂缝，混凝土挤压破碎。影响节点承载力及延性的因素主要有以下几个方面：

1. 轴压力对节点核心区混凝土抗剪强度及节点延性的影响

当轴力较小时，节点核心区混凝土抗剪强度随着轴向压力的增加而增加，且直到节点区被较多交叉斜裂缝分割成若干菱形块体时，轴压力的存在仍能提供一定的抗剪承载力，但节点核心区的延性迅速降低。当轴压比大于 0.6~0.8 时，节点混凝土抗剪强度将随轴压力的增加而下降。

2. 剪压比和配箍率对节点抗剪承载力的影响

当配箍率较低时，节点的抗剪承载力随着配箍率的提高而提高，这时节点破坏时的特征是混凝土压碎，箍筋屈服。当节点水平截面太小、配箍率较高时，节点区混凝土将先于箍筋屈服而破坏，两者不能同时发挥作用，节点抗剪承载力达不到设计值。因此，应对节点区最小截面尺寸加以限制，以保证箍筋强度得到充分发挥。在设计方法上通过限制节点水平截面上的剪压比实现这一要求。

3. 直交梁对节点核心区的约束作用

垂直于框架平面与节点相交的梁，称为直交梁。试验表明，直交梁对节点核心区具有约束作用，从而提高节点核心区混凝土的抗剪强度。一般认为，四边有梁且带有现浇楼板的中柱节点，当直交梁的截面宽度不小于柱宽的1/2，且截面高度不小于框架柱截面高度的3/4时，在考虑了直交梁开裂等不利影响后，节点核心区混凝土抗剪强度仍比不带直交梁及楼板时要提高50%左右。但对于三边有梁的边柱节点和两边有梁的角柱节点，直交梁的约束作用并不明显。

4. 梁纵向钢筋滑移对结构延性的影响

框架梁纵向钢筋在中柱节点核心区通常以连续贯通的形式通过。在水平地震作用下，梁中纵向钢筋在节点一边受拉屈服，而在另一边受压屈服。如此循环往复，将使纵向钢筋的黏结迅速破坏，导致梁纵向钢筋在节点核心区贯通滑移。梁纵向钢筋贯通滑移破坏了节点核心区剪力的正常传递，使核心区抗剪承载力降低，使梁截面后期抗弯承载力及延性降低，使节点的刚度和耗能能力下降。试验证明，边柱节点梁的纵向钢筋锚固比中柱节点的好，滑移较小。为防止梁纵向钢筋滑移，在节点核心区，梁纵向钢筋有不小于20倍直径的直段锚固长度，或将梁纵向钢筋穿过柱中心轴后再弯入柱内，以改善其锚固性能。

6.5.1 节点最小截面要求

为了防止节点核心区混凝土斜压破坏，应避免剪压比过大。由于节点核心区一般有梁的约束，实际参与工作的抗剪面积较节点核心区抗剪面积大，故剪压比限值设为0.30。即节点区剪力设计值应满足式（6-19）的要求，即

$$V_j \leq \frac{1}{\gamma_{RE}}(0.30\eta_j f_c b_j h_j) \tag{6-19}$$

式中 η_j——正交梁的约束影响系数,楼板为现浇,四侧各梁截面宽度不小于该侧柱截面宽度的 1/2,且正交方向梁高度不小于框架梁高度的 3/4 时,可采用 1.5,9 度时取 1.25,其他情况均采用 1.0;

γ_{RE}——承载力抗震调整系数,可采用 0.85;

h_j——节点核心区的截面高度,可采用验算方向柱截面高度;

b_j——节点核心区的截面有效验算宽度。

截面有效验算宽度 b_j 应视梁柱轴线是否重合等情况,具体确定如下:

1)当验算方向的梁截面宽度不小于该侧柱截面宽度的 1/2 时,b_j 可采用该侧柱截面宽度:$b_j = b_c$。

2)当梁截面宽度小于该侧柱截面宽度的 1/2 时,可采用下列两者的较小值:$b_j = b_c$,和 $b_j = b_b + 0.5h_c$。

3)当梁柱轴线不重合且偏心距 e 较大时,则梁传到节点的剪力将偏向一侧,这时截面有效验算宽度 b_j 将比 b_c 小。当偏心距不大于柱宽的 1/4 时,核心区的截面有效验算宽度可采用 2)中和式(6-20)中的较小值

$$b_j = 0.5(b_b + b_c) + 0.25h_c - e \tag{6-20}$$

6.5.2 节点区斜截面承载力验算

1. 节点区剪力设计值

《抗震规范》要求,抗震等级一级、二级框架的节点核心区应进行抗震验算,三级、四级框架节点核心区可不进行抗震验算,但应符合抗震构造措施的要求。

图 6-7 表示在水平地震作用和竖向荷载的共同作用下,节点核心区所受到的内力。在确定节点剪力设计值时,应根据不同的抗震等级,分别按式(6-21)与式(6-22)计算,以实现"强节点弱构件"的延性设计理念。

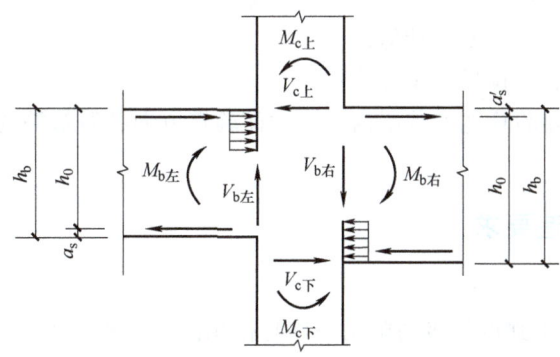

图 6-7 柱节点核心区受力简图

一级、二级框架

$$V_j = \frac{\eta_{jb} \sum M_b}{h_{b0} - a'_s}\left(1 - \frac{h_{b0} - a'_s}{H_c - h_b}\right) \tag{6-21}$$

9 度和一级框架结构

$$V_j = \frac{1.15 \sum M_{bua}}{h_{b0} - a'_s}\left(1 - \frac{h_{b0} - a'_s}{H_c - h_b}\right) \quad (6\text{-}22)$$

式中　V_j——梁柱节点核心区组合的剪力设计值；

　　　h_{b0}——梁截面的有效高度，节点两侧梁截面高度不等时可采用平均值；

　　　a'_s——梁受压钢筋合力点至受压边缘的距离；

　　　H_c——柱的计算高度，可采用节点上、下柱反弯点之间的距离；

　　　h_b——梁的截面高度，节点两侧梁截面高度不等时可采用平均值；

　　　η_{jb}——强节点系数，对于框架结构抗震等级一级宜取 1.5，二级宜取 1.35，三级宜取 1.2；

　　　$\sum M_b$——节点左右梁端逆时针或顺时针方向组合弯矩设计值之和，抗震等级一级时节点左右梁端均为负弯矩，绝对值较小的弯矩应取零；

　　　$\sum M_{bua}$——节点左右梁端逆时针或顺时针方向实配的正截面抗震抗弯承载力所对应的弯矩值之和，根据实配钢筋面积（计入受压钢筋）和材料强度标准值确定。

2. 斜截面承载力验算

与柱相似，在一定范围内，随着柱轴向压力的增加，不仅能提高节点的抗裂度，而且能提高节点抗剪承载力。另外，垂直于框架平面的正交梁如具有一定的截面尺寸，对核心区混凝土将具有明显的约束作用，且扩大了受剪面积，因而也提高了节点的抗剪承载力。《抗震规范》规定，现浇框架节点的抗剪承载力按式（6-23）及式（6-24）计算

$$V_j \leq \frac{1}{\gamma_{RE}}\left(1.1\eta_j f_t b_j h_j + 0.05\eta_j N \frac{b_j}{b_c} + f_{yv} A_{svj} \frac{h_{b0} - a'_s}{s}\right) \quad (6\text{-}23)$$

9 度时

$$V_j \leq \frac{1}{\gamma_{RE}}\left(0.9\eta_j f_t b_j h_j + f_{yv} A_{svj} \frac{h_{b0} - a'_s}{s}\right) \quad (6\text{-}24)$$

式中　N——考虑地震作用组合的节点上柱底部的轴向压力较小设计值，当 $N > 0.5 f_c b_c h_c$ 时，取 $N = 0.5 f_c b_c h_c$，当 N 为拉力时，取 $N = 0$；

　　　f_{yv}——节点箍筋抗拉强度设计值；

　　　f_t——混凝土轴心抗拉强度设计值；

　　　A_{svj}——核心区有效验算宽度范围内同一截面验算方向各肢箍筋的总截面面积；

　　　s——箍筋间距。

6.5.3　框架节点构造要求

1. 材料强度

框架节点区的混凝土强度等级的限制条件与柱相同，工程中现浇框架节点的混凝土强度等级一般与框架柱相同。在装配整体式框架中，现浇节点的混凝土强度宜比预制柱的混凝土强度提高 5MPa。

2. 节点区水平箍筋

框架节点核心区应布置水平箍筋。在满足节点抗剪承载力的前提下，框架节点区箍筋的间距和直径尚应符合柱端箍筋加密区的构造要求，抗震等级一级、二级、三级框架节点核心

区配箍特征值分别不宜小于 0.12、0.10 和 0.08，且箍筋体积配箍率分别不宜小于 0.6%、0.5%和 0.4%。柱剪跨比不大于 2 的框架节点核心区的配箍特征值不宜小于核心区上、下柱端配箍要求。

3. 柱箍筋

为加强节点区纵向钢筋对节点核心区的约束作用，柱中的纵向受力钢筋，不得在节点中切断；柱纵向钢筋间距不宜大于 200mm。箍筋的无支承长度不得大于 350mm，否则应配置辅助拉条，且箍筋需封闭，即端部应有 135°弯钩，弯钩末端直线延长段不宜小于 10 倍箍筋直径。在满足节点抗剪承载力的前提下，框架节点区箍筋的间距和直径尚应符合柱端箍筋加密区的构造要求。箍筋直径并锚入核心区混凝土内。

4. 纵向钢筋锚固

在反复荷载作用下，钢筋与混凝土的黏结强度将发生退化，梁筋锚固破坏是常见的脆性破坏形式之一。《抗震规范》规定：抗震设计时，构件纵向受拉钢筋的最小锚固长度按 l_{aE} 取值，抗震等级一级、二级时，$l_{aE} = 1.15 l_a$，三级、四级时分别为 $1.05 l_a$ 和 $1.00 l_a$；l_a 为不考虑地震作用时的受拉钢筋锚固长度，按《混凝土结构设计规范》（GB 50010—2010）（2015 年版）取用。

抗震设计时，框架梁、柱的纵向钢筋在框架节点区的锚固如图 6-8 所示。

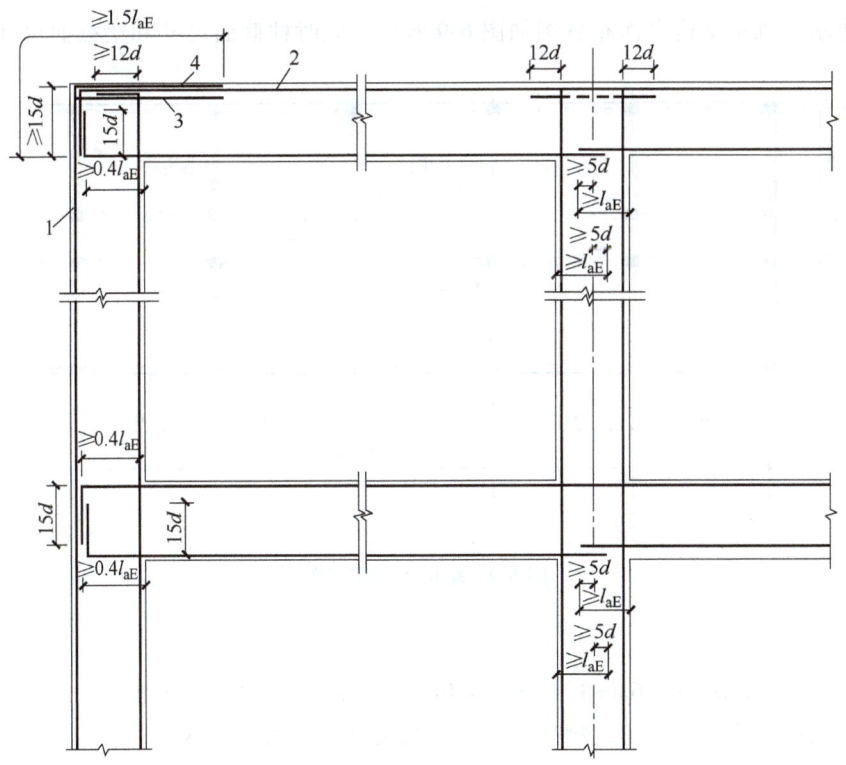

图 6-8 框架梁、柱的纵向钢筋在框架节点区的锚固
1—柱外侧纵向钢筋、截面面积 A_{cs} 2—梁上部纵向钢筋 3—伸入梁内的柱外侧纵向钢筋
截面面积不小于 $0.65 A_{cs}$ 4—不能伸入梁内的柱外侧纵向钢筋，可伸入板内

6.6 案例分析——高层钢筋混凝土框架结构设计

【案例】某医院拟建 12 层住院部大楼。结构平面东西长 48.6m，柱距 8.1m；南北宽 14.7m，南北两跨柱距为 6m，走廊宽度为 2.7m。底层层高为 6m，地面标高为 -0.6m，其余楼层层高为 3.9m，每层恒荷载标准值（含结构自重和内外隔墙、设备、装修等）估算为 6.8kN/m²，活荷载标准值为 2.5kN/m²；屋顶恒荷载标准值估算为 8.2kN/m²，活荷载标准值为 1.5kN/m²。建于 7 度（0.10g）设防地区，T_g = 0.9s。请根据上述要求，确定该医院大楼的结构体系、材料强度、结构平面布置和二层梁柱截面尺寸，并给出梁、柱、节点纵向钢筋最大值和最小值及框架柱配箍率基本要求。

【解】
1. 结构概念设计

该建筑物的功能是住院部大楼，为乙类建筑。考虑到房屋总高度和结构平面布置，该住院部大楼拟采用钢筋混凝土框架结构，框架柱采用 C40 混凝土，框架梁板采用 C30 混凝土，钢筋采用 HRB400 与 HPB300。

该大楼位于 7 度设防区域，因其是乙类建筑，所以地震作用需要按 7 度计算验算，抗震构造措施按 8 度选取。

根据要求，画出结构平面布置图如图 6-9 所示，此时柱截面尺寸和梁截面尺寸待定。

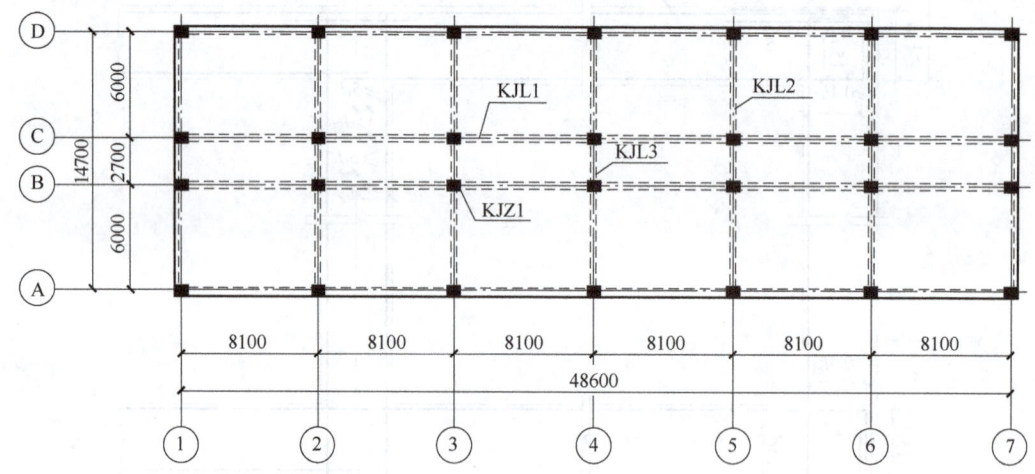

图 6-9 结构平面布置图

规则性判断：

1）建筑物高度 H。H = 6m+3.9m×11 = 48.9m，在 7 度抗震设防烈度下，钢筋混凝土框架结构的最大高度为 50m。建筑物高度满足《抗震规范》规范要求。

2）建筑物高宽比 H/B。在 7 度设防烈度时，建筑物的高宽比应不大于 4，该建筑 H/B = (48.9+0.6)/14.7 = 3.37，满足要求。

3）建筑平面长宽比 L/B。L/B = 48.6/14.7 = 3.3<6.0，在 7 度设防烈度时，建筑平面尺寸不宜大于 6.0，该建筑平面长宽比满足要求，且平面没有明显的凸出和凹进，满足平面规

则性要求。

4）结构抗震等级。由建筑高度和抗震设防烈度可得，该建筑的抗震等级为一级。

2. 柱截面尺寸估算

框架结构柱截面可根据轴压比估算，中柱受荷面积最大，如图 6-10 所示的平面阴影。

$$S = 8.1 \text{m} \times (2.7/2 + 6/2) \text{m} = 35.235 \text{m}^2$$

以恒荷载和活荷载分项系数分别为 1.3 和 1.5 计算，底层中柱受荷面上的均布荷载设计值为

$$q = 1.3 \times (6.8 \times 11 + 8.2 \times 1) \text{kN/m}^2 + 1.5 \times (2.5 \times 11 + 1.5 \times 1) \text{kN/m}^2 = 151.4 \text{kN/m}^2$$

中柱所受荷载为

$$N = Sq = 151.4 \text{kN/m}^2 \times 35.235 \text{m}^2 = 5334.6 \text{kN}$$

《抗震规范》第 6.3.6 条中，抗震等级为一级的框架结构轴压比限值为 0.65。柱截面尺寸应满足

$$\frac{N}{Af_c} = \frac{N}{f_c bh} \leq 0.65$$

取柱截面尺寸为 $b \times h = 600 \text{mm} \times 800 \text{mm}$，轴压比为 0.6，满足规范要求。

3. 梁截面尺寸估算

框架梁纵向跨度为 8.1m，框架梁横向跨度为 6m 和 2.7m。设计时取梁截面高度约为 1/10 梁长，梁截面宽度为 1/2~1/3 梁高。

框架梁纵向：$h = l/12 = 1/12 \times 8.1 \text{m} = 675 \text{mm}$，取 650mm，$b$ 取 300mm。

框架梁横向：$h = l/10 = 1/10 \times 6 \text{m} = 600 \text{mm}$，取 600mm，$b$ 取 250mm；走廊处梁跨度仅为 2.7m，梁高取 400mm。为提高横向框架抗侧刚度，框架梁截面统一取为 300mm×600mm，框架柱强轴布置在纵向。

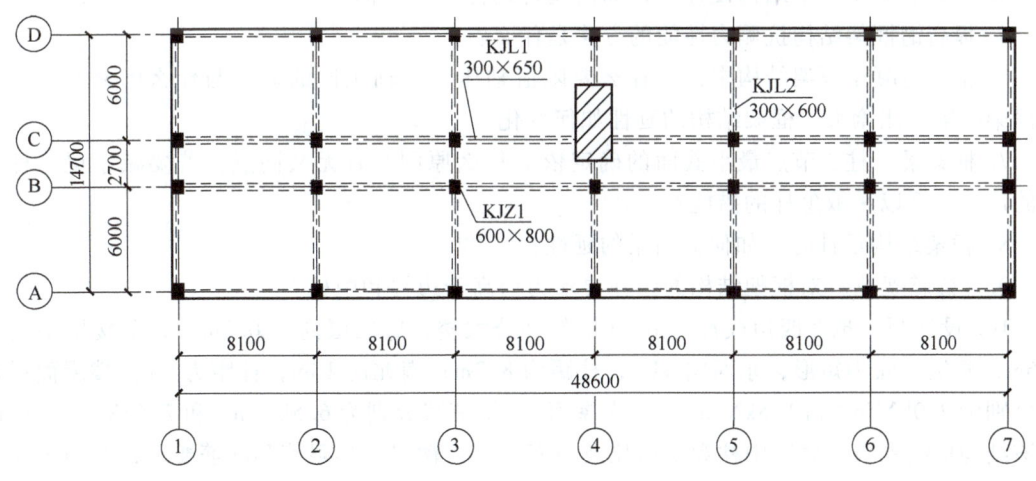

图 6-10 平面布置

4. 梁、柱配筋构造要求

该建筑为乙类建筑，设防烈度为 7 度，梁柱钢筋构造要求应提高一度配置，即应符合 8

度设防要求：

1）梁纵向钢筋和箍筋配置构造要求。最大配筋率不应大于 2.75%，不宜大于 2.5%。

抗震等级为一级时，梁端支座处最小配筋率不应小于 0.30 和 $65f_t/f_y$ 的较大值，梁支座处底部配筋不小于顶部配筋的 1/2；其不小于 2Φ14 和梁顶面、底面两端纵向配筋中较大截面面积的 1/4。梁跨中最小配筋率不应小于 0.25 和 $55f_t/f_y$ 的较大值。

根据《抗震规范》第 6.3.3 条，梁端箍筋加密区长度取 max$\{1.5h_b, 500mm\}$，箍筋最大间距取 min$\{h_b/4, 8d, 100mm\}$。其中，d 为纵向钢筋直径，h_b 为梁截面高度。

2）柱纵向钢筋和箍筋配置构造要求。根据《抗震规范》，中柱和边柱的纵向受力钢筋最小总配筋率为 1.0%，角柱或框支柱的纵向受力钢筋最小总配筋率为 1.1%。同时柱的每一侧配筋率不应小于 0.2%；柱截面总配筋率不应大于 5%；纵向钢筋间距不宜大于 200mm；柱纵向钢筋宜对称配置。

柱箍筋的最大间距为 min$\{8d, 100mm\}$，箍筋最小直径为 8mm。d 为柱纵向钢筋最小直径。底层柱下端 1/3 柱高范围内箍筋加密，其他柱端的箍筋加密范围为 max$\{h, l/6, 500mm\}$，h 为柱截面高度，l 为柱净高。柱箍筋加密区的体积配箍率不应小于 0.6%。梁柱截面尺寸标注在结构平面布置图上，如图 6-9 所示。

思考题

1. 高层框架结构的特点是什么？高层钢筋混凝土框架结构和高层钢框架结构有什么异同？

2. 为什么高层框架结构一般要考虑框架柱在重力作用下的二次变形效应（P-Δ 效应）？

3. 框架结构延性设计的目标是什么？

4. 钢筋混凝土框架结构设计时，如何实现延性设计目标？

5. 提高钢框架结构抗侧力性能的方法是什么？

6. 钢筋混凝土框架结构中，为什么要限值轴压比？轴压比的取值与什么因素有关？随着框架柱轴压比增大，框架结构的延性如何变化？

7. 框架梁、柱、节点最小截面的确定依据什么原则？有无共同点？若要减小梁、柱截面的尺寸，可以采取怎样的措施？

8. 框架结构设计时，如何提高梁的延性？

9. 《抗震规范》对框架结构的角柱要求为何高于边柱和中柱？

10. 设计题：拟在四川成都建造 15 层的办公大楼，底层层高为 6.5m，其余楼层层高为 3.6m，建筑平面为矩形，东西向 41m，柱距为 8.2m；南北向 18m，柱距为 6m。楼屋面活荷载分别为 2.0kN/m² 和 1.5kN/m²（上人屋面），恒荷载分别为 6.5kN/m² 和 7.5kN/m²。试确定该结构抗震等级、底层中柱和轴压比及截面尺寸、楼层位移限值和配筋要求，并画出结构平面示意图。

第 7 章 高层剪力墙结构设计

【学习目标】

通过本章的学习，掌握剪力墙平面内和平面外的受力特点；掌握结构平面和立面布置方法；掌握钢筋混凝土剪力墙截面承载力验算方法；掌握剪力墙延性设计的构造措施；掌握高层剪力墙结构设计原则和布置要求。

【学习方法】

剪力墙是高层建筑结构中的重要抗侧力体系。学习时应与高层框架结构对比思考，对照学习，充分了解墙体与框架柱在计算假定中的特点及适用范围，思考提高剪力墙结构规则性和延性的方法，思考洞口对剪力墙的影响，思考边缘构件和底部加强层设置的意义和设计方法。

7.1 高层剪力墙结构的特点

7.1.1 剪力墙平面内的受力特点

墙体一般指截面长边（长度）大于其短边（厚度）4 倍的竖向受力构件，墙体长边所在的面称为墙体平面，墙体厚度方向称为墙体平面外方向。一般情况下，钢筋混凝土剪力墙的厚度为 200~600mm，长度为 1.2~8m。墙体的长度决定了墙体平面内的抗侧刚度和承载力。

剪力墙连梁交叉裂缝

抗震墙结构防震缝碰撞

抗震墙结构外墙剪切裂缝

高层剪力墙结构的特点是墙体抗剪承载力高、抗侧刚度大，抵抗水平风荷载和地震作用能力强。因此，采用剪力墙结构建造的高层建筑的高度比框架结构提高 1 倍以上，且房屋的高宽比限值增大。因墙体在其平面内抗剪刚度大于抗弯刚度，在水平力作用下，剪力墙结构的水平位移曲线呈弯曲型。

图 7-1 为正在建设中的某剪力墙住宅结构照片，其中，底层为框支剪力墙结构。

图 7-1　剪力墙结构

当单段墙体长度大于 8m 时，在罕遇地震作用下，长度较大的墙体因延性小且分配到的地震力大，可能首先出现开裂破坏，导致整体结构的抗侧承载力明显下降。当墙体长度小于墙厚的 4 倍时，其截面趋向于框架柱截面，计算时若按照墙体假定，会过高估计其抗剪承载力。因此在剪力墙结构设计时，一定要注意墙体长度在合适范围，且分布均匀。

因建筑功能需求，往往需要沿墙体高度和长度方向布置门窗洞口。有洞口的剪力墙称为开洞剪力墙。洞口的布置会显著影响剪力墙的承载力和延性。根据洞口大小、洞口位置及其布置分为整体剪力墙、小开口剪力墙、双肢或多肢剪力墙及壁式框架剪力墙等，见表 7-1 并如图 7-2 所示。

表 7-1　剪力墙类别及特点

剪力墙类别	特　　点
整体剪力墙	沿墙体立面无洞口，或洞口面积小于墙体总面积的 16%，且洞口位于截面中间，洞口长边尺寸小于洞口至墙边距离。在这种情况下，洞口对墙体平面内抗剪承载力和抗弯承载力影响极小。因此在水平力作用下，墙体截面符合平截面假定，可按竖向悬臂柱得到满足力和变形协调的各截面内力，如图 7-2a 所示
小开口剪力墙	沿墙体立面有洞口，洞口面积不大于墙体面积的 16%。在水平作用下，墙体的整体变形基本与整体剪力墙一致，但洞口处因附加变形的影响，截面不再符合平截面假定，如图 7-2b 所示
双肢剪力墙和多肢剪力墙	墙体沿立面开有一列或多列较大洞口，此时洞口顶部区域常被称为连梁，其受力和变形特点与深梁近似。洞口将墙体分割成两肢或多肢整体剪力墙，并通过连梁达到两个墙肢或多个墙肢的变形协调，如图 7-2c、d 所示
壁式框架剪力墙	洞口面积进一步扩大，洞口宽度较大，墙肢宽度较小，连梁抗弯刚度大于或等于墙肢抗弯刚度，剪力墙被洞口切割成框架的形式，此时墙体的变形接近框架结构的变形。但不同的是，由于连梁是深梁，壁柱为短柱，节点中心基本不出现转动变形，即节点范围内有一段刚体不参与转动。因此简化计算中将其考虑成带有一段刚体的壁式框架结构，如图 7-2e 所示

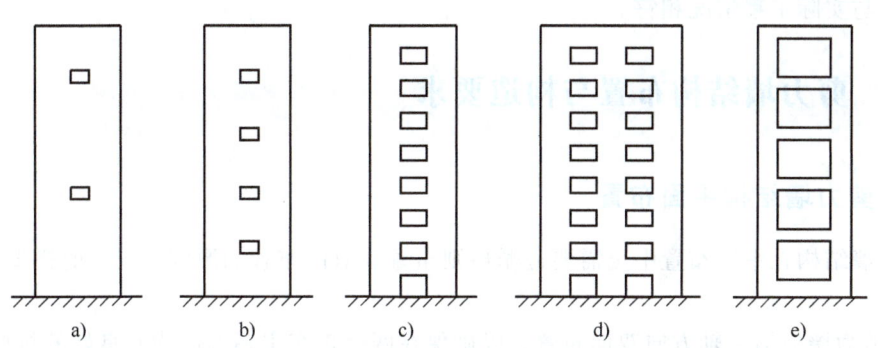

图 7-2 剪力墙分类
a) 整体剪力墙 b) 小开口剪力墙 c) 双肢剪力墙 d) 多肢剪力墙 e) 壁式框架剪力墙

7.1.2 剪力墙平面外的受力特点

在高层建筑中，混凝土墙体的厚度一般为 160~600mm，相对于墙体平面内的刚度和承载力而言，墙体出平面方向上的抗剪和抗弯能力很小。因此从结构受力的角度，结构某一方向上的弯矩和剪力分别由同方向平面内墙体承担，但同时应确保墙体不出现平面外受压屈曲失稳破坏情况。在高层建筑中，混凝土楼盖是墙体平面外方向的有效支撑。因层高一般在 3~4.5m，当无特殊荷载情况时，钢筋混凝土剪力墙可不验算其出平面抗弯性能，但是，以下两种情况应引起重视：

1）若框架梁（或楼面梁）与墙体平面外方向垂直（图 7-3）或斜向连接，梁端弯矩有可能导致墙体平面外局部抗弯破坏。因此，应在连接处设置扶壁柱（暗柱或明柱），提高墙体出平面方向的截面抗弯性能；也可采用减小梁端弯矩的措施，如将梁设计成与墙体在平面外铰接。

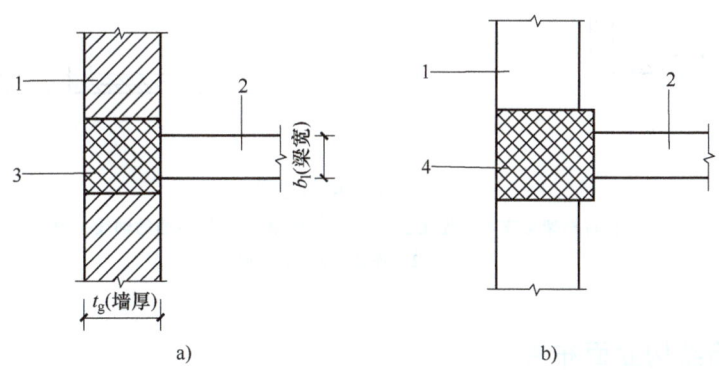

图 7-3 梁与墙体垂直相交的做法
a) 剪力墙沿楼面梁轴线方向与梁相连 b) 扶壁柱与梁相连
1—剪力墙 2—楼面梁 3—暗柱 4—扶壁柱

2）若楼面无法给予墙体侧向支撑，如挑空楼层处，一侧或两侧无水平横向支撑，此时应验算墙体的出平面承载力和变形。在有限元分析时，应检查计算模型，确保墙体的出平面计算长度与实际工程情况相符。

7.2 剪力墙结构布置与构造要求

7.2.1 剪力墙结构平面布置

剪力墙结构在平面布置中更需要遵循规则布置、双向布置的原则,设计时需要考虑以下要素:

1)剪力墙应沿主轴方向双向布置,以确保在两个正交主轴方向均有良好的抗侧力。

2)剪力墙平面布置宜对称、规则,刚度中心和质量中心尽可能保持重合,避免不对称布置产生过大的扭转变形。

3)剪力墙不宜过长,较长剪力墙宜设置跨高比较大的连梁将其分成长度较均匀的若干墙段,各墙段的高度与墙段长度之比不宜大于3,墙段长度不宜大于8m。

4)当剪力墙墙肢与其平面外相交的楼面梁刚性连接时,宜设置与梁相连的剪力墙扶壁柱或在墙内设置暗柱,其截面需满足:设置沿楼面梁轴线方向与梁相连的剪力墙时,墙的厚度不宜小于梁的截面宽度(图7-3a);设置扶壁柱时,其截面宽度不应小于梁宽,截面高度可计入墙厚(图7-3b)。

5)楼面梁不宜支承在剪力墙或核心筒的连梁上(图7-4a),宜将楼面梁轴线与墙体轴线贯通一致(图7-4b)。

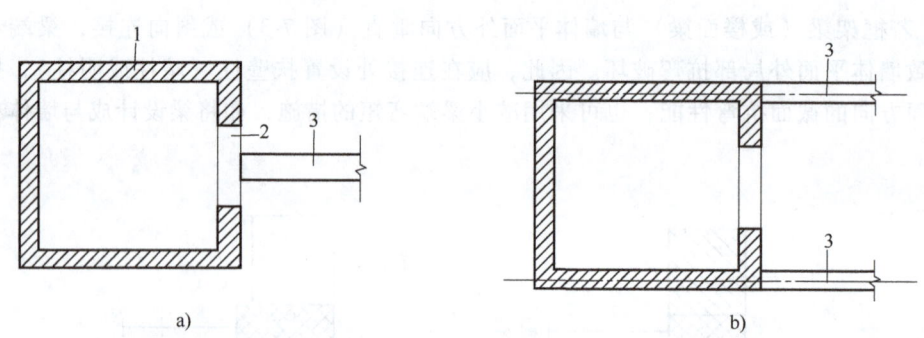

图 7-4 楼面梁与连梁
a)不宜将框架梁支承在连接上 b)楼的框架梁轴线与墙的轴线一致
1—墙 2—连梁 3—框架梁

7.2.2 剪力墙结构立面布置

剪力墙结构立面布置应注意以下方面:

1)剪力墙竖向宜自下到上连续布置,避免刚度突变。

2)门窗洞口宜上下对齐、成列布置,形成明确的墙肢和连梁。

3)应在墙体端部设置边缘构件,底部一定范围设置加强区,形成约束墙体,以提高墙体的延性。

4）不宜采用上下洞口不对齐的错洞墙，不宜采用洞口局部重叠的叠合错洞墙，以保证墙肢变形协调一致。

7.2.3 墙体底部加强区和边缘构件

1. 底部加强区

底部加强区的高度一般取底部两层高度和墙体总高度 1/10 两者的较大值，高度从地下室顶板算起；当结构计算模型中嵌固端位于地下一层底板或以下时，底部加强部位建议延伸到计算嵌固端处。

2. 构造边缘构件

剪力墙两端和洞口两侧应设置边缘构件，边缘构件包括暗柱、端柱和翼墙，当底层墙肢截面的轴压比不大于表 7-2 规定的抗震等级一级、二级、三级剪力墙及四级剪力墙，墙肢两端设置构造边缘构件，构造边缘构件的范围如图 7-5 所示，构造边缘构件的配筋除应满足抗弯承载力外，并宜符合表 7-3 的要求。

表 7-2 剪力墙设置构造边缘构件的最大平均轴压比

抗震等级或抗震设防烈度	一级（9度）	一级（7度、8度）	二级、三级
轴压比	0.1	0.2	0.3

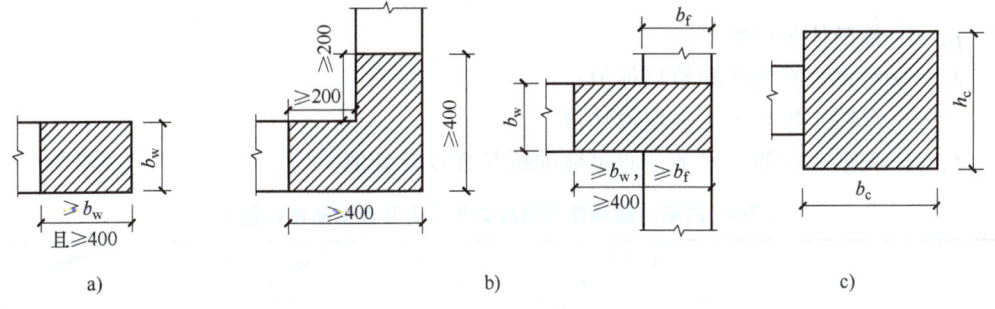

图 7-5 剪力墙的构造边缘构件范围
a）暗柱 b）翼墙 c）端柱

表 7-3 剪力墙构造边缘构件的配筋要求

抗震等级	底部加强部位			其他部位		
	纵向钢筋最小量（取较大值）	箍筋		纵向钢筋最小量（取较大值）	拉筋	
		最小直径/mm	沿竖向最大间距/mm		最小直径/mm	沿竖向最大间距/mm
一级	$0.010A_c$，$6\phi16$	8	100	$0.008A_c$，$6\phi14$	8	150
二级	$0.008A_c$，$6\phi14$	8	150	$0.006A_c$，$6\phi12$	8	200
三级	$0.006A_c$，$6\phi12$	6	150	$0.005A_c$，$4\phi12$	6	200
四级	$0.005A_c$，$4\phi12$	6	200	$0.004A_c$，$4\phi12$	6	250

注：1. A_c 为构造边缘构件的截面面积。
2. 其他部位的拉筋，水平间距不应大于纵向钢筋间距的 2 倍；转角处宜采用箍筋。
3. 当端柱承受集中荷载时，其纵向钢筋、箍筋直径和间距应满足柱的相应要求。

构造边缘构件应符合以下规定：

1) 竖向配筋应满足正截面抗压（抗拉）承载力的要求。
2) 当端柱承受集中荷载时，其竖向钢筋、箍筋直径和间距应满足框架柱的相应要求；
3) 箍筋、拉筋沿水平方向的肢距不宜大于 300mm，不应大于竖向钢筋间距的 2 倍；
4) 抗震设计时，对于连体结构、错层结构以及 B 级高度高层建筑结构中的剪力墙（筒体），其构造边缘构件的最小配筋应比表 7-3 中的数值提高 $0.001A_c$ 采用；箍筋的配筋范围宜取图 7-5 中阴影部分，其配箍特征值 λ_v 不宜小于 0.1。

3. 约束边缘构件

当剪力墙轴压比不满足表 7-2 时，剪力墙底部加强区及上一层墙体的边缘构件称为约束边缘构件，其余部位为构造边缘构件。抗震要求越高，或墙肢的轴压比越高，则边缘构件纵向钢筋配筋率要求越高。B 级高度建筑的剪力墙，宜在约束边缘构件层与构造边缘构件层之间设置 1～2 层过渡层，过渡层边缘构件的箍筋配置要求可低于约束边缘构件的要求，但应高于构造边缘构件的要求。

剪力墙的约束边缘构件的截面长度、最小配筋率和配箍率应符合以下要求：

1) 约束边缘构件沿墙肢的长度 l_c 和箍筋配箍特征值 λ_v 应符合表 7-4 的要求，其体积配箍率 ρ_v 为

$$\rho_v = \lambda_v \frac{f_c}{f_{yv}} \tag{7-1}$$

式中 ρ_v——箍筋体积配箍率；
λ_v——约束边缘构件配箍特征值；
f_c——混凝土轴心抗压强度设计值；
f_{yv}——箍筋、拉筋或水平分布钢筋的抗拉强度设计值。

表 7-4 约束边缘构件沿墙肢的长度 l_c 及其配箍特征值 λ_v

项 目	一级（9度）		一级（7度、8度）		二级、三级	
	$\lambda \leq 0.2$	$\lambda > 0.2$	$\lambda \leq 0.3$	$\lambda > 0.3$	$\lambda \leq 0.4$	$\lambda > 0.4$
l_c（暗柱）	$0.20h_w$	$0.25h_w$	$0.15h_w$	$0.20h_w$	$0.15h_w$	$0.20h_w$
l_c（翼墙或端柱）	$0.15h_w$	$0.20h_w$	$0.10h_w$	$0.15h_w$	$0.10h_w$	$0.15h_w$
λ_v	0.12	0.20	0.12	0.20	0.12	0.20
纵向钢筋（取较大值）	$0.012A_c$，8ϕ16mm		$0.012A_c$，8ϕ16mm		$0.010A_c$，6ϕ16mm（三级 6ϕ14mm）	
箍筋或拉筋沿竖向间距	100mm		100mm		150mm	

注：1. 剪力墙的翼墙长度小于其 3 倍厚度或端柱截面边长小于 2 倍墙厚时，按无翼墙、无端柱查表；端柱有集中荷载时，配筋构造尚应满足与墙相同抗震等级框架柱的要求。
2. l_c 为约束边缘构件沿墙肢长度，且不小于墙厚和 400mm；有翼墙或端柱时不应小于翼墙厚度或端柱沿墙肢方向截面高度加 300mm。
3. λ_v 为约束边缘构件的配箍特征值，体积配箍率可按《抗震规范》式（7-1）计算，并可适当计入满足构造要求且在墙端有可靠锚固的水平分布钢筋的截面面积。
4. h_w 为剪力墙墙肢长度。
5. λ 为墙肢轴压比。
6. A_c 为图 7-6 中约束边缘构件阴影部分的截面面积。

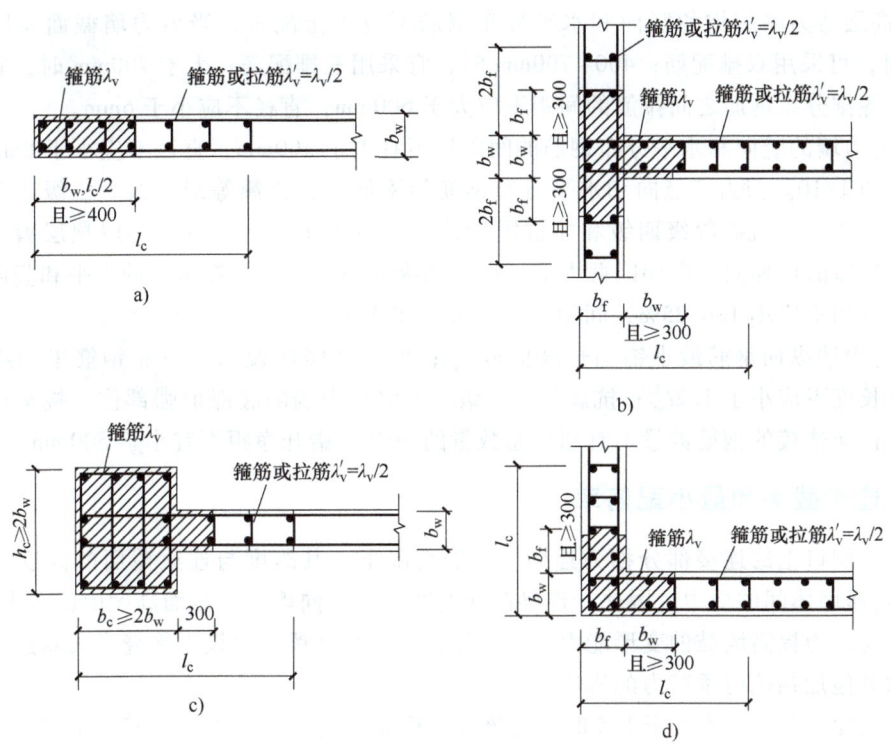

图 7-6 楼面剪力墙约束边缘构件截面及其配筋要求
a)暗柱 b)有翼墙 c)有端柱 d)转角墙（L形墙）

2）剪力墙约束边缘构件阴影部分（图 7-6）的竖向钢筋除应满足正截面受压（受拉）承载力计算要求外，抗震等级一级、二级、三级时其配筋率分别不应小于 1.2%、1.0% 和 1.0%，并分别不应少于 8φ16mm、6φ16mm 和 6φ14mm 的钢筋（φ 表示钢筋直径）。

3）约束边缘构件内箍筋或拉筋沿竖向的间距，抗震等级一级时不宜大于 100mm，二级、三级时不宜大于 150mm；箍筋、拉筋沿水平方向的肢距不宜大于 300mm，不应大于竖向钢筋间距的 2 倍。

7.2.4 墙体最小截面和最小配筋率

在实际工程中，由于高层混凝土剪力墙结构平面复杂，结构高度一般超出 40m，结构整体变形以弯曲变形为主，因此很难采用简化方法得到每片楼层剪力，并以此为依据选取截面尺寸。因此，需要不断学习工程经验，尊重建筑功能需求，考虑施工可操作性，预估墙体合适的截面厚度，满足结构规范规定的最小截面尺寸。常用截面尺寸与结构整体布置、结构高度、墙体开洞情况等有关，100m 左右高度的高层剪力墙住宅，墙厚一般为 200~400mm，外墙和底部墙体较厚，向上可逐步收进。《高层建筑混凝土结构技术规程》（JGJ 3—2010）中给出了最小截面要求：

1）抗震等级一级、二级剪力墙：底部加强部位不应小于 200mm，其他部位不应小于 160mm；一字形独立剪力墙底部加强部位不应小于 220mm，其他部位不应小于 180mm。抗震等级三级、四级剪力墙：不应小于160mm，一字形独立剪力墙的底部加强部位尚不应小于180mm。

2）高层剪力墙结构的竖向和水平分布钢筋不应单排配置；当剪力墙截面厚度不大于400mm时，可采用双排配筋；400~700mm时，宜采用三排配筋；大于700mm时，宜采用四排配筋。各排分布钢筋之间拉筋的间距不应大于600mm，直径不应小于6mm。

3）剪力墙的竖向和水平分布钢筋的间距均不宜大于300mm，直径不应小于8mm，不宜大于墙厚的1/10。剪力墙竖向和水平分布钢筋的配筋率，抗震等级一级、二级、三级时均不应小于0.25%，抗震等级四级和非抗震设计时均不应小于0.20%；房屋顶层剪力墙、长矩形平面房屋的楼梯间和电梯间剪力墙、端开间纵向剪力墙以及端山墙的水平和竖向分布钢筋的配筋率均不应小于0.25%，间距均不应大于200mm。

4）剪力墙纵向钢筋最小锚固长度应取l_{aE}；剪力墙竖向及水平分布钢筋采用搭接连接时，搭接长度不应小于$1.2l_{aE}$；抗震等级一级、二级剪力墙的底部加强部位，接头位置应错开，同一截面连接的钢筋数量不宜超过总数量的50%，错开净距不宜小于500mm。

7.2.5 连梁截面和最小配筋率

剪力墙洞口上的连接部分称为连梁。一般情况下，其跨度与连梁截面的高度之比小于3，主要传递墙体间的剪力。因此，连梁截面的宽度一般同墙厚，截面高度由门洞大小决定。抗震设计时，为提高墙肢的变形能力，跨高比较小的高连梁，可设水平缝形成双连梁、多连梁或采取其他加强抗剪承载力的构造。

当跨高比（l/h_b）不大于1.5时，连梁纵向钢筋的最小配筋率取0.25%和$55f_t/f_y$的较大值；当l/h_b大于1.5时，其纵向钢筋的最小配筋率可按框架梁采用。同时，连梁纵向钢筋的最大配筋率，当$l/h_b \leq 1.0$、$1.0 < l/h_b \leq 2.0$和$2.0 < l/h_b \leq 2.5$时，分别不应大于0.6%、1.2%和1.5%。连梁的配筋构造应符合加密区要求和锚固要求，如图7-7所示。

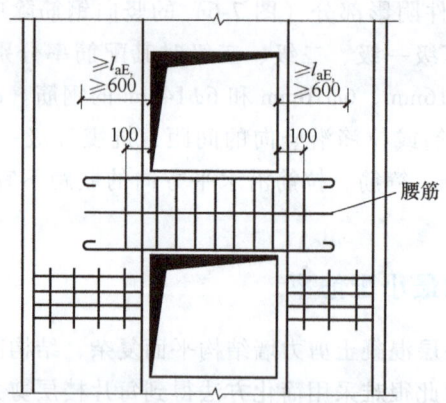

图7-7 连梁配筋构造示意图

7.3 剪力墙结构整体计算

7.3.1 剪力墙内力简化计算

理论分析和试验研究表明，剪力墙的受力特性与变形状态取决于剪力墙开洞情况。根据洞口大小和位置的不同，其截面应力分布不同。针对规则的剪力墙结构，计算和分析墙体内力和位移时可采用简化方法进行。虽然现在几乎没有人采用简化方法进行手算，但学习其简化方法有利于理解剪力墙结构的受力特点，也可为今后开发和研究新型结构提供可借鉴的思路。

1. 整体剪力墙

对于整体剪力墙，在水平力作用下其截面保持平面，法向应变呈线性分布，因此可通过混凝土应力-应变关系、钢筋应力-应变关系、边界条件建立力学平衡方程得到该截面的内力及变形。按整体组合截面计算惯性矩，剪力墙的组合截面惯性矩取有洞口和无洞口截面惯性矩沿竖向加权平均值，即

$$I_w = \frac{\sum I_i h_i}{\sum h_i} \tag{7-2}$$

式中　h_i——各段相应高度；

I_i——第i层剪力墙组合截面惯性矩。

为了简化，抗侧力刚度可采用按顶点位移相等的原则折算为竖向悬臂受弯构件的等效刚度。刚度沿竖向较均匀的剪力墙结构，其等效刚度为

$$E_c I_{eq} = \frac{E_c I_w}{1 + \frac{9\mu}{A_w} \frac{I_w}{H^2}} \tag{7-3}$$

式中　E_c——混凝土弹性模量；

I_{eq}——等效截面惯性矩；

H——剪力墙总高度；

μ——剪应力分布不均匀系数，矩形截面取$\mu=1.2$；

A_w——整体小开口墙折算截面面积；$A_w = \gamma_0 A$

A——洞口剪力墙的截面面积；

γ_0——洞口削弱系数；$\gamma_0 = 1 - 1.25\sqrt{A_{0p}/A_f}$

A_{0p}——墙面洞口面积；

A_f——墙面总面积。

在常用水平荷载下，采用等效刚度，悬臂杆顶点位移为

$$\begin{cases} u = \frac{1}{8} \frac{V_0 H^3}{EI_{eq}} \text{（均布荷载）} \\ u = \frac{1}{3} \frac{V_0 H^3}{EI_{eq}} \text{（顶部集中荷载）} \end{cases} \tag{7-4}$$

式中　V_0——底部截面剪力。

2. 小开口剪力墙

对于小开口剪力墙，其截面特性与整体剪力墙类似，但洞口处截面应变不连续，结构整体变形增加。为方便计算，采用与整体剪力墙类似的方法，但等效刚度考虑洞口处连梁弯曲的影响。即等效刚度计算式（7-3）中$A_w = \sum_{i=1}^{m} A_i$，I_w近似取组合截面惯性矩的80%，A_i为第i层墙肢的截面面积。一般将总力矩的85%按上述整体剪力墙计算墙肢弯矩和轴力，将总力矩的15%按墙肢的刚度进行再分配。

3. 双肢和多肢剪力墙

当洞口进一步增大时，墙体在水平荷载作用下不能满足平截面假定，但连梁可以协调两个独立墙肢的变形。因此，对于双肢剪力墙和多肢剪力墙，可以采用连续连杆法，将连梁和楼盖的作用假想为在联系双肢或多肢剪力墙的一系列连续均匀分布的连杆，由连杆的位移协调条件建立双肢或多肢剪力墙的内力微分方程，根据变形协调方程和物理方程，求解得到每肢墙体的剪力和弯矩，以及连梁的剪力和弯矩。

4. 壁式框架剪力墙

当洞口尺寸进一步增大时，双肢或多肢剪力墙在竖向无法连续协调变形一致。剪力墙的变形趋向于框架柱的变形，连梁的作用趋向于框架梁的作用。因此，该形式的剪力墙可视为带刚域的框架柱，等效刚度可按顶点位移相等的原则折算为竖向悬臂受弯构件的抗侧力刚度，对于多肢剪力墙和壁式框架剪力墙可根据等效刚度转换为带刚域框架（图 7-8），然后采用框架结构的求解方式计算结构构件的内力。

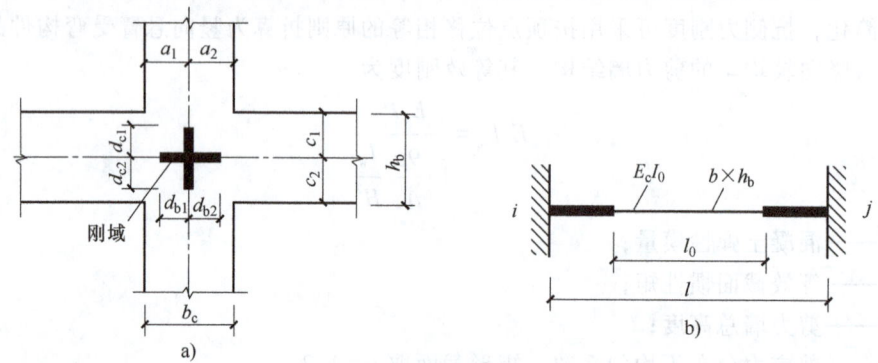

图 7-8 带刚域的框架分析
a) 带刚域节点 b) 带刚域构件

确定刚域的范围的计算公式为

$$\begin{cases} d_{b1}=a_1-h_b/4 \\ d_{b2}=a_2-h_b/4 \\ d_{c1}=c_1-b_c/4 \\ d_{c2}=c_2-b_c/4 \end{cases} \tag{7-5}$$

当计算值小于零时，不考虑刚域影响。带刚域杆件的等效刚度近似计算公式为

$$E_c I_{eq}=E_c I_0 \gamma_v (l/l_0)^3 \tag{7-6}$$

式中 $E_c I_0$——中段杆截面刚度；
γ_v——考虑剪切变形的刚度折减系数，按表 7-5 取值；
$E_c I_{eq}$——等效刚度；
l——包括刚域的杆长；
l_0——中段杆长。

表 7-5 考虑剪切变形的刚度折减系数

h_b/l_0	0.0	0.1	0.2	0.3	0.4	0.5	0.6	0.7	0.8	0.9	1.0
γ_v	1.0	0.97	0.89	0.79	0.68	0.57	0.48	0.41	0.34	0.29	0.25

注：h_b 为中段杆截面高度。

5. 剪力墙计算时应考虑的几个问题

（1）剪力墙翼缘作用　计算地震作用，位移及剪力墙协同工作时应考虑纵横墙相连的共同工作。现浇剪力墙的翼缘有效宽度可采用剪力墙间距的一半、门窗洞间的墙宽、剪力墙两侧各 6 倍翼缘厚度和剪力墙总高的 1/10 这四者中的最小者。当剪力墙墙肢出现大偏拉情况时，翼缘的压力影响范围最多采用翼缘墙的一个开间。剪力墙的截面计算可近似不考虑翼缘的作用，但端部配筋可考虑部分翼缘范围内的配筋；该范围可取剪力墙厚度加两侧各 2 倍翼缘墙厚度。

（2）剪力墙有错位或转折情况的近似计算　剪力墙由于墙体分隔，在平面上可能错开位置而不能直通（图7-9）。抗震等级一级、二级的剪力墙，当墙轴线错开距离不大于 3 倍连接墙厚度，且楼板为现浇时，有错位墙可近似按整体直线墙考虑。抗震等级三级的剪力墙，当错开距离不大于 6 倍连接墙体厚度且不大于 2.0m 时，也可近似按整体墙考虑，但计算所得的内力应乘以增大系数 1.2，等效刚度应乘以折减系数 0.8。

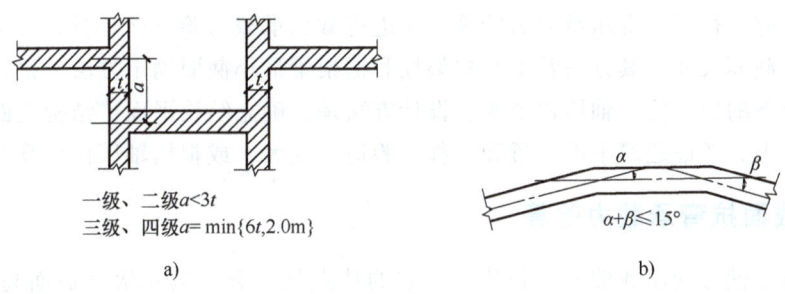

图 7-9　可近似按连续直线墙考虑的错位或转折墙
a）错开位置的剪力墙　b）折线剪力墙

（3）多肢剪力墙的连梁调幅　在地震作用下按弹性计算剪力墙连梁的剪力及相应弯矩时，当某层的连梁弯矩过大，配筋率过高或剪力过大超过剪压比限值时，可适当考虑弯矩调幅，其中静荷载弯矩调幅不大于 20%，地震荷载弯矩调幅不大于 30%。连梁弯矩调幅后，应相应增加墙肢弯矩，以满足平衡条件。

（4）楼板非刚性影响　剪力墙结构由于需要开大洞口或其他建筑要求，各墙肢刚度差异较大。当楼盖刚度较弱时，楼盖变形将影响各片墙的剪力分配。分析表明，当剪力墙的等效刚度比大于 3，且楼盖等效刚度与剪力墙最大等效刚度 I_{eq} 之比小于 2 时，剪力需考虑 1.05~1.30 的放大系数。

7.3.2　剪力墙结构三维有限元计算

虽然简化方法概念清晰，但由于实际工程平面和立面布置复杂，无法满足简化分析中的计算假定。目前均采用专用设计软件或大型结构分析软件进行剪力墙结构的内力分析。在弹性有限元分析中，墙体一般划分为正方形或矩形单元，在单元节点处变形协调。在设计软件中，单元划分一般由程序自动完成。在复杂形状的墙体分析中，如采用大型结构分析软件，也可人为定义和划分复杂节点处的单元。

对于剪力墙结构，一般情况下根据建筑功能确定剪力墙的布置，根据结构经验确定剪力墙的截面尺寸，根据最小配筋率确定墙体的分布钢筋和边缘构件的配筋；然后利用设计软件建立三维有限元模型，得到结构整体刚度矩阵；根据结构所在的地域和设计条件确定荷载和荷载效应组合。一般情况下，地震效应组合起控制作用。通过计算，验算各墙肢和连梁的内力。

第一轮计算结果可能出现楼层弹性位移角偏小或偏大、平面扭转、连梁超筋或轴压比超限等情况，需要根据概念设计原则调整剪力墙布置，增大或减小截面尺寸。在满足规则性、楼层水平位移角和截面最小尺寸的前提下，验算边缘构件配筋率，检查构造措施要求，完成剪力墙设计。

■ 7.4　混凝土剪力墙承载力计算

混凝土剪力墙极限状态下墙体承载力设计与框架柱设计过程基本一致，包括平面内正截面偏心受压或偏心受拉、斜截面受剪、平面外轴心受压承载力验算。在集中荷载作用下，墙内无暗柱时还应进行局部受压承载力验算。在进行截面承载力验算前，首先要确定合理的墙体厚度和连梁截面尺寸，其方法基本与框架柱和框架梁最小截面确定方法一致，需满足地震荷载效应组合下的剪压比、轴压比要求。设计方法是，确立结构平面、结构立面，根据剪力墙最小厚度要求，考虑建筑平面布置和工程经验适当放大，或根据轴压比估算截面厚度。

7.4.1　正截面抗弯承载力验算

剪力墙属于偏心受压或偏心受拉构件。它的特点是：截面呈片状（截面高度 h_w 远大于截面墙板厚度 b_w）；墙板内配有均匀的竖向分布钢筋。通过试验分析，这些分布钢筋都能参与受力，对抵抗弯矩有一定作用，计算中应加以考虑。但是，由于竖向分布钢筋都比较细，易产生压屈现象，所以计算时忽略受压区分布钢筋作用，使设计偏于安全。如有可靠措施防止分布钢筋压屈，也可在计算中计入其受压作用。

和框架柱原理一致，墙肢也可根据破坏形态不同分为大偏压、小偏压、大偏拉和小偏拉等四种情况。根据平截面假定及极限状态下截面应力分布假定，进行简化后得到截面计算公式。

1. 大偏心受压构件正截面承载力计算（$\xi \leqslant \xi_b$）

根据平截面假定，当 $\xi \leqslant \xi_b$ 时，构件为大偏心受压，平衡配筋的受压区高度比为

$$\xi_b = \frac{\beta_1}{1+\dfrac{f_y}{0.0033E_s}} \tag{7-7}$$

式中　β_1——随混凝土强度提高而逐渐降低的系数。

大偏心受压时，极限状态下截面应变状态如图 7-10c 所示。受拉钢筋应力 $\sigma_s = f_y$，分布钢筋达到屈服应力 f_{yw}，图 7-10d 为端部钢筋受压区混凝土及经过简化处理的分布钢筋应力分布。除了未考虑受压区的分布钢筋外，在中和轴附近的分布钢筋应力较小，也不计入，因此，只计算 $h_{w0} - 1.5x$ 范围内的分布钢筋，并认为它们都达到了屈服应力。根据平衡条件，可写出 $\sum N = 0$，$\sum M = 0$ 两个方程式。

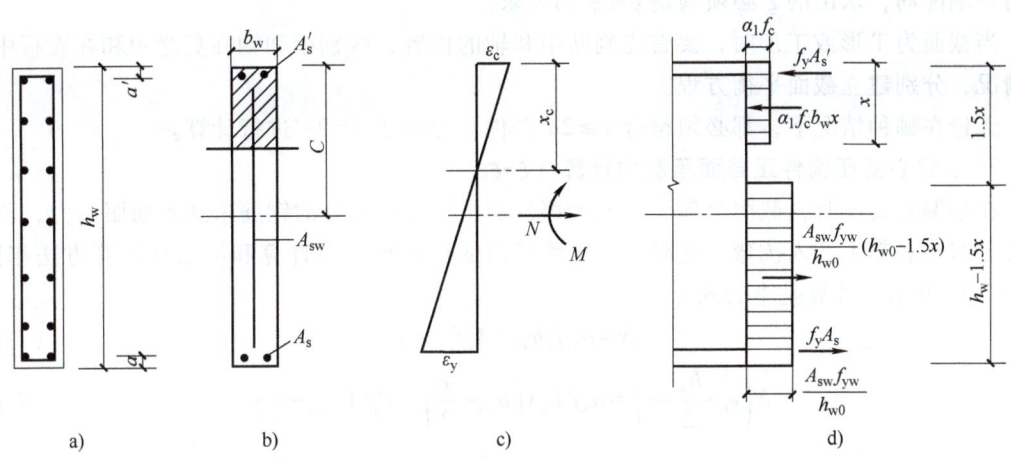

图 7-10 大偏心受压极限应力状态

在矩形截面中，对混凝土受压区中心取矩可得

$$N = \alpha_1 f_c b_w x + A'_s f_y - A_s f_y - (h_{w0} - 1.5x)\frac{A_{sw}}{h_{w0}} f_{yw} \tag{7-8}$$

$$N\left(e_0 - \frac{h_w}{2} + \frac{x}{2}\right) = A_s f_y\left(h_{w0} - \frac{x}{2}\right) + A'_s f_y\left(\frac{x}{2} - a'\right) + (h_{w0} - 1.5x)\frac{A_{sw} f_{yw}}{h_{w0}}\left(\frac{h_{w0}}{2} + \frac{x}{4}\right) \tag{7-9}$$

式中各符号如图 7-10 所示。A_{sw} 为剪力墙腹板中竖向分布钢筋总面积，布置在 h_{w0} 高度范围内，$e_0 = \dfrac{M}{N}$。

在对称配筋下，$A_s = A'_s$，由式（7-9）得到受压区相对高度 ξ 的计算公式为

$$\xi = \frac{x}{h_{w0}} = \frac{N + A_{sw} f_{yw}}{\alpha_1 f_c b_w h_{w0} + 1.5 A_{sw} f_{yw}} \tag{7-10}$$

由式（7-9）展开、移项、忽略 x^2 项，整理后可得

$$M = \frac{A_{sw} f_{yw}}{2} h_{w0}\left(1 - \frac{x}{h_{w0}}\right)\left(1 + \frac{N}{A_{sw} f_{yw}}\right) + A'_s f_y (h_{w0} - a') \tag{7-11}$$

式中第一项为竖向分布钢筋抵抗弯矩，用 M_{sw} 表示；第二项为端部钢筋抵抗弯矩。设计时要求

$$M \leq M_{sw} + A'_s f_y (h_{w0} - a') \tag{7-12}$$

如两端对称配筋，则

$$A_s = A'_s \geq \frac{M - M_{sw}}{f_y (h_{w0} - a')} \tag{7-13}$$

$$M_{sw} = \frac{A_{sw} f_{yw}}{2} h_{w0}\left(1 - \frac{x}{h_{w0}}\right)\left(1 + \frac{N}{A_{sw} f_{yw}}\right) \tag{7-14}$$

在设计时，先根据构造要求给定竖向分布钢筋 A_{sw} 及 f_{yw}，即可求出 M_{sw} 及端部配筋 A_s 和 A'_s。必须验算是否 $\xi \leq \xi_b$，如不满足，则应按小偏心受压计算配筋。

在非对称配筋时，$A_s \neq A'_s$，则需先给定 A_{sw} 及任意一端配筋 A_s 或 A'_s，由基本公式求解 ξ

及另一端配筋,求出的 ξ 必须满足 $\xi \leq \xi_b$ 的要求。

当截面为 T 形或工形时,要首先判断中和轴的位置,区别中和轴在翼缘中和在腹板中两种情况,分别建立截面平衡方程。

无论在哪种情况下,都必须符合 $x \geq 2a'$ 条件,否则按 $x = 2a'$ 进行计算。

2. 小偏心受压构件正截面承载力计算($\xi > \xi_b$)

在小偏心受压时,截面全部受压或大部分受压,受拉部分的钢筋未达到屈服应力,因此所有分布钢筋都不计入抗弯。这时,剪力墙截面的抗弯承载力计算和框架柱计算方法相同,如图 7-11 所示,计算基本公式为

$$N = \alpha_1 f_c b_w x + A'_s f_y - A_s \sigma \tag{7-15}$$

$$N\left(e_0 + \frac{h_w}{2} - a\right) = \alpha_1 f_c b_w x \left(h_{w0} - \frac{x}{2}\right) + A'_s f_y (h_{w0} - a') \tag{7-16}$$

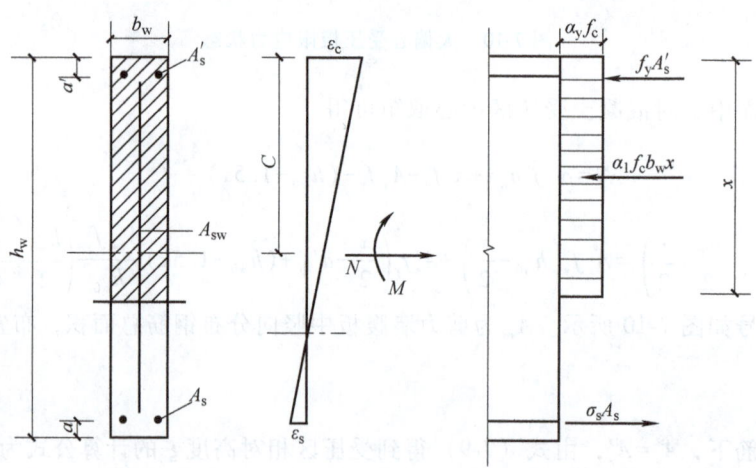

图 7-11 小偏心受压极限应力状态

受拉钢筋应力 σ_s,根据平截面假定确定,为简化计算,可以采用式(7-17)计算

$$\sigma_s = \frac{\xi - \beta_1}{\xi_b - \beta_1} f_y \tag{7-17}$$

在对称配筋情况下,对于常用的 Ⅰ 级、Ⅱ 级钢筋,在求解 ξ 时近似计算公式为

$$\xi = \frac{N - \xi_b \alpha_1 f_c b_w h_{w0}}{\dfrac{Ne - 0.45 \alpha_1 f_c b_w h_{w0}^2}{(\beta_1 - \xi_b)(h_{w0} - a')} + \alpha_1 f_c b_w h_{w0}} + \xi_b \tag{7-18}$$

式中 $e = e_0 + \dfrac{h_w}{2} - a$。

将求出的 ξ 值代入式(7-16),对于对称配筋,可得

$$A_s = A'_s = \frac{Ne - \xi(1 - 0.5\xi)\alpha_1 f_c b_w h_{w0}^2}{f_y (h_{w0} - a')} \tag{7-19}$$

在非对称配筋下,可先按端部构造配筋要求给定 A_s,然后由式(7-18)、式(7-19)求解 ξ 及 A'_s。

如果 $\xi \geqslant \dfrac{h_w}{h_{w0}}$,即全截面受压,此时,$A'_s$ 为

$$A'_s = \dfrac{Ne - \alpha_1 f_c b_w h_w \left(h_{w0} - \dfrac{h_w}{2}\right)}{f_y(h_{w0} - a')} \tag{7-20}$$

墙腹板中的竖向分布钢筋按构造要求配置。

在小偏心受压时,要求验算剪力墙平面外的稳定,此时,按轴心受压构件计算。

3. 偏心受拉承载力计算

当墙肢截面承受拉力时,由偏心距大小判别其属于大偏心受拉还是小偏心受拉。$e_0 \geqslant \dfrac{h}{2} - a$ 时为大偏心受拉,$e_0 < \dfrac{h}{2} - a$ 时为小偏心受拉。

在大偏心受拉情况下(图 7-12),截面部分受压,极限状态下的截面应力分布与大偏心受压相同,忽略受压区及中和轴附近分布钢筋作用,基本计算公式与大偏心受压相似,但轴力的符号不同,即

$$-N = \alpha_1 f_c b_w x + A'_s f_y - A_s f_y - (h_{w0} - 1.5x)\dfrac{A_{sw}}{h_{w0}} f_{yw} \tag{7-21}$$

$$N\left(e_0 + \dfrac{h_w}{2} - \dfrac{x}{2}\right) = A_s f_y\left(h_{w0} - \dfrac{x}{2}\right) + A'_s f_y\left(\dfrac{x}{2} - a'\right) + (h_{w0} - 1.5x)\dfrac{A_{sw} f_{yw}}{h_{w0}}\left(\dfrac{h_{w0}}{2} + \dfrac{x}{4}\right) \tag{7-22}$$

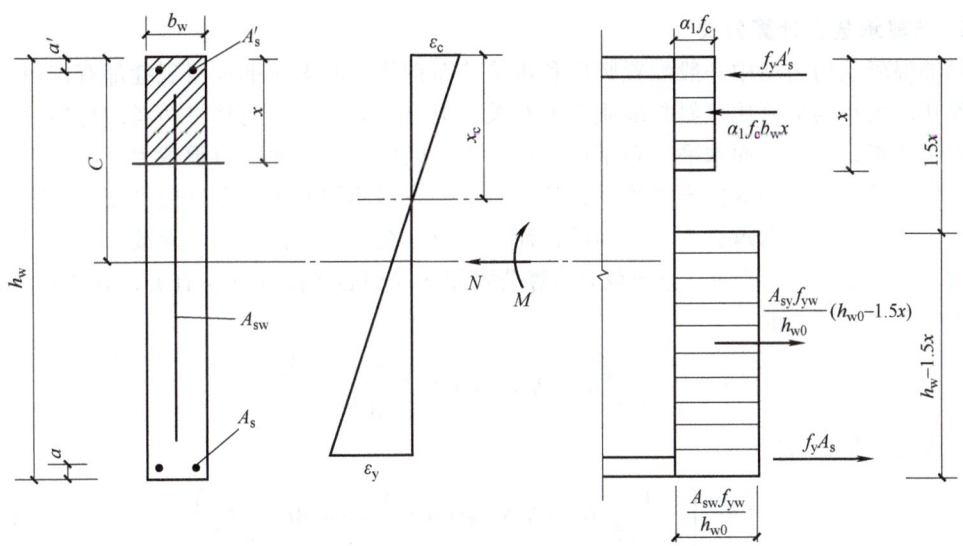

图 7-12 大偏心受拉极限应力状态

因此,在对称配筋时,计算公式与大偏压相似,仅轴力 N 的有关项需变号,即

$$\xi = \dfrac{-N + A_{sw} f_{yw}}{\alpha_1 f_c b_w h_{w0} + 1.5 A_{sw} f_{yw}} \tag{7-23}$$

$$M \leqslant M_{sw} + A'_s f_y(h_{w0} - a') \tag{7-24}$$

$$M_{sw} = \frac{A_{sw} f_{yw}}{2} h_{w0} \left(1 - \frac{x}{h_{w0}}\right) \left(1 - \frac{N}{A_{sw} f_{yw}}\right) \quad (7-25)$$

与大偏心受压情况类似，需先给定分布钢筋 A_{sw} 及 f_{yw}。但是，由式（7-23）可知，给定的分布钢筋除应满足构造要求外，还必须满足式（7-26），才能保证截面上 $\xi>0$，即存在受压区

$$A_{sw} > \frac{N}{f_{yw}} \quad (7-26)$$

计算 A_s 和 A_s' 的公式可参照大偏压构件计算中的式（7-13）。

在小偏心受拉情况下，或大偏心受拉而混凝土受压区很小（$x \leq 2a'$）时，按全截面受拉假定计算配筋。当对称配筋时，用式（7-27）近似校核承载能力

$$N \leq \frac{1}{\frac{1}{N_{0u}} + \frac{e_0}{M_{wu}}} \quad (7-27)$$

式中

$$N_{0u} = 2A_s f_y + A_{sw} f_{yw} \quad (7-28)$$
$$M_{wu} = A_s f_y (h_{w0} - a') + 0.5 h_{w0} A_{sw} f_{yw} \quad (7-29)$$

若考虑地震作用，则采用地震效应组合后的设计值，承载力计算公式要考虑抗震调整系数，即在上述正截面承载力验算中公式的右边都要乘以 $\frac{1}{\gamma_{RE}}$。

7.4.2 斜截面抗剪承载力验算

1. 抗剪承载力计算公式

钢筋混凝土剪力墙中一般配置竖向和水平分布钢筋，两者对抵抗斜裂缝都有作用，它们各自作用的大小与剪跨比、斜裂缝倾斜度有关。但是在设计中，通常将两者的功能分开：竖向分布钢筋抵抗弯矩，而水平分布钢筋抵抗剪力。因此，斜截面抗剪承载力计算的主要目的是在给定的截面尺寸和混凝土等级下，计算水平分布钢筋的面积。由试验可知，截面上存在一定的轴向压力对抗剪承载力是有利的，而轴向拉力会减小斜截面抗剪承载力。

偏心受压及受拉斜截面抗剪承载力验算公式如下（偏心受拉时与 N 有关，取 "−" 号）：

无地震作用组合时

$$V \leq \frac{1}{\lambda - 0.5} \left(0.5 f_t b_w h_{w0} \pm 0.13 N \frac{A_w}{A}\right) + f_{yh} \frac{A_{sh}}{s} h_{w0} \quad (7-30)$$

有地震作用组合时

$$V \leq \frac{1}{\gamma_{RE}} \left[\frac{1}{\lambda - 0.5} \left(0.4 f_t b_w h_{w0} \pm 0.1 N \frac{A_w}{A}\right) + 0.8 f_{yh} \frac{A_{sh}}{s} h_{w0} \right] \quad (7-31)$$

式中 V——设计剪力，一至三级抗震等级设计及9度设防烈度时由"强剪弱弯"要求计算得到，其他情况则取内力组合得到的最大计算剪力；

A——剪力墙截面全面积；

A_w——工形或T形截面中腹板的面积，矩形截面 $A_w = A$；

N——与剪力相应的轴向压力或拉力，如 $N > 0.2 f_c b_w h_{w0}$，则取 $N = 0.2 f_c b_w h_{w0}$；

f_{yh}——水平分布钢筋抗拉设计强度；

A_{sh}——配置在同一水平截面内水平分布钢筋的全部截面面积；

s——水平分布钢筋间距；

λ——截面剪跨比，当 $\lambda < 1.5$ 时，取 $\lambda = 1.5$；当 $\lambda > 2.2$ 时，取 $\lambda = 2.2$。剪跨比由计算截面所承受的弯矩和剪力及截面高度求出

$$\lambda = \frac{M}{Vh_{w0}} \tag{7-32}$$

当截面受拉力而使式（7-30）或式（7-31）右边第一项小于零时，取其等于零，验算时不考虑混凝土作用，即

$$V \leqslant f_{yh} \frac{A_{sh}}{s} h_{w0} \tag{7-33}$$

或

$$V \leqslant \frac{1}{\gamma_{RE}} \left(0.8 f_{yh} \frac{A_{sh}}{s} h_{w0} \right) \tag{7-34}$$

2. 剪力墙截面尺寸及轴压比验算

剪力墙中斜裂缝出现可能有两种情况。一种是由弯曲受拉边缘先出现水平裂缝，然后向倾斜方向发展成为斜裂缝；另一种是因墙体中部主拉应力过大而出现斜向裂缝，然后向两边缘发展。当剪力墙截面过小或混凝土强度等级选择不恰当时，截面剪应力过高，只能用加大混凝土截面或提高混凝土等级来防止，在设计中则从限制截面的剪压比来体现这一要求。

为了避免剪力墙斜压破坏，要限制剪压比，即混凝土截面平均剪应力与混凝土抗压强度比值，因此，剪力的截面尚应符合下列要求：

无地震作用组合时

$$V_w \leqslant 0.25 \beta_c f_c b_w h_{w0} \tag{7-35}$$

有地震作用组合，且剪跨比 $\lambda > 2.5$ 时

$$V_w \leqslant \frac{1}{\gamma_{RE}} (0.20 \beta_c f_c b_w h_{w0}) \tag{7-36}$$

有地震作用组合时，且剪跨比 $\lambda \leqslant 2.5$ 时

$$V_w \leqslant \frac{1}{\gamma_{RE}} (0.15 \beta_c f_c b_w h_{w0}) \tag{7-37}$$

当不满足上述要求时，应加大截面尺寸或提高混凝土强度等级。

在高层剪力墙结构中，剪力墙的高度较大，竖向荷载也较大，作用在剪力墙截面上的轴压应力也随之增大。当偏心受压剪力墙所受轴压力较大时，墙肢截面受压区高度增大，与偏心受压的钢筋混凝土柱类似，延性就会降低，对抗震性能不利。因此，为保证在地震作用下剪力墙具有良好的延性，需要限制剪力墙轴压比的大小。抗震设计时，抗震等级一级、二级、三级的剪力墙墙肢的轴压比不宜超过表 7-6 中的限值。

表 7-6 剪力墙墙肢轴压比限值

抗震等级（设防烈度）	一级（9度）	一级（7度、8度）	二级、三级
轴压比限值	0.4	0.5	0.6

注：剪力墙墙肢轴压比是指在重力荷载代表值作用下墙的轴压力设计值与墙的全截面面积和混凝土轴心抗压强度设计值乘积的比值。

截面受压区高度不仅与轴压力有关，而且与截面形状有关。在相同的轴压力作用下，带翼缘的剪力墙受压区高度较小，延性相对较好。因此，对截面形状为一字形的矩形剪力墙墙肢应从严控制其轴压比。

7.4.3 连梁截面承载力验算

剪力墙中的连梁通常跨度较小而梁高较大，在住宅、旅馆等建筑中采用剪力墙结构时，连梁跨高比可能小于2.5，有时接近1。这种连梁的受力性能与一般竖向荷载作用下的深梁不同的是竖向荷载产生的弯矩与剪力不大，在水平荷载作用下它与墙肢相互作用产生的端部弯矩与剪力较大，容易在连梁端部出现斜裂缝，特别在反复荷载作用下易形成交叉裂缝，导致剪切破坏。因此，连梁设计是剪力墙设计中的一个重要组成部分。

1. 连梁截面验算

剪跨比 $\lambda>2.5$ 的连梁应满足

$$V \leqslant \frac{1}{\gamma_{RE}}(0.20 f_c b h_0) \tag{7-38}$$

剪跨比 $\lambda \leqslant 2.5$ 的连梁应满足

$$V = \frac{1}{\gamma_{RE}}(0.15 f_c b h_0) \tag{7-39}$$

这里连梁两端的剪力设计值应按抗震要求进行调整，式（7-38）和式（7-39）中变量的物理意义和取值同框架梁，这里不再赘述。

2. 连梁正截面承载力验算

连梁通常采用对称配筋 $A_s = A_s'$。对称配筋时可以采用简化公式，即

$$M \leqslant f_y A_s (h_{b0} - a') \tag{7-40}$$

式中　A_s——受力纵向钢筋面积；

$h_{b0} - a'$——上、下受力钢筋中心之间的距离。

3. 连梁斜截面承载力验算

无地震作用组合时，应满足

$$V_b \leqslant 0.7 f_t b_b h_{b0} + f_{yv} \frac{A_{sv}}{s} h_{b0} \tag{7-41}$$

有地震作用组合，且跨高比大于2.5时，应满足

$$V_b \leqslant \frac{1}{\gamma_{RE}} \left(0.42 f_t b_b h_{b0} + f_{yv} \frac{A_{sv}}{s} h_{b0} \right) \tag{7-42}$$

有地震作用组合，且跨高比不大于2.5时，应满足

$$V_b \leqslant \frac{1}{\gamma_{RE}} \left(0.38 f_t b_b h_{b0} + 0.9 f_{yv} \frac{A_{sv}}{s} h_{b0} \right) \tag{7-43}$$

连梁中配筋形式如图7-7所示。顶层连梁纵向钢筋锚固长度内应设置箍筋。在跨高比不大于2.5的连梁中，梁两侧的纵向分布钢筋的面积配筋率应不低于0.25%，并可将墙肢中水平钢筋与连梁沿梁高配置的腰筋连续配置，从而加强剪力墙的整体性。对于连体结构、错层结构以及B级高度高层建筑结构中的剪力墙（筒体），抗震等级一级、二级剪力墙跨高比不

大于 2，且厚度不小于 200mm 的连梁，除普通箍筋外宜另设斜向交叉构造配筋以提高抗剪承载力。

7.4.4 剪力墙施工缝的抗滑移验算

剪力墙的水平施工缝是受剪的薄弱部位，特别是当剪应力较高、轴压力较小，甚至出现拉应力时，一级剪力墙的施工缝截面应进行抗滑移验算，此时只考虑钢筋及摩擦力的作用，应满足

$$V_{wj} \leq \frac{1}{\gamma_{RE}}(0.6f_y A_s + 0.8N) \tag{7-44}$$

式中　V_{wj}——剪力墙水平施工缝处剪力设计值；
　　　f_y——竖向钢筋抗拉强度设计值；
　　　A_s——水平施工缝处剪力墙腹板内竖向分布钢筋和边缘构件中的竖向钢筋总面积（不包括两侧翼墙），以及在墙体中有足够锚固长度的附加竖向插筋面积；
　　　N——水平施工缝处考虑地震作用组合的轴向力设计值，压力取正值，拉力取负值。

当不满足式（7-44）要求时，应补充短钢筋，在施工缝的上下应满足锚固长度。

■ 7.5　短肢剪力墙结构

7.5.1　短肢剪力墙的特点

短肢剪力墙结构是指墙肢的长度为厚度的 5~8 倍的剪力墙结构，常用的有 T 形、L 形、十字形、Z 形、折线形、一字形。这种结构形式是为尽可能满足空间布置要求而诞生的，其特点是：结合建筑平面功能需求，便于空间的灵活布置；与普通剪力墙结构相比，墙肢长度明显减小，抗侧刚度和抗剪承载力明显减小，结构的总高度有限；墙肢长度小，结构延性较好。

高层建筑结构不应采用全部短肢剪力墙的剪力墙结构，当短肢剪力墙较多时，应布置筒体（或一般剪力墙），形成短肢剪力墙与筒体（或一般剪力墙）共同抵抗水平力的剪力墙结构。如果在剪力墙结构中，只有个别小墙肢，可作为一般剪力墙结构设计。

短肢剪力墙结构的最大适用高度宜低于普通剪力墙的最大高度，7 度和 8 度设防烈度抗震设计时分别不应大于 100m 和 60m。B 级高度高层建筑和 9 度设防烈度抗震设计的 A 级高度高层建筑，不应采用具有较多短肢剪力墙的剪力墙结构。

短肢剪力墙的受力、变形特征介于框架结构和剪力墙结构之间。

7.5.2　受力特点

对短肢剪力墙结构的设计计算，因其是剪力墙大开口而成，所以基本上与普通剪力墙结构分析相同，可采用三维杆-系薄壁柱空间分析方法或空间杆-墙组元分析方法。

在进行以上分析后，按《高层建筑混凝土结构技术规程》（JGJ 3—2010）进行截面与构造设计，相对于异形柱结构，短肢剪力墙结构的理论与实践较为成熟，但这种结构在结构设计中仍然有需引起重视的方面：

1）由于短肢剪力墙结构相对于普通剪力墙结构其抗侧刚度相对较小，设计时宜布置适当数量的长墙，或利用电梯、楼梯间形成刚度较大的内筒，以避免设防烈度下结构产生大的变形，同时也可以形成两道抗震设防。

2）短肢剪力墙结构的抗震薄弱部位是建筑平面外边缘的角部处的墙肢，当有扭转效应时，会加剧已有的翘曲变形，使其墙肢首先开裂，应加强其抗震构造措施，如减小轴压比，增大纵向钢筋和箍筋的配筋率。

3）高层短肢剪力墙结构在水平力作用下，显现整体弯曲变形为主，底部外围小墙肢承受较大的竖向荷载和扭转剪力，由一些模型试验反映出外周边墙肢开裂，因而对外周边墙肢应加大厚度和配筋量，加强小墙肢的延性抗震性能。短肢墙应在两个方向上均有连接，避免形成孤立的"一"字形墙肢。

4）各墙肢分布要尽量均匀，使其刚度中心与建筑物的形心尽量接近，必要时用长肢墙来调整刚度中心。

5）短肢剪力墙结构中的连梁受力特性接近框架梁，计算时应按框架梁要求，按"强剪弱弯""强柱弱梁"的延性要求进行设计。

7.5.3 短肢剪力墙的抗震设计

短肢剪力墙截面较小，接近框架柱的截面长宽比，但截面宽度又较小，因此其单片墙体的抗剪承载力和抗侧刚度较小，在水平力作用下短肢墙体出现一定的剪切变形。设计时，如果将短肢剪力墙假定为二维墙单元，可能过高估计其抗剪刚度和抗剪承载力；若按一维杆单元假定，则可能低估其抗剪能力。因此，针对短肢剪力墙结构的有限元分析，应根据截面的特点选用合适的有限单元假定，慎重选择计算参数和折减系数，了解计算软件中单元的特点，加强对计算结果的合理性判断。

针对短肢剪力墙结构的抗震设计，应注意以下设计要点：

1）地震区高层建筑中可部分采用短肢剪力墙，不宜采用仅有短肢剪力墙的高层建筑，宜采用短肢剪力墙与混凝土核心筒或与一般剪力墙形成共同抵抗水平力的结构体系，以形成多道抗震防线。

2）短肢剪力墙结构平面布置应合理、对称、均匀，质量中心与刚度中心应尽可能重合，短肢剪力墙布置应以T形、L形、一字形、十字形为主，以增加短肢剪力墙抗扭性能和出平面外稳定性能。

3）当有扭转效应时，宜加强其抗震构造措施，如增大截面厚度、减小轴压比、增加纵向钢筋和箍筋等，以避免短肢剪力墙翘曲变形加剧。

4）短肢剪力墙结构中，核心筒体和一般剪力墙承受的第一振型底部地震倾覆力矩不宜小于结构总底部地震倾覆力矩的50%，其目的是限制短肢剪力墙的数量。

5）短肢剪力墙的抗震等级应比一般剪力墙的抗震等级提高一级，其目的是从构造上提高短肢剪力墙的抗变形能力。

6）短肢剪力墙在重力荷载代表值作用下产生的轴力设计值的轴压比，抗震等级一级、二级、三级时分别不宜大于0.5、0.6和0.7；对于无翼缘或端柱的一字形短肢剪力墙，其轴压比限值相应降低0.1，其目的是提高结构的抗震性能。

7）除底部加强部位按一般剪力墙调整剪力设计值外，其他各层短肢剪力墙的剪力设计值，抗震等级一级、二级时分别乘以增大系数1.4和1.2，以避免短肢剪力墙过早发生剪切破坏。

8）短肢剪力墙截面的全部纵向钢筋的配筋率，底部加强部位不宜小于1.2%，其他部位不宜小于1.0%，以保证短肢剪力墙具有一定的抗弯承载力。

9）短肢剪力墙截面厚度不应小于200mm，以保证墙体平面外受力性能。

10）7度和8度抗震设计时，短肢剪力墙宜设置翼缘，一字形短肢剪力墙平面外不宜布置与之单侧相交的楼面梁，以避免平面外弯曲破坏或失稳破坏。

7.6 案例分析——高层混凝土剪力墙住宅设计

7.6.1 工程概况

某高层住宅楼，位于上海地区，其建筑平面近似矩形，长约22m，宽约15m，标准层层高为2.9m，房屋总高度约83m，地下室1层，地上28层，基础形式为桩筏基础。建筑标高±0.000相当于绝对标高6.400m，室内外高差为300mm。该住宅楼户型为跃层户型，一户占两个楼层，上下层间采用钢楼梯相连，客厅采用中空设计，建筑平面图如图7-13所示。

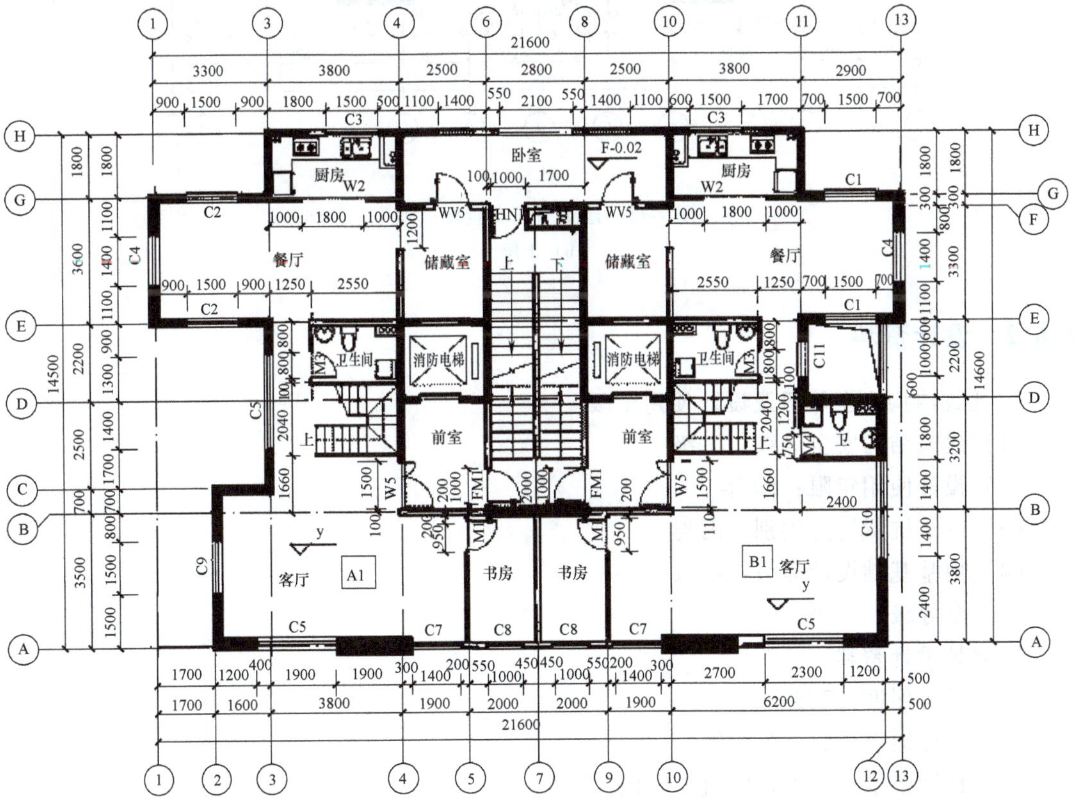

图 7-13 建筑平面布置图
a）下层

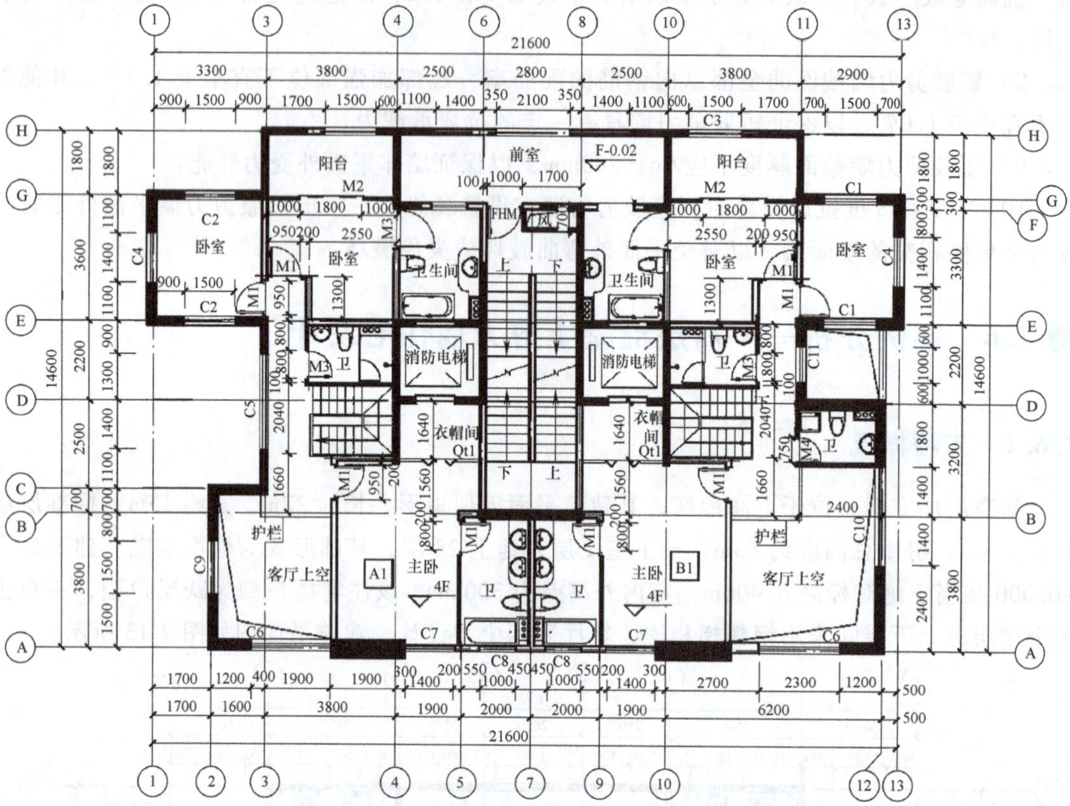

图 7-13 建筑平面布置图（续）
b）上层

7.6.2 设计资料

1. 建筑结构安全等级及设计使用年限

（1）建筑结构安全等级：二级

（2）设计使用年限：50 年

（3）建筑抗震设防类别：丙类

（4）地基基础设计等级：乙级

（5）全等级：二级

2. 场地设计资料

（1）设防烈度：7 度

（2）设计地震分组：第一组

（3）设计基本地震加速度值：0.1g

（4）建筑场地类别：四类

（5）特征周期 $T_g = 0.9s$

（6）修正后基本风压 $w_0 = 0.60 \text{kN/m}^2$

(7) 地面粗糙度：C 类

7.6.3 设计依据

设计依据包含：设计规范和标准、参考图集、地质资料等，具体内容略。

7.6.4 结构布置

根据设计要求，房屋总高度约为 83m，根据《高层建筑混凝土结构技术规程》（JGJ 3—2010）7 度设防烈度时，全部落地剪力墙最大适用高度为 120m，选用剪力墙结构可满足设计要求。此外，剪力墙结构整体性好，刚度大，抗震性能好，同时由于住宅中开间偏小，分隔墙较多，剪力墙既能承载，又有隔墙的功能，结构体系经济合理，故采用剪力墙结构。根据该建筑所在场地及建筑物高度，该剪力墙抗震等级为 2 级。

根据规范要求，剪力墙结构布置时，平面上宜简单、规则，在两个主轴方向上均需设有剪力墙，且相互整体连接、互为翼缘，两方向的抗侧刚度不宜相差过大，墙段长度不宜大于 8m；立面上宜规则、均匀，做到自上到下连续布置，避免刚度突变。此外，在剪力墙上布置门洞时，宜上下对齐，成列布置，形成明确的墙肢和连梁。根据规范要求和建筑功能的需求，本结构方案的剪力墙主要布置在建筑外部、电梯井及楼梯处，平面布置如图 7-14 所示。

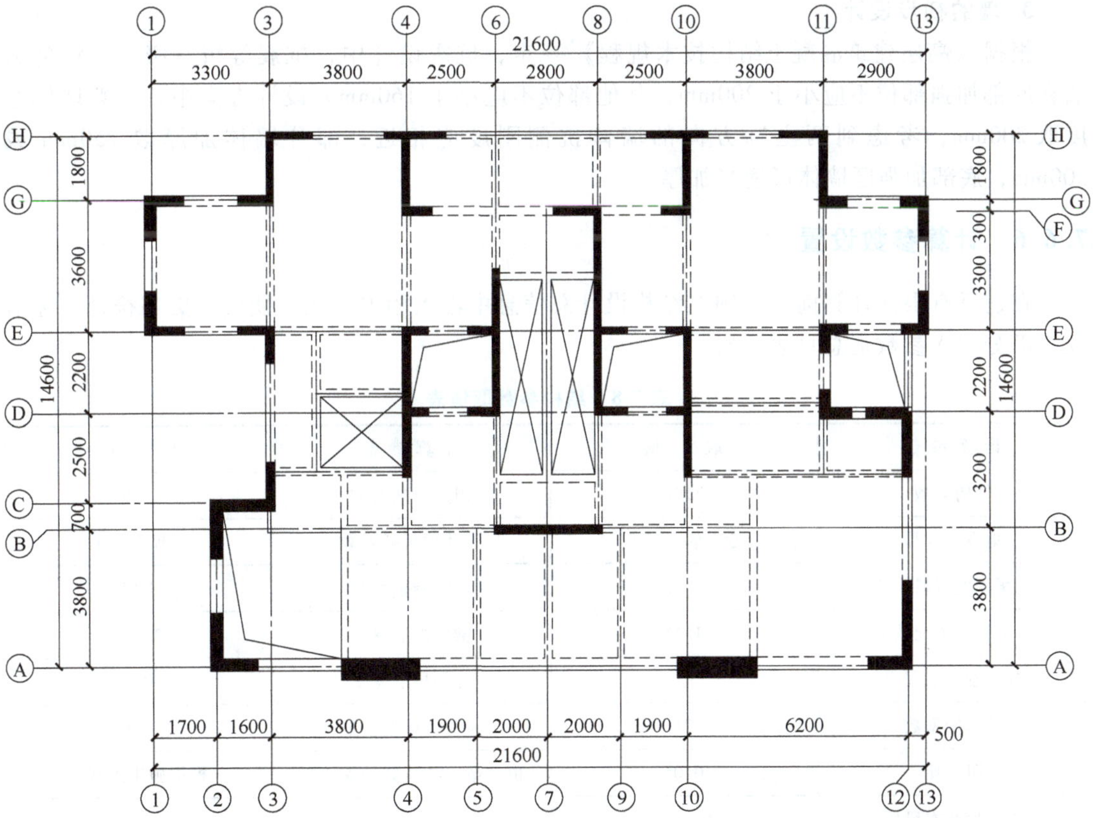

图 7-14 剪力墙平面布置

7.6.5 构件截面尺寸初步设计

1. 板的初步设计

板的厚度根据跨厚比进行预估,其中单向板跨厚比不大于30,双向板跨厚比不大于40,同时尚应满足相关规范对楼板厚度最小限值的要求。根据《上海市住宅设计标准》(DGJ 08-20-2019)规定,居住空间现浇楼板、屋面板设计厚度不得小于110mm,厨房、卫生间、阳台板不得小于90mm,并应有减少楼面、屋面开裂的措施。根据规范要求及房间开间的大小,楼板厚度初步预估见表7-7。

表7-7 楼板厚度预估

房间类别	一般房间	厨卫	客厅	阳台板	储藏房	屋面
楼板厚度	120mm	90mm	120mm,130mm	90mm	90mm	120mm

2. 梁的初步设计

一般梁的高度可按照跨高比进行初步预估,即梁高 $h=(1/12\sim1/8)L$,梁宽 $b=(1/3\sim1/2)h$,同时应以50mm为模数。梁按连梁设计时,跨高比应小于5,同时应按照《高层建筑混凝土结构技术规程》(JGJ 3—2010)第7章的有关规定进行设计,跨高比不小于5的连梁宜按框架梁设计。

3. 墙的初步设计

根据《高层建筑混凝土结构技术规程》规定,抗震设计中,抗震等级一级、二级剪力墙在底部加强部位不应小于200mm,其他部位不应小于160mm。设计方案中,一般墙体厚度取200mm,考虑到两主轴方向的墙体抗侧刚度应相近,部分墙体加厚取250mm或300mm,底部加强区墙体可适当加厚。

7.6.6 计算参数设置

在进行有限元计算前,必须在结构设计总信息中输入相关参数,使模型更加符合实际情况,部分输入参数汇总见表7-8。

表7-8 结构参数取值表

计算参数	取值	计算参数	取值
结构类型	剪力墙结构	周期折减系数	1.0
地震力计算	考虑偶然偏心	活荷载折减系数	按规范取值
连梁刚度折减系数	0.55	弯矩调幅系数	0.85
实配钢筋超配系数	1.15	梁保护层厚度	25mm
强制刚性板假定	是	柱保护层厚度	30mm
计算振型数	21	风荷载体型系数	1.3
阻尼比	0.05	恒荷载、活荷载计算信息	模拟施工加载3
修正后基本风压	0.60kN/m²		

7.6.7 结构的动力特性

结构的动力特性主要包括周期、频率、阻尼比等。在进行结构动力特性计算时，为保证质量参与系数满足规范要求，取前15个模态周期及平动和扭转系数，见表7-9。根据计算结果可得，第1振型和第2振型为平动振型，第3振型为扭转振型。结构前三阶振型图如图7-15所示。

表7-9 结构前15阶振型自振周期及振动方向

振型号	周期/s	转角/(°)	平动系数（$X+Y$）	扭转系数
1	1.8833	42.56	1.00（0.54+0.46）	0.00
2	1.8059	132.43	1.00（0.46+0.54）	0.00
3	1.0673	167.45	0.01（0.00+0.00）	0.99
4	0.5632	10.55	1.00（0.97+0.03）	0.00
5	0.5025	100.35	1.00（0.03+0.96）	0.00
6	0.3512	165.09	0.02（0.01+0.00）	0.98
7	0.2898	6.37	0.99（0.98+0.01）	0.01
8	0.2429	95.82	0.99（0.01+0.98）	0.01
9	0.1944	179.03	0.31（0.30+0.01）	0.69
10	0.1883	6.18	0.70（0.69+0.01）	0.30
11	0.1537	93.65	0.98（0.01+0.97）	0.02
12	0.1387	2.65	0.96（0.96+0.01）	0.04
13	0.1292	153.16	0.05（0.03+0.02）	0.95
14	0.1213	174.79	0.13（0.13+0.01）	0.87
15	0.1086	89.89	0.93（0.14+0.79）	0.07

7.6.8 结构总体反应分析

1. 层间位移角

剪力墙结构的层间位移角限值为1/1000。本结构层间位移角如图7-16所示，其中X方向的最大层间位移角为1/1335，发生在X方向地震作用工况下的15层；Y方向的最大层间位移角为1/1277，发生在Y方向地震作用工况下的16层，两者均满足要求。

2. 轴压比

由《高层建筑混凝土结构技术规程》（JGJ 3—2010）可查得，抗震等级二级的剪力墙结构，其剪力墙轴压比限值为0.60，而本案例结构轴压比最大值为0.55，满足要求。

3. 周期比

根据《高层建筑混凝土结构技术规程》规定，结构扭转为主的第一自振周期T_t与结构平动为主的第一自振周期T_1之比，A级高度高层建筑不应大于0.9。

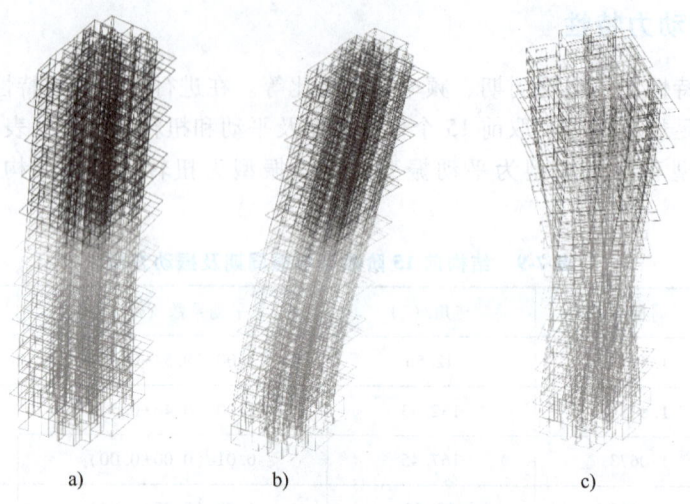

图 7-15　结构前三阶振型图

a) 振型 1　b) 振型 2　c) 振型 3

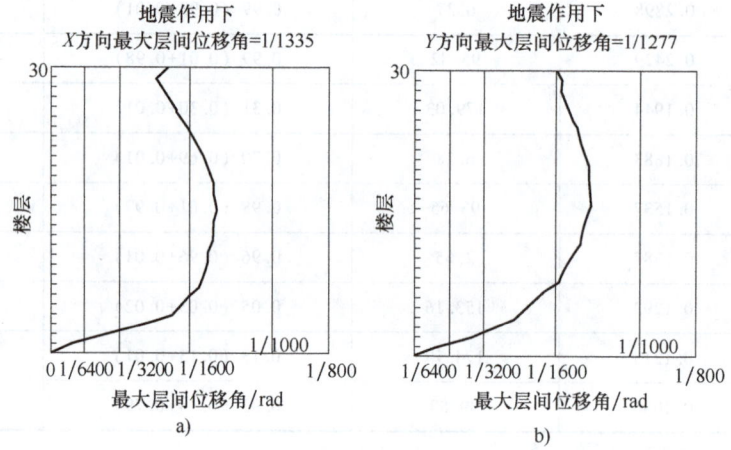

图 7-16　层间位移角曲线

a) X 方向最大层间位移角曲线　b) Y 方向最大层间位移角曲线

本结构第一平动周期 T_1 为 1.88s，第一扭转周期 T_t 为 1.07s，$T_t/T_1=0.57$，满足要求。

4. 位移比

根据《高层建筑混凝土结构技术规程》(JGJ 3—2010) 规定，在考虑偶然偏心影响的规定水平地震力作用下，楼层竖向构件最大的水平位移和层间位移，A 级高度高层建筑不宜大于该楼层平均值的 1.2 倍，不应大于该楼层平均值的 1.5 倍。本案例工程 X 方向最大位移和最大层间位移与其平均位移的比值分别为 1.08 和 1.16；Y 向分别为 1.12 和 1.18，均满足要求。

5. 刚度比

根据《高层建筑混凝土结构技术规程》规定，对于剪力墙结构，本层与相邻上层的抗侧刚度比不宜小于 0.9。本结构中本层与相邻上层刚度的比值最小值为 1.0，满足要求。

6. 最小剪力系数

根据《高层建筑混凝土结构技术规程》规定，最小剪力系数限值为 1.6%。本结构 X 方向最小剪力系数为 3.05%，Y 方向最小剪力系数为 3.06%，均满足要求。

7. 刚重比

根据《高层建筑混凝土结构技术规程》规定，对于弯剪型的剪力墙结构、框架-剪力墙结构及筒体结构，当刚重比大于 1.4 时，结构能够保持整体稳定；当刚重比大于 2.7 时，重力二阶效应导致的内力和位移增量仅在 5% 左右，故此时可以不考虑重力二阶效应。本案例结构刚重比最小为 7.20，满足要求，无须考虑重力二阶效应。

8. 层间抗剪承载力

根据《高层建筑混凝土结构技术规程》规定，A 级高度高层建筑的楼层抗侧力结构的层间抗剪承载力不宜小于相邻上一层抗剪承载力的 80%，不应小于其相邻上一层抗剪承载力的 65%。本案例结构中本层与相邻上层抗剪承载力的比值的最小值为 0.82，满足要求。

9. 有效质量系数

《高层建筑混凝土结构技术规程》（JGJ 3—2010）规定，抗震设计时宜考虑平扭耦联计算结构的扭转效应，振型数不应小于 15，且计算振型数应使各振型参与质量之和不小于总质量的 90%。本案例中，计算的振型数为 21，X 方向的有效质量系数为 97.32%，Y 方向的有效质量系数为 97.10%，满足要求。

10. 结构质量信息

根据结构自重及输入的荷载信息，可得结构的质量信息，其中活荷载产生的总质量和结构的总质量是活荷载折减后的结果。恒荷载和活荷载产生的总质量分别为 11768.208t 和 857.608t；结构总质量为 12625.815t。

综上所述，该结构各项指标均符合规范要求，结构合理可行。

7.6.9 构件计算及配筋结果

1. 楼板验算及配筋结果

楼板配筋计算与多层框架结构混凝土板的设计方法相同，但考虑高层建筑中楼板是协同竖向构件变形的关键水平向构件，楼板一般采用双层双向配筋。

（1）楼板内力计算 在进行计算之前，必须先对相关计算参数进行设置，使计算模型符合实际情况，这样才能保证计算结果的正确性。对各房间板的边界条件按以下边界条件假定：

1）边界两侧均有现浇板且两侧楼板没有错层时，支座两侧均设置为固定边界。
2）边界两侧均有现浇板，但存在错层时，支座两侧均设置为简支边界。
3）边支座（或与全房间洞相邻）且外侧没有布置悬挑板时，边支座设置为简支边界。
4）边支座（或与全房间洞相邻）且外侧布置悬挑板时，边支座设置为固定边界。

设置完相关参数后，即可进行板的内力计算，程序根据弹性计算公式对板的内力进行计算。

（2）楼板配筋计算 在完成板的内力计算之后，程序会取相应位置 1m 板带作为计算单元，再根据相应的计算参数，如钢筋级别、最小配筋率等计算出相应的钢筋计算面积。但是程序所给出的仅作为参考，实际配筋时应考虑施工的便利性、钢筋的贯通等要求，同时考虑规范中规定的"应有减少楼面、屋面开裂的措施"条文，楼板配筋采用双层双向配筋，各板具体配筋情况略。

（3）楼板裂缝和挠度验算 根据《混凝土结构设计规范》（GB 50010—2010）（2015年版）规定，楼板裂缝应满足最大裂缝宽度不大于0.3mm的要求。在程序中对每层楼板进行查验可得，各层楼板最大裂缝宽度均未超过规范限制，满足设计要求。

根据《混凝土结构设计规范》规定，楼板的挠度可按照结构力学方法计算，且不应超过计算跨度的1/200（计算跨度小于7m时）。在程序中对每层楼板进行查验可得，各层楼板最大挠度均未超过规范限制，满足设计要求。

2. 梁验算及配筋结果

（1）梁内力计算 梁内力计算是在整体有限元分析中完成的，在计算前应进行补充定义分析和设计参数操作，与梁内力计算相关的参数列举见表7-10。

表7-10 梁内力计算参数表

计算参数	取值	计算参数	取值
梁端负弯矩调幅系数	0.85	梁扭矩折减系数	0.4
梁活载内力放大系数	1	连梁刚度折减系数	0.55
梁刚度放大系数	按规范取值	梁保护层厚度	25mm
梁主筋级别	HRB400	梁箍筋级别	HPB300

设置完成相关参数后，即可进行梁的内力计算，计算后可得梁的内力分布和包络图。

（2）梁配筋计算 程序可根据梁的内力分布和配筋包络自动计算梁所需的钢筋。在配筋之前，需要将相互连接的几跨梁串联成一根连续梁来整体分析。程序计算所得的计算钢筋面积仅作为参考，实际配筋时还考虑了施工便利性、构造钢筋设置等，各梁配筋本书略。

（3）梁裂缝和挠度验算本书略

3. 墙验算及配筋结果

（1）墙内力计算 墙内力计算也是在整体有限元分析中完成的，计算前进行补充定义分析和设计参数操作，与墙体计算相关的参数列举见表7-11。

表7-11 墙内力计算参数表

计算参数	取值	计算参数	取值
墙实配钢筋超配系数	1.15	墙水平分布钢筋级别	HRB400
墙竖向分布钢筋级别	HRB400	边缘构件箍筋级别	HRB400
底部加强区墙竖向分布钢筋配筋率	0.40%	非加强区墙竖向分布钢筋配筋率	0.25%

（2）墙配筋计算 墙进行配筋时，将墙分为墙身、墙柱和墙梁三个部分分别进行配筋，其中墙身为墙的主体部分，配置竖向、水平两个方向的分布钢筋及拉筋；墙柱指设于墙肢端部的暗柱、转角墙、端柱、翼墙等边缘构件；墙梁指连梁和暗梁。根据计算所得的配筋面积可进行剪力墙的配筋。

（3）墙轴压比验算 根据《高层建筑混凝土结构技术规程》（JGJ 3—2010）规定，重力荷载代表值作用下，二级剪力墙墙肢的轴压比不宜超过 0.6。在程序中对各层墙体进行查验可得，各层墙体轴压比均未超过规范限值，故满足设计要求。

 思考题

1. 高层剪力墙结构的特点是什么？与框架结构相比有什么不同？
2. 试举例说明剪力墙结构与框架结构楼层最大高度、楼层水平位移、楼层层间位移角、轴压比的不同。
3. 高层剪力墙结构可采用什么结构材料？我国最常见的剪力墙结构的材料是什么？
4. 剪力墙结构的布置有哪些要求？
5. 如何提高剪力墙的延性？为什么剪力墙墙肢不宜过长？
6. 什么是短肢剪力墙？在地震区，可否采用全部短肢剪力墙以提高结构的延性？
7. 针对短肢剪力墙结构，设计中应注意什么？为什么？
8. 简化计算中，根据洞口大小分类的剪力墙的设计假定有什么不同？
9. 小开口剪力墙与开有小洞口的整体剪力墙有什么区别？
10. 大开洞剪力墙采用壁式框架理论进行设计时，与一般框架结构有什么不同？怎样确定壁式框架的刚域？
11. 什么是剪力墙的加强部位？什么是约束边缘构件和构造边缘构件？在设计中有什么不同？
12. 剪力墙的连梁设计与框架梁的设计有什么不同？为什么要对连梁刚度进行调整？其依据是什么？
13. 剪力墙的轴压比定义与框架柱的轴压比定义有什么不同？
14. 剪力墙正截面与斜截面承载力设计与框架柱有什么不同？剪力墙竖向受压分布钢筋是否参与截面承载力计算？为什么？
15. 剪力墙设计有哪些构造要求？为什么要设置最小截面尺寸、墙体最小分布钢筋配筋率、约束边缘构件最小配筋率和配箍率等要求？

第8章　框架-剪力墙结构设计

【学习目标】

通过学习本章内容，掌握框架-剪力墙结构中框架和剪力墙中的内力分配、抗侧刚度贡献及协同工作机理；了解框架-剪力墙结构的简化计算方法；掌握框架-剪力墙结构计算假定、设计方法和构造措施；了解板柱-剪力墙结构的设计方法。

【学习方法】

框架与剪力墙组合可以生成不同的结构体系，本章重点是框架与剪力墙在同层平面内的组合形式。学习时应注意框架-剪力墙结构中的框架、剪力墙与第6章框架结构中的框架、第7章剪力墙结构中的剪力墙的异同点；思考板柱-剪力墙结构与框架-剪力墙结构的不同点；通过对比思考，在学习框架-剪力墙结构的同时加深对第6章和第7章内容的理解和应用。

8.1　框架-剪力墙结构的特点

8.1.1　框架-剪力墙结构

框架-剪力墙结构也称为框剪结构，这种结构是在框架结构中布置一定数量的剪力墙，不仅可以有灵活自由的使用空间，同时又具有抗侧刚度较大的优点，且具有框架和剪力墙两道抗倒塌防线，广泛应用于高层办公和综合性公共建筑中。目前常用的框架-剪力墙结构有混凝土框架-剪力墙结构、混凝土板柱-剪力墙结构、钢框架-混凝土剪力墙结构，木梁柱（板柱）-混凝土剪力墙结构也成为一种新型结构形式在欧美等国得到推广和应用。本章着重介绍混凝土框架-剪力墙结构的受力特点、设计方法和构造措施。

8.1.2　框架-剪力墙结构的受力特点

框架-剪力墙结构由框架和剪力墙在整个建筑中共同抵抗水平力的作用，其框架不同于纯框架结构中的框架，剪力墙也不同于纯剪力墙结构中的剪力墙。从楼层水平位移和位移角来看,纯剪力墙结构呈弯曲变形,底部层间位移角较小,上部逐渐增大(图8-1a);而纯框架结构呈剪切变形,底部层间水平位移角较大(图8-1b)。在框架-剪力墙结构中,两者通过楼盖体系协调一致变形,呈现出反S形的变形特征(图8-1c)。底部楼层的剪力墙拉着框架按弯曲型曲线变形,剪力墙承受大部分水平力;上部楼层则相反,剪力墙层间水平位移逐渐加大,有外倾趋势,而框架则有内收趋势,框架拉着剪力墙按剪切型变形,此时框架除了负担外荷载产生的水平剪力,还额外负担了把剪力墙拉回来的附加水平力,剪力墙不但承受荷载产生的水平力,还受到负剪力作用(图8-1d)。所以,上部楼层即使外荷载产生的楼层剪力很小,框架中也出现相当大的剪力。

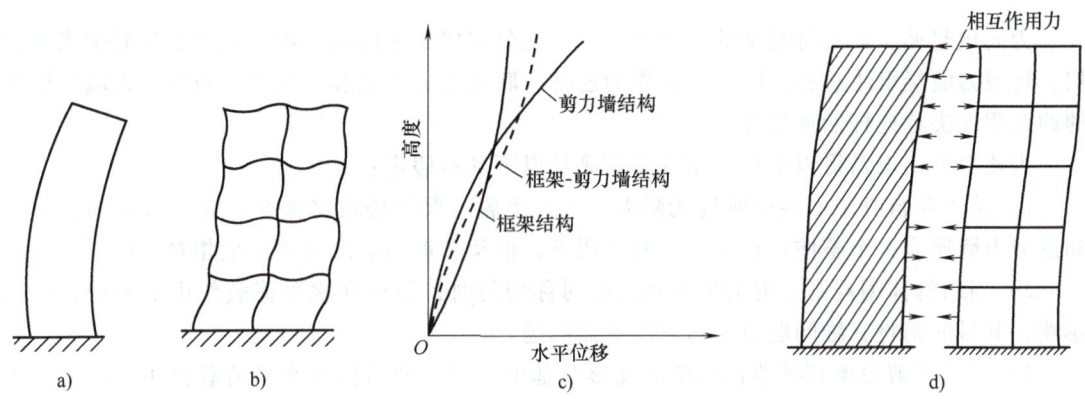

图 8-1 框架-剪力墙结构中框架与剪力墙协同工作示意图
a) 剪力墙变形 b) 框架变形 c) 变形协调 d) 内力协调

框架-剪力墙结构要求在规定的水平力作用下,剪力墙底部分担的倾覆力矩应大于结构总倾覆力矩的50%;若分担的倾覆力矩大于结构总倾覆力矩的90%,则可按普通剪力墙结构设计(见第7章);若框架部分底部分担的倾覆力矩大于结构总倾覆力矩的50%,则不满足框架-剪力墙结构要求,建筑物高度可略高于框架结构允许高度,但层间位移角应按剪力墙结构选取(可适当降低)。若总框架底部分担的倾覆力矩大于结构总倾覆力矩的80%,即按框架-剪力墙结构设计,建筑物高度最大值按框架结构选取,相应的层间位移角也按框架结构选取,参见表8-1。

表 8-1 框架-剪力墙结构的分类和设计方法

框架承受的地震倾覆力矩	设计方法	最大适用高度	框架抗震等级和轴压比	剪力墙	弹性层间位移角
≤10%	按剪力墙结构设计	按剪力墙结构确定	按框架-剪力墙结构中的框架确定	按剪力墙结构设计	1/1000
>10%但≤50%	按框架-剪力墙结构设计	按框架-剪力墙结构中的框架确定	按框架-剪力墙结构中的框架确定	按框架-剪力墙结构中的剪力墙设计	1/800
>50%但≤80%		比框架结构适当增加	宜按框架结构确定		
>80%	宜按框架-剪力墙结构设计	宜按框架结构确定	应按框架结构确定		

8.2 框架-剪力墙结构的简化计算方法

框架-剪力墙结构是由两种变形特点不同的抗侧力单元框架和剪力墙通过楼盖协调变形而共同抵抗竖向荷载及水平荷载的结构。因此简化计算的思路就是将框架-剪力墙结构拆分为总框架和总剪力墙两部分，然后按照框架和剪力墙的简化方法，分别计算其各自的内力。这里，关键的问题是如何拆分？凭什么可以拆分？两者又如何满足位移协调的边界条件？

8.2.1 简化假定及计算简图

为简化起见，首先将复杂的三维超静定结构分解成平面结构，再将框架部分凝聚成总框架，将剪力墙凝聚成总剪力墙，梁板作为连杆，联系总剪力墙和总框架。根据剪力墙与框架的约束程度决定连杆的连接方式。

为使得上述思路得以实现，结构必须满足以下基本假定：

1）楼板在自身平面内的刚度无限大。这一个假定保证楼板将整个计算区段内的总框架和总剪力墙连成一个整体，在水平荷载作用下，框架和剪力墙之间不产生相对位移。

2）当结构体型规则、剪力墙布置比较对称均匀时，结构在水平荷载作用下不计扭转的影响，其目的是将三维问题简化为二维平面问题。

3）不考虑剪力墙和框架柱的轴向变形及基础转动，即结构在水平荷载作用下，不考虑整体结构的弯曲变形。

根据上述基本假定，框架-剪力墙结构可以简化成两种结构体系：

1）铰接体系。如图 8-2 所示的框架-剪力墙结构，在 Y 向水平地震作用下两个墙肢①轴和⑥轴通过楼盖的协调作用与②~⑤轴的横向框架发生整体平动，4 片剪力墙和 4 榀框架之间通过楼盖体系连接，总剪力墙和总框架连接较弱。但因为有楼盖协同总框架和总位移的平面整体位移，结构可以假定为铰接模式，如图 8-3a 所示的计算简图，总框架与总剪力墙之间为铰接连杆。

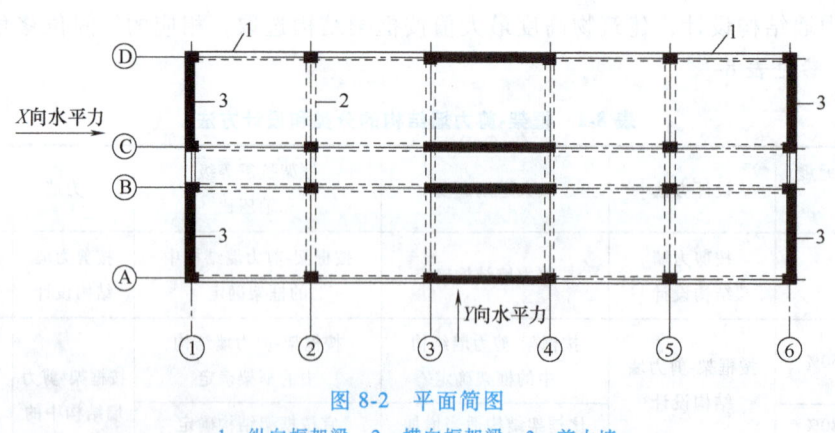

图 8-2 平面简图
1—纵向框架梁 2—横向框架梁 3—剪力墙

2）刚接体系。在 X 向地震作用下，③~④轴之间的 4 片剪力墙嵌入框架平面内，即框架水平力可以直接传递给剪力墙连梁时，在纵向水平作用下，总框架（Ⓐ~Ⓓ轴的 4 榀框架之和)与剪力墙连接紧密,则连梁与墙体连接的节点假定为刚性相连,如图 8-3b 所示,图中的总连系梁刚度为所有连梁和连系梁刚度之和。

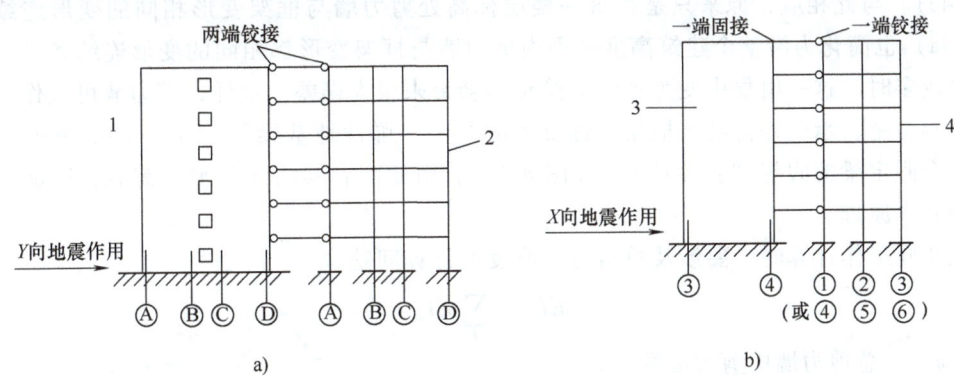

图 8-3 简化计算分析简图
a) 铰接计算简图 b) 刚接计算简图
1—①轴和⑥轴墙形成总剪力墙 2—②~⑤轴 4 榀框架形成总框架 3—③~④轴间的 4 片墙形成总剪力墙
4—①~③轴(或④~⑥轴)3 榀框架形成总框架

8.2.2 协同工作的基本原理

上述假定的主要目的是计算在总水平荷载作用下的总框架楼层剪力 V_f、总剪力墙的楼层剪力 V_w 和总弯矩 M_w、总连系梁的梁端弯矩 M_1 和剪力 V_1,然后按照框架结构楼层剪力分配规律把 V_f 分配到每根柱;按照剪力墙结构楼层剪力分配的规律把 V_w、M_w 分配到每片墙;按照连梁刚度把弯矩 M_1 和剪力 V_1 分配到每根梁,这样就可以得到每一根杆件截面设计需要的内力。现以框架-剪力墙简化铰接体系(图 8-4)为例,说明协同工作的基本原理。

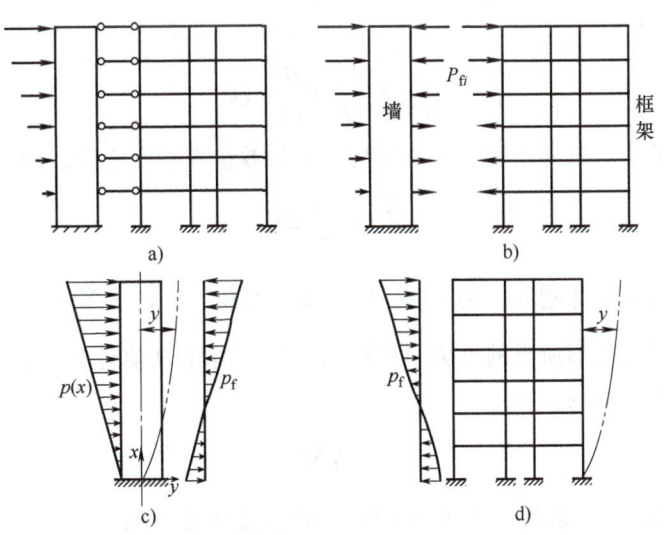

图 8-4 框架-剪力墙铰接体系协同工作原理

框架-剪力墙结构在水平荷载作用下,由框架和剪力墙共同承受外荷载。将连杆切开后,在楼层标高处，剪力墙与框架间有相互作用的集中力 P_{fi}（图 8-4b）。对剪力墙来说，除外荷载外还有框架给墙的集中反作用 P_f。为了计算方便，可以把集中力简化为连续的分布力 p_f（图 8-4c）。与此相应，原来只是在每一楼层标高处剪力墙与框架变形相同的变形连续条件（图 8-4a）也简化为沿整个建筑高度范围内剪力墙与框架变形都相同的变形连续条件。当楼层数目较多时，这一由集中变为连续的简化不会带来很大误差。这样，剪力墙可视作下端固定、上端自由、承受外荷载与框架弹性反力的一个"弹性地基梁"（图 8-4c）；框架就是剪力墙这个假定梁的假想"弹性地基"（图 8-4d）。由此两者共同承受水平荷载，这就是协同工作的基本原理。

在协同工作计算时，要涉及总剪力墙刚度的计算问题。

$$EI_w = \sum_k EI_{eq} \tag{8-1}$$

式中　　k——总剪力墙中剪力墙数量；

EI_{eq}——单片剪力墙的等效抗弯刚度，根据剪力墙的开口大小，可用第 7 章介绍的剪力墙简化方法计算。

8.2.3　按铰接假定进行内力分配

总剪力墙是悬臂杆，按照静定的弯曲杆件计算变形，用等效抗弯刚度 EI_{eq} 计算总剪力墙；用 D 值法计算框架层刚度；连杆切断处侧移必须相等，作用力、反作用力必须平衡，根据变形协调条件就建立一个四阶常微分方程，即

$$\frac{d^4 y}{dx^4} - \frac{C_f}{EI_w}\frac{d^2 y}{dx^2} = \frac{p(x)}{EI_w} \tag{8-2}$$

令

$$\lambda^2 = H^2 \frac{C_f}{EI_w}, \xi = \frac{x}{H} \tag{8-3}$$

则微分方程可改写为

$$\frac{d^4 y}{d\xi^4} - \lambda^2 \frac{d^2 y}{d\xi^2} = \frac{H^4}{EI_w} p(\xi) \tag{8-4}$$

式中　　EI_w——总剪力墙抗弯刚度，为 k 片剪力墙等效抗弯刚度之和，即

$$EI_w = \sum_{i=1}^{k} EI_{eqi} \tag{8-5}$$

C_f——总框架抗侧刚度，为 s 根柱抗侧刚度之和，即 $C_f = \sum_{j=1}^{s} C_{fj}$，抗侧刚度为产生单位层间变形所需的推力。柱抗侧刚度可由柱 D 值计算，框架柱高度为 h 的总框架抗侧刚度为

$$C_f = h \sum_{j=1}^{s} D_j \tag{8-6}$$

值得特别注意的是 λ 系数，由式（8-3）可得铰接体系 λ 为

$$\lambda = H \sqrt{\frac{C_f}{EI_w}} \tag{8-7}$$

λ 称为框架-剪力墙结构的刚度特征值,其物理意义是总框架抗侧刚度 C_f 与总剪力墙抗弯刚度 EI_w 的相对大小。刚度特征值对框架-剪力墙结构的受力及变形性能有很大影响。

求解微分方程式(8-4),可得到侧移变形。有了侧移变形,通过积分,即可求出总剪力墙的弯矩和剪力;通过平衡关系,可求出总框架的层剪力,求出总连系梁的弯矩 M_1。此处仅给出倒三角分布荷载作用下的最后计算公式,即

$$\begin{cases} y = \dfrac{qH^2}{C_f} \left[\left(1 + \dfrac{\lambda \operatorname{sh}\lambda}{2} - \dfrac{\operatorname{sh}\lambda}{\lambda}\right) \dfrac{\operatorname{ch}\lambda\xi - 1}{\lambda^2 \operatorname{ch}\lambda} + \left(\dfrac{1}{2} - \dfrac{1}{\lambda^2}\right)\left(\xi - \dfrac{\operatorname{sh}\lambda\xi}{\lambda}\right) - \dfrac{\xi^3}{6} \right] \\ M_w = \dfrac{qH^2}{\lambda^2} \left[\left(1 + \dfrac{\lambda \operatorname{sh}\lambda}{2} - \dfrac{\operatorname{sh}\lambda}{\lambda}\right) \dfrac{\operatorname{ch}\lambda\xi}{\operatorname{ch}\lambda} - \left(\dfrac{\lambda}{2} - \dfrac{1}{\lambda}\right)\operatorname{sh}\lambda\xi - \xi \right] \\ V_w = \dfrac{qH}{\lambda^2} \left[\left(1 + \dfrac{\lambda \operatorname{sh}\lambda}{2} - \dfrac{\operatorname{sh}\lambda}{\lambda}\right) \dfrac{\lambda \operatorname{sh}\lambda\xi}{\operatorname{ch}\lambda} - \left(\dfrac{1}{2} - \dfrac{1}{\lambda}\right)\lambda \operatorname{ch}\lambda\xi - 1 \right] \end{cases} \quad (8\text{-}8)$$

y、M_w、V_w 各函数中自变量为框架-剪力墙结构刚度特征值 λ 和所在楼层高度与结构总高度 H 之比 ξ。图 8-5、图 8-6、图 8-7 为式(8-8)的图表形式。

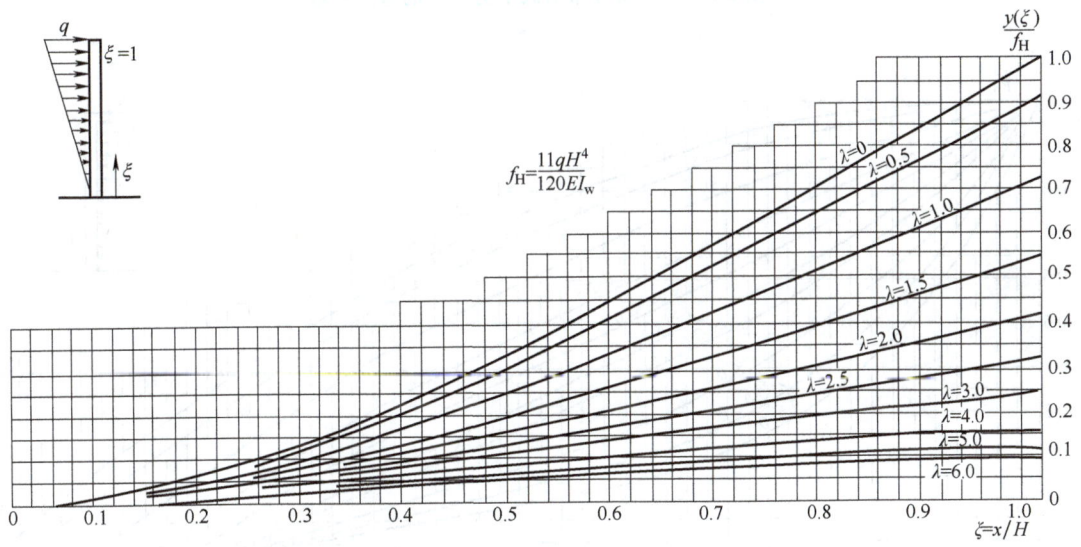

图 8-5 倒三角分布荷载下位移系数

图 8-5~图 8-7 中纵坐标的值分别是位移系数 $y(\xi)/f_H$、弯矩系数 $M_w(\xi)/M_0$、剪力系数 $V_w(\xi)/V_0$。f_H、M_0、V_0 分别是静定悬臂墙的顶点位移、底截面弯矩、底截面剪力,其值已示于相应的曲线图中。使用时根据结构的 λ 值和所求截面的坐标 ξ 从曲线中查出系数,代入式(8-9)即可求得结构的侧移及总剪力墙的内力,即

$$\begin{cases} y = \left(\dfrac{y(\xi)}{f_H}\right) f_H \\ M_w = \left(\dfrac{M_w(\xi)}{M_0}\right) M_0 \\ V_w = \left(\dfrac{V_w(\xi)}{V_0}\right) V_0 \end{cases} \quad (8\text{-}9)$$

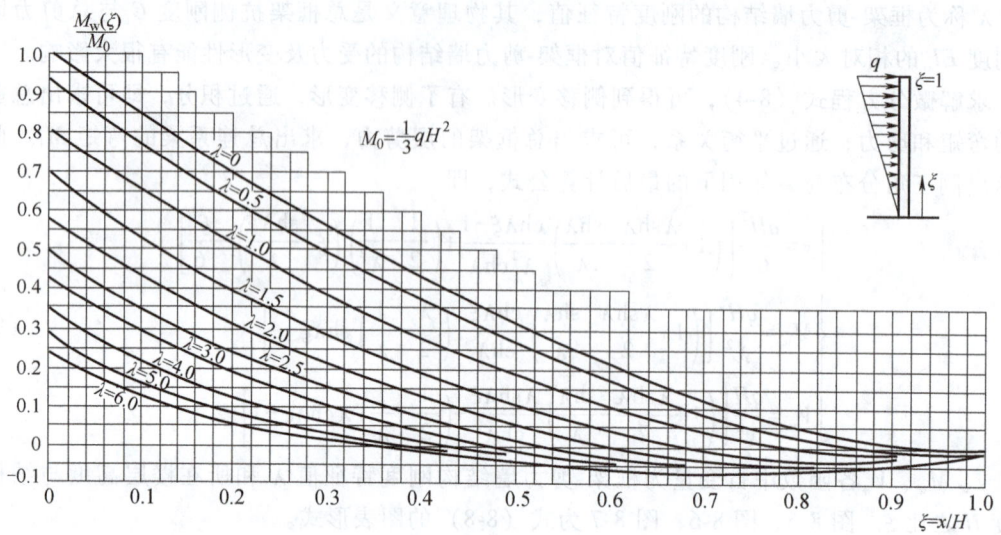

图 8-6　倒三角分布荷载下剪力墙的弯矩系数

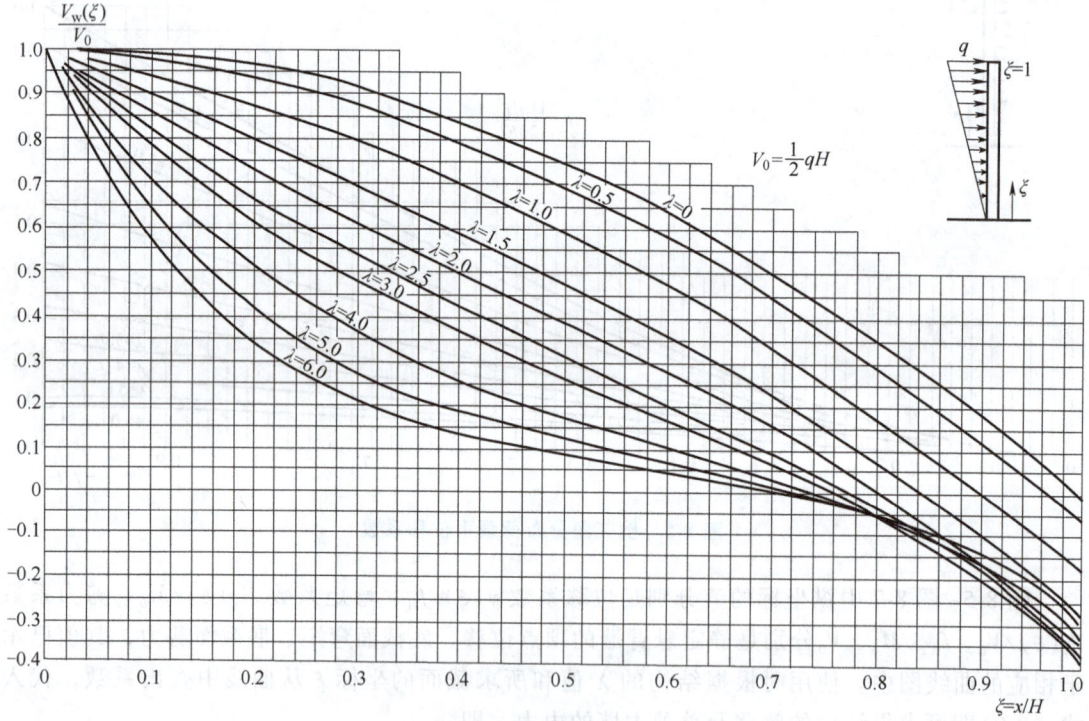

图 8-7　倒三角分布荷载下剪力墙的剪力系数

总框架剪力 $V_f(\xi)$ 可由外荷载的总剪力 $V_p(\xi)$ 减去总剪力墙剪力 $V_w(\xi)$ 得到，即

$$V_f(\xi) = V_p(\xi) - V_w(\xi) \tag{8-10}$$

8.2.4　按刚接假定进行内力分配

当考虑连杆对剪力墙有约束弯矩作用时，框架-剪力墙结构简化为图 8-8 所示的刚接体

系。铰接体系与刚接体系相同之处是总剪力墙与总框架通过连杆传递之间的相互作用力,不同之处是在刚接体系中连杆对总剪力墙的弯曲有一定的约束作用。

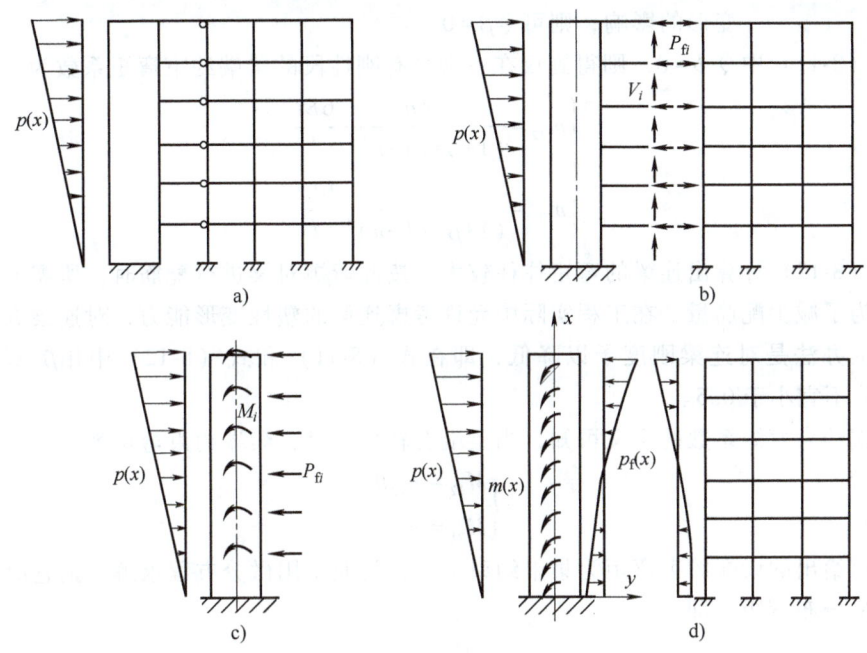

图 8-8 刚接体系计算简图

在框架-剪力墙刚接体系中,将连杆切开后,连杆中除有轴向力外还有剪力和弯矩。将剪力和弯矩对总剪力墙墙肢截面形心轴取矩,得到对墙肢的约束弯矩 M_i。连杆轴向力 P_{fi} 和约束弯矩 M_i 都是集中力,作用在楼层处,计算时需将其在层高内连续化,这样便得到了图 8-8d 所示的计算简图。

约束弯矩系数 m 为当梁端有单位转角时,梁端产生的约束弯矩(图 8-9)。约束弯矩系数表达式为

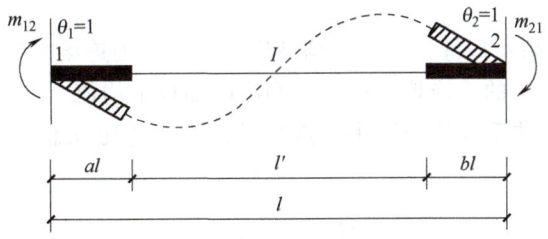

图 8-9 带刚域杆考虑剪切变形的约束弯矩系数

$$\begin{cases} m_{12} = \dfrac{1+a-b}{(1+\beta)(1-a-b)^3} \dfrac{6EI}{l} \\ m_{21} = \dfrac{1-a+b}{(1+\beta)(1-a-b)^3} \dfrac{6EI}{l} \end{cases} \quad (8\text{-}11)$$

式中　a、b——刚域长度系数；

　　　β——剪切影响系数，$\beta = \dfrac{12\mu EI}{GAl'^2}$，其中 μ 为剪切不均匀系数。如果不考虑剪切变形的影响，则可令 $\beta=0$。

在式（8-11）中令 $b=0$，则得到仅在一端带有刚性段的梁端约束弯矩系数为

$$\begin{cases} m_{12} = \dfrac{1+a}{(1+\beta)(1-a)^3} \cdot \dfrac{6EI}{l} \\ m_{21} = \dfrac{1-a}{(1+\beta)(1-a)^3} \cdot \dfrac{6EI}{l} \end{cases} \quad (8\text{-}12)$$

由式（8-12）计算出连梁的弯矩往往较大，按此弯矩对梁进行配筋时，所需要的钢筋量也很多。为了减少配筋量，在工程实际中允许考虑连梁的塑性变形能力，对连梁进行塑性调幅。调幅的办法是对连梁刚度予以降低，即在式（8-11）和式（8-12）中用 $\beta_h EI$ 代替 EI，这里 β_h 取值不宜小于 0.5。

由梁端约束弯矩系数的定义可知，当梁端有转角 θ 时，梁端约束弯矩为

$$\begin{cases} M_{12} = m_{12}\theta \\ M_{21} = m_{21}\theta \end{cases} \quad (8\text{-}13)$$

式（8-13）给出的梁端约束弯矩为集中约束弯矩，为便于用微分方程求解，把它简化为沿层高 h 均布的分布弯矩，即

$$m_i(x) = \dfrac{M_{abi}}{h} = \dfrac{m_{abi}}{h}\theta(x) \quad (8\text{-}14)$$

某一层内总约束弯矩为

$$m = \sum_{i=1}^{n} m_i(x) = \sum_{i=1}^{n} \dfrac{m_{abi}}{h}\theta(x) \quad (8\text{-}15)$$

式中　n——同一层内连梁总数；

$\sum\limits_{i=1}^{n} \dfrac{m_{abi}}{h}$——连梁总约束刚度。

m_{ab} 中下标 a、b 分别代表"1"或"2"，即当连梁两端与墙肢相连时，m_{ab} 是指 m_{12} 或 m_{21}。

如果框架部分的层高及杆件截面沿结构高度不变化，则连梁的约束刚度是常数，但实际结构中各层的 m_{ab} 是不相同的，应取各层约束刚度的加权平均值。

图 8-8d 所示的刚接体系计算简图中，连梁线性约束弯矩在总剪力墙 x 高度的截面处产生的弯矩为

$$M_m = -\int_x^H m\,dx \quad (8\text{-}16)$$

产生此弯矩所对应的剪力和荷载分别为

$$\begin{cases} V_m = -\dfrac{dM_m}{dx} = -m = -\sum\limits_{i=1}^{n} \dfrac{m_{abi}}{h}\theta(x) = -\sum\limits_{i=1}^{n} \dfrac{m_{abi}}{h}\dfrac{dy}{dx} \\ p_m = -\dfrac{dV_m}{dx} = \sum\limits_{i=1}^{n} \dfrac{m_{abi}}{h}\dfrac{d^2y}{dx^2} \end{cases} \quad (8\text{-}17)$$

式中 V_m、p_m——"等代剪力""等代荷载",分别代表刚性连梁的约束弯矩作用所承受的剪力和荷载。

在连梁约束弯矩影响下,总剪力墙内力与弯曲变形的关系为

$$EI_w \frac{d^4 y}{dx^4} = p(x) - p_f(x) + p_m(x) \tag{8-18}$$

式中 $p(x)$——外荷载;

$p_m(x)$——总框架与总剪力墙之间的相互作用力,由式(8-17)确定。则有

$$EI_w \frac{d^4 y}{dx^4} = p(x) + C_f \frac{d^2 y}{dx^2} + \sum_{i=1}^{n} \frac{m_{abi}}{h} \frac{d^2 y}{dx^2} \tag{8-19}$$

整理后有

$$\frac{d^4 y}{dx^4} - \frac{\left(C_f + \sum_{i=1}^{n} \frac{m_{abi}}{h}\right)}{EI_w} \frac{d^2 y}{dx^2} = \frac{p(x)}{EI_w} \tag{8-20}$$

为叙述方便引入变量,即

$$\begin{cases} \xi = x/H \\ \lambda = H \sqrt{\dfrac{C_f + \sum_{i=1}^{n} \dfrac{m_{abi}}{h}}{EI_w}} \end{cases} \tag{8-21}$$

则式(8-20)可简化为

$$\frac{d^4 y}{d\xi^4} - \lambda^2 \frac{d^2 y}{d\xi^2} = \frac{p(\xi) H^4}{EI_w} \tag{8-22}$$

式(8-22)即为刚接体系的微分方程,在刚接体系中,由于连梁对剪力墙有一定的约束作用,该关系可写为

$$EI_w \frac{d^3 y}{d\xi^3} = -V_w + m(\xi) = -V'_w \tag{8-23}$$

如果知道了 $m(\xi)$,就可以借助式(8-23)求出剪力墙分配到的剪力 V_w。

在刚接体系中,由结构任意高度处水平方向力的平衡条件可得

$$V_p = V'_w + m + V_f \tag{8-24}$$

$$V'_f = m + V_f \tag{8-25}$$

则式(8-24)可以变为

$$V_p = V'_w + V'_f \tag{8-26}$$

$$V'_f = V_p - V'_w \tag{8-27}$$

式(8-23)~式(8-27)可归纳出刚接体系中总剪力在总剪力墙和总框架中的分配计算步骤如下:

1)由刚接体系的刚度特征值 λ 和某一截面处的高度系数 ξ,查图 8-7 得到剪力系数,确定 V'_w。

2)由式(8-27)计算 V'_f。

3)根据总框架的抗侧刚度和总连梁的约束刚度按比例分配 V'_f,得到总框架和总连梁的剪力为

$$V_{\mathrm{f}} = \frac{C_{\mathrm{f}}}{C_{\mathrm{f}} + \sum_{i=1}^{n} \frac{m_{abi}}{h}} V'_{\mathrm{f}} \qquad (8\text{-}28)$$

$$m = \frac{\sum_{i=1}^{n} \frac{m_{abi}}{h}}{C_{\mathrm{f}} + \sum_{i=1}^{n} \frac{m_{abi}}{h}} V'_{\mathrm{f}} \qquad (8\text{-}29)$$

4）由式（8-23）确定总剪力墙分配到的剪力 $V_{\mathrm{w}} = V'_{\mathrm{w}} + m$。

8.2.5 框架-剪力墙结构位移与内力分布规律

1. 侧向位移特征

框架-剪力墙结构的侧向位移形状与结构刚度特征值 λ 有很大关系。由式（8-7）和式（8-21）知道，λ 与框架抗剪刚度和剪力墙抗弯刚度的比值有关。当 λ 很小，即框架的刚度与剪力墙的刚度比很小时，侧移曲线接近剪力墙结构，为弯曲变形的形状（图 8-10 中实线）。当 λ 较大（如 $\lambda \geq 6$），即框架的刚度与剪力墙的刚度比较大时，侧移曲线接近于框架变形曲线，形状为剪切形（图 8-10 中虚线）。当 $\lambda = 1 \sim 6$ 时，侧向位移曲线界于弯曲和剪切变形之间，下部略带弯曲型，上部略带剪切型，称为弯剪型变形，此时上、下层间变形较为均匀。随着 λ 的增大，剪力墙与框架的刚度比相对薄弱，框架承担的荷载相对增加，体系的变形曲线就接近纯框架的剪切变形曲线。

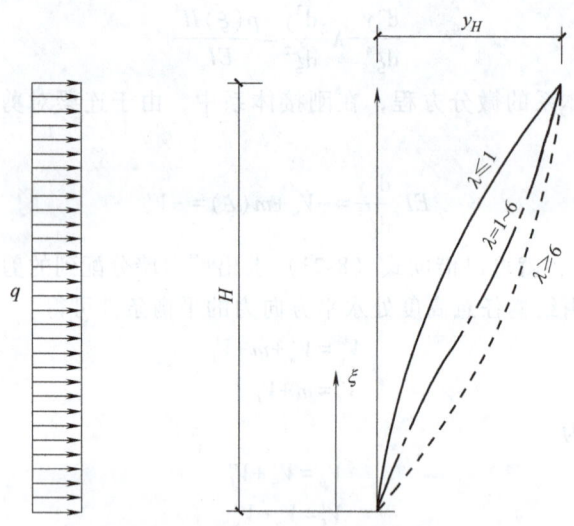

图 8-10 侧移位置与 λ 的关系

2. 荷载与剪力的分布特征

以均布荷载为例分析荷载与剪力的分布特征。框架-剪力墙结构的剪力分配与结构刚度特征值 λ 有很大关系。图 8-11 为均布荷载作用时框架-剪力墙的剪力分布示意图。当 λ 很小时，剪力墙几乎承担全部的总剪力。当 λ 较大时，剪力墙承担的剪力减小。当 λ 很大时（即剪力墙很弱），则框架几乎承担全部剪力。

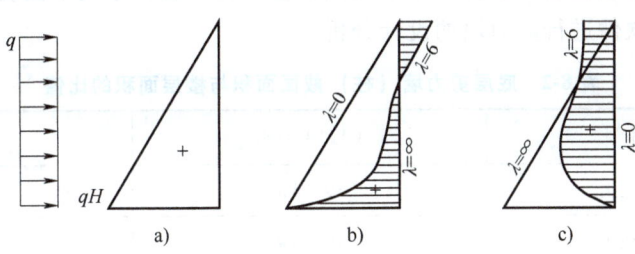

图 8-11 框架-剪力墙结构剪力分布图
a) V 图 b) V_w 图 c) V_f 图

框架-剪力墙结构中框架和剪力墙因楼盖的协调作用产生荷载重分布，表现为：

1）框架承受的荷载（即框架给剪力墙的弹性反力）在上部为正，在下部出现负值。这是因为框架和剪力墙单独承受荷载时，其变形曲线是不同的。框架和剪力墙共同工作时，总框架底部的剪切变形受到总剪力墙的弯曲变形的限制出现零转角，即相当于受到了水平荷载作用，如图 8-12 所示。

2）框架和剪力墙顶部剪力不为零。这是因为相互间在顶部有集中力作用的缘故。这一点在设计时应该注意，以保证顶层墙与框架的整体性。

3）框架的剪力最大值在结构的中部（$\xi = 0.3 \sim 0.6$），且最大值位置随结构刚度特征值 λ 的增大而向下移动，所以，对框架起

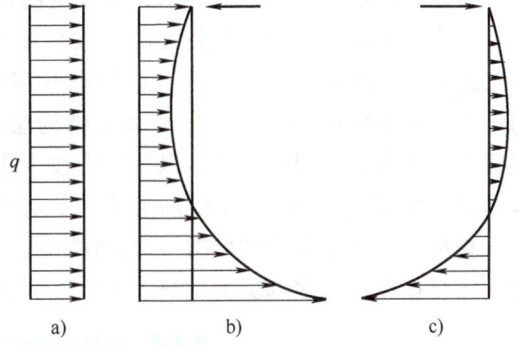

图 8-12 框架-剪力墙结构荷载分配图
a) p 图 b) p_w 图 c) p_f 图

控制作用的是中部的剪力值。框架底部剪力为零，全部剪力均由剪力墙承担，这是由计算方法近似性所造成的，并不符合实际。工程中，为确保框架的第二道防线作用，底部总框架承担的总剪力不得小于 20%。

8.3 框架-剪力墙结构的设计和构造

8.3.1 框架-剪力墙结构中剪力墙的布置

1. 剪力墙的数量以层间位移值确定

一般工程布置了剪力墙之后，就要按《高层建筑混凝土结构技术规程》（JGJ 3—2010）中关于层间位移的最大限值来验算结构的刚度。即按弹性方法计算的楼层层间最大位移与层高之比 $\Delta u/h$，对高度不大于 150m 的框架-剪力墙结构，其限值为 1/800。为了节省材料，并有效控制剪力墙结构的刚度和延性，在最不利荷载效应组合（通常是由抗震验算控制）计算得到的层间位移最大值宜尽量接近该限值，但不得超出。

工程建设经验表明，地震作用对剪力墙数量的布置起到关键作用。表 8-2 给出了初步设

计时可以选用的剪力墙截面和数量的取值范围，便于初学者在建筑平面确定后快速布置剪力墙，然后利用设计软件进行剪力墙的设计分析。

表 8-2 底层剪力墙（柱）截面面积与楼层面积的比值

设 计 条 件	$(A_w+A_c)/A_f$	A_w/A_f
7 度，Ⅱ类场地土	3%~5%	2%~3%
8 度，Ⅱ类场地土	4%~6%	3%~4%

选择足够的剪力墙以满足位移限值是一个必要条件，但并不是充分条件，更不是唯一的条件，还要根据综合考虑最后确定剪力墙的数量和布置。有时会有这样的情况：结构抗侧刚度很小，剪力墙数量很少，位移限值也能满足要求，但并不符合工程设计的一般要求。这是由于水平地震作用本身与结构抗侧刚度有关，刚度小，地震作用也小，位移限值也可能被满足。所以，只满足位移限值要求，不一定能说明这个结构就是合理的。

综合反映结构抗侧刚度特征的参数是结构的自振周期。从国内已建成的框架-剪力墙结构的工程实例来看，截面尺寸、结构布置和剪力墙数量较为合理的工程，其基本自振周期为：$T_1=(0.09\sim0.12)n$，这里 n 表示结构层数。对新设计的项目，在决定方案时，还可以再适当把基本自振周期加长，以使经济技术指标更优化。所以，在校核剪力墙数量时，计算基本自振周期 $T_1=(0.1\sim0.15)n$ 也是可以接受的。

相应地，比较合理的框架-剪力墙结构，其底部总剪力 $F_{Ek}=\alpha G$ 中的 α 值宜在表 8-3 范围内。当自振周期和底部剪力偏离上述范围太远时，应适当调整结构的截面尺寸。

表 8-3 比较适宜的地震影响系数 α 的范围

场土类别	设 防 烈 度		
	7 度	8 度	9 度
Ⅰ	0.01~0.02	0.02~0.04	0.03~0.08
Ⅱ	0.02~0.03	0.03~0.06	0.05~0.12
Ⅲ	0.02~0.04	0.04~0.08	0.08~0.16
Ⅳ	0.03~0.05	0.05~0.09	0.10~0.20

2. 剪力墙的布置和间距

框架-剪力墙结构中，框架应在各主轴方向做成刚接，剪力墙应沿各主轴布置。在非抗震设计、层数不多的长矩形平面中，允许只在横向设剪力墙，纵向不设剪力墙。因为，此时风力较小，框架跨数较多，可以由框架承受。

剪力墙的布置应遵循"均匀、分散、对称、周边"的原则。均匀、分散是指剪力墙宜片数较多，宜均匀、分散布置在建筑平面上。对称是指剪力墙在结构单元的平面上应尽可能对称布置，使水平力作用线尽可能靠近刚度中心，避免产生过大的扭转。周边是指剪力墙应尽可能布置在建筑平面周边，以加大其抗扭转的力臂，提高其抵抗扭转的能力；同时，在端部附近设剪力墙可以避免端部楼板外排长度过大。

一般情况下，剪力墙宜布置在结构平面的以下部位：

（1）竖向荷载较大处 这是因为，用剪力墙承受大的竖向荷载，可以避免设置截面尺寸过大的柱子，满足结构布置的要求；剪力墙是主要的抗侧力结构，承受很大的弯矩和剪力，需要较大的竖向荷载来避免出现轴向拉力，提高截面承载力，也便于基础设计。

（2）平面形状变化较大的角隅部位 这是因为这些部位楼面上容易产生大的应力集中，地震时也常常发生震害，设置剪力墙予以加强。

（3）建筑物端部附近 这样可以有较大的抗扭刚度，同时减少楼面外伸段的长度。但为避免纵向端部约束而使结构产生大的温度应力和收缩应力，纵向剪力墙宜布置在中部附近。

（4）楼梯、电梯间 楼梯、电梯间楼板开洞大，削弱严重，特别是在端角和凹角处设置楼梯、电梯间时，受力更为不利，常采用楼梯、电梯竖井（作为剪力墙）来加强。

从结构布置上看，在两片剪力墙（或两个筒体）之间布置框架时，楼盖必须有足够的平面内刚度，才能将水平剪力传递到两端的剪力墙上，发挥剪力墙为主要抗侧力结构的作用。否则，楼盖在水平力作用下将产生弯曲变形导致框架侧移增大，框架水平剪力也将成倍增大。通常以限制 L/B 比值作为保证楼盖刚度的主要措施。这个数值与楼盖的类型和构造有关，与地震烈度有关。

《高层建筑混凝土结构技术规程》（JGJ 3—2010）规定的剪力墙间距 L 见表 8-4。楼面有较大开洞时，剪力墙间距应予以减小。

表 8-4　剪力墙间距 L（取较小值）

楼盖形式	非抗震设计	6度、7度	8度	9度
现浇	5.0B，60m	4.0B，50m	3.0B，40m	2.0B，30m
装配整体	3.5B，50m	3.0B，40m	2.5B，30m	—

注：1. 表中 B 为楼面宽度，单位为 m。
　　2. 现浇层厚度大于 60mm 的叠合楼板可按现浇楼板考虑。

但是，实际工程中，剪力墙的位置基本由建筑师根据功能最大化原则确定平面布置，布置剪力墙的位置往往会与建筑功能布置矛盾。因此，结构工程师必须与建筑师共同商讨以得到合理适用的剪力墙和框架柱的结构平面布置。

8.3.2　框架-剪力墙结构中框架最小剪力调整

框架-剪力墙结构在抗震设计时，框架各层总剪力应按以下方法予以调整：

1）框架柱数量从下至上基本不变的规则建筑，按下列方法调整框架各层总剪力：

① 当 $V_f \geq 0.2V_0$ 的楼层不必调整，V_f 直接采用计算值。

② 当 $V_f < 0.2V_0$ 的楼层，V_f 取 $0.2V_0$ 和 $1.5V_{fmax}$ 的较小值。

其中：V_0 为地震作用产生的结构底部总剪力；V_f 为各层框架部分承担的剪力计算值；V_{fmax} 为各层框架部分承担的剪力计算值中的最大值。

2）框架柱数量从下至上分段有规律减少时，则分段按上面第 1）条所述方法进行调整，其中每段的底层总剪力取该段最下一层的剪力。

3）下列情况可直接对各层框架柱的总剪力乘以 2 予以放大：

① 剪力墙结构中，仅设置少量的柱而未构成框架时。

② 采用框架-剪力墙结构的屋面凸出部分。

框架内力的调整，不是力学计算的要求，而是一种保证框架安全的设计措施。这是因为，在框架-剪力墙结构计算中，采用了楼板平面内刚性假设。而实际上由于剪力墙间距较大，在框架部位由于框架刚度较小，楼板有一定变形，框架实际受到的水平力比计算值大。更重要的是，剪力墙刚度大，承受了大部分水平力，在地震作用下，剪力墙首先开裂，刚度降低，从而使一部分地震力转移至框架，框架承受的地震力增加。由于框架在框架-剪力墙结构中是抗震第二道防线，因此有必要提高其设计的抗震能力，使强度有更大的储备。

按振型分解反应谱法计算地震作用时，上述各项调整均在振型组合之后进行。各层框架总剪力调整后，按调整前后总剪力的比值调整各柱和梁的剪力及端部弯矩，柱的轴力不必调整。

框架-剪力墙中，一侧连接框架，另一侧连接剪力墙的梁，其内力较大时，可以按连梁的办法对其刚度予以折减，但折减系数不宜小于 0.5。

8.3.3 构件截面设计及构造要求

框架-剪力墙结构中框架梁柱的截面设计按对应框架章节（第 6 章）进行；剪力墙的截面设计按对应剪力墙章节（第 7 章）进行。但要注意框架-剪力墙结构中的框架与剪力墙的抗震等级与纯框架结构和纯剪力墙结构不同，设计时注意选用。

非抗震设计时，剪力墙的竖向和水平分布钢筋的配筋率均不应小于 0.20%，抗震设计时均不应小于 0.25%，并应至少双排布置（具体应根据墙厚确定，可参照剪力墙结构的相关规定）。各排分布钢筋之间应设置拉筋，拉筋直径不应小于 6mm，间距不应大于 600mm。

8.4 板柱-剪力墙结构

8.4.1 板柱-剪力墙结构的特点

板柱结构是指钢筋混凝土无梁楼盖和柱组成的结构。板柱结构施工方便，楼板高度小，可以减小层高，能提供大的使用空间，灵活布置隔断墙等。但板柱连接节点的抗震性能差，地震作用产生的柱端不平衡弯矩由板柱连接节点传递，在柱周边板内产生较大的附加剪力，加上竖向荷载产生的剪力，有可能使楼板产生冲切破坏。板柱结构在地震中严重破坏、倒塌的震害说明，板柱结构的刚度小、抗震性能差，不宜作为地震区的高层建筑的结构体系。在板柱结构中设置剪力墙，或将楼梯、电梯间做成钢筋混凝土井筒，即形成板柱-剪力墙结构或板柱-筒体结构，可有效提高板柱结构的抗震性能。板柱-剪力墙结构可以用于设防烈度不超过 8 度的高层建筑。板柱-剪力墙结构房屋的周边应采用有梁框架，楼梯、电梯间洞口周边宜设置边框梁，其剪力墙的布置要求与框架-剪力墙结构中剪力墙的布置要求相同。为了使板柱-剪力墙结构具有可靠的抗震能力，房屋高度大于 12m 时，剪力墙承担结构的全部地震作用，各层板柱和框架承担不少于本层地震剪力的 20%。

8.4.2 板柱-剪力墙结构布置

板柱-剪力墙结构的布置应符合下列要求：
1）应布置成双向抗侧力体系，结构平面的两主轴方向均应设置剪力墙。
2）房屋的顶层及地下一层顶板宜采用梁板结构，这是因为这些部位的楼板从协同工作原理看，受有较大的楼板平面内的剪力，因此要求楼板有较大的刚度。
3）抗震设计时，楼盖周边不应布置外挑板，并应设置周边柱间框架梁。
4）抗震设计时，纵横柱轴线均应设置暗梁，暗梁宽可取与柱宽相同。
5）楼盖有楼梯、电梯间等较大开洞时，洞口周围宜设置框架梁或边梁。
6）楼板跨度在 8m 以内时，可采用钢筋混凝土平板；跨度较大而采用预应力楼板且做抗震设计时，楼板的纵向受力钢筋应以非预应力低碳钢筋为主，部分预应力钢筋主要用作提高楼板刚度和加强板的抗裂能力。

8.4.3 设计方法

板柱本身抗侧刚度较弱，加上剪力墙后共同组合成板柱-剪力墙结构，是《高层建筑混凝土结构技术规程》（JGJ 3—2010）新增加的一种可供高层建筑选用的结构体系。板柱-剪力墙结构在水平荷载作用下的受力与变形特点同框架-剪力墙结构；因而，在水平荷载作用下其内力和侧移的计算方法均可采用第 8 章的计算方法。板柱-剪力墙结构的组成构件是：板、柱和剪力墙，其设计和构造要求应按照这三种构件的要求进行。

1）抗风设计时，板柱-剪力墙结构中各层筒体或剪力墙应能承担不小于 80% 相应方向该层承担的风荷载作用下的剪力。
2）抗震设计时，剪力墙和筒体应能承担各层全部相应方向该层承担的地震剪力，而各层板柱部分尚应能承担不小于 20% 相应方向该层承担的地震剪力，且应符合有关抗震构造要求。
3）结构分析中规则的板柱结构可用等代框架法，其等代梁的宽度宜采用垂直于等代框架方向两侧柱距的各 1/4；宜采用连续体有限元空间模型进行更准确的计算分析。
4）楼板在柱周边临界截面的冲切应力，不宜超过 $0.7f_t$，超过时应配置抗冲切钢筋或抗剪栓钉，当地震作用导致柱上板带支座弯矩反号时还应对反向进行复核。板柱节点冲切承载力的验算可按有关规范的相关规定进行验算，并应考虑节点不平衡弯矩作用下产生的剪力影响。
5）当板不能满足冲切承载力要求时，可采用平托板式柱帽，平托板的长度和厚度按冲切要求确定，且每个方向长度不宜小于板跨度的 1/6，其厚度不小于无梁板的 1/4，平托板处总厚度不应小于柱纵向钢筋直径的 16 倍。不能设平托板式柱帽时可采用型钢剪力架，此时板的厚度不小于 200mm。
6）沿两个主轴方向均应布置通过柱截面的板底连续钢筋，且钢筋的总面积 A_s 应符合要求，即

$$A_s \geqslant N_G/f_y \tag{8-30}$$

式中　N_G——该楼层重力荷载代表值作用下的柱轴向压力设计值，8 度设防烈度时尚宜计入竖向地震影响；

f_y——钢筋抗拉强度设计值。

8.4.4 板柱-剪力墙结构构造

板柱-剪力墙结构中，板的构造应符合下列规定：
1）双向无梁板厚度与长跨之比，不宜小于表8-5所规定的最小比值。

表8-5 双向无梁板厚度与长跨的最小比值

非预应力楼板		预应力楼板	
无柱托板	有柱托板	无柱托板	有柱托板
1/30	1/35	1/40	1/45

2）抗震设计时，无梁板中所设置的沿纵横柱轴线的暗梁，应按下列规定配置钢筋：
① 暗梁宽度取柱宽及两侧1.5倍板厚之和。
② 暗梁支座上部钢筋面积不宜小于柱上板带钢筋截面面积的50%，并应全跨拉通，暗梁下部钢筋截面面积不宜小于上部面积的1/2；其直径大于暗梁以外钢筋的直径，但不宜大于柱截面相应边长度的1/20。
③ 暗梁箍筋的布置：当计算不需要配置时，构造上仍然需要配置最小箍筋量，直径不应小于8mm，间距不宜大于$3h_0/4$，肢距不宜大于$2h_0$；当计算需要配置时，箍筋直径不应小于10mm，间距不宜大于$h_0/2$，肢距不宜大于$1.5h_0$；在无梁板的柱边如需用作剪力架时，除应按抗剪承载力确定外，在构造上应配置四肢箍。
3）抗震设计时，柱上板带暗梁以外的支座纵向钢筋宜有不少于1/3拉通全跨。与暗梁相垂直方向的板下钢筋应搁置于暗梁下部钢筋之上。
4）当设置平托板时，平托板底部宜布置构造钢筋。计算柱上板带的支座钢筋时，可以考虑平托板的有利影响。
5）无梁板开局部洞口时，应验算承载力和刚度要求，洞口周边应布置补强钢筋。

8.5 案例分析——高层混凝土框架-剪力墙商住楼结构设计

【案例】某15层商住楼建于市中心区域，底层至四层为商铺，五至十五层为住宅，屋面标高为60.1m，柔性防水轻质保温不上人屋面，双向2%找坡。抗震设防烈度为7度，设计基本地震加速度为0.15g，建筑场地类别为Ⅳ类（第三组）。该商住楼的建筑平面图、立面图如图8-13～图8-15所示。

试对该商住楼进行结构设计，包括以下内容：
1）结构选型。
2）结构选材，材料强度选用。
3）荷载效应和效应最不利组合。
4）结构构件截面尺寸估算。
5）结构计算总体信息。

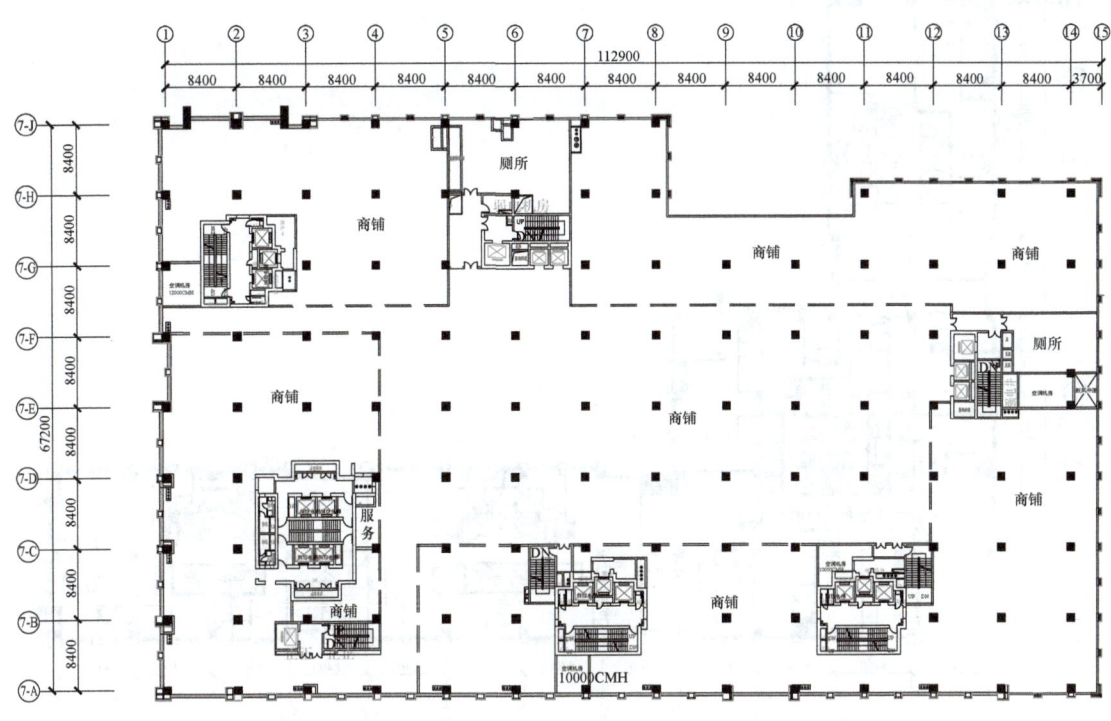

图 8-13　1~4 层建筑平面图

6）结构动力特性和扭转情况判断。
7）结构楼层层间位移角、楼层刚度比和楼层承载力比。

【解】
本项目采用有限元软件 PKPM 对结构进行整体计算和截面设计。

（1）结构选型　考虑到本结构高度为 60.1m，结构类型选择为混凝土框架-剪力墙结构，剪力墙布置在楼梯、电梯间。结构平面布置图略。

（2）结构选材，材料强度选用　混凝土等级采用 C40，梁和墙中的受力钢筋等级为 HRB400，箍筋等级为 HRB400。

（3）荷载效应和效应最不利组合　该建筑位于地震设防区，选择考虑地震作用的荷载效应组合。

（4）结构构件截面尺寸估算　本工程框架和剪力墙抗震等级均为二级，参考《抗震规范》表 6.3.6，剪力墙墙肢轴压比取 0.6，暗柱边框柱轴压比取 0.7，框架柱轴压比限值为 $\mu = 0.85$。

钢筋混凝土框架-剪力墙结构重力荷载设计值可取 12~14kN/m²，柱截面尺寸按照经验公式估算。中柱受荷面积最大，但考虑到边柱和角柱抗扭承载力和刚度要求，因此取角柱和边柱尺寸与中柱相同。以塔楼区底层框架柱为例进行柱截面的选型。

中柱的受荷面积为 $8.4\text{m} \times 8.4\text{m} = 70.56\text{ m}^2$，轴力值估算为

$$N = \beta A G n = 1.2 \times 70.56\text{m}^2 \times 14\text{kN/m}^2 \times 15 = 17781.12\text{kN}$$

则中柱的估算面积为

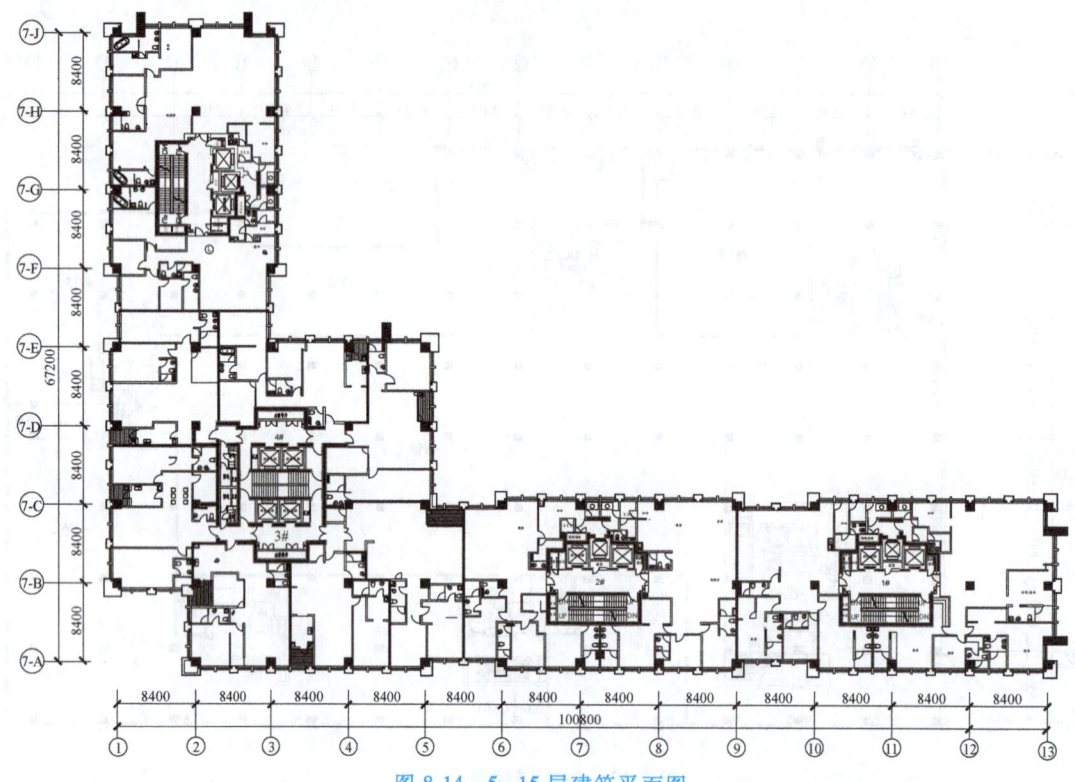

图 8-14　5~15 层建筑平面图

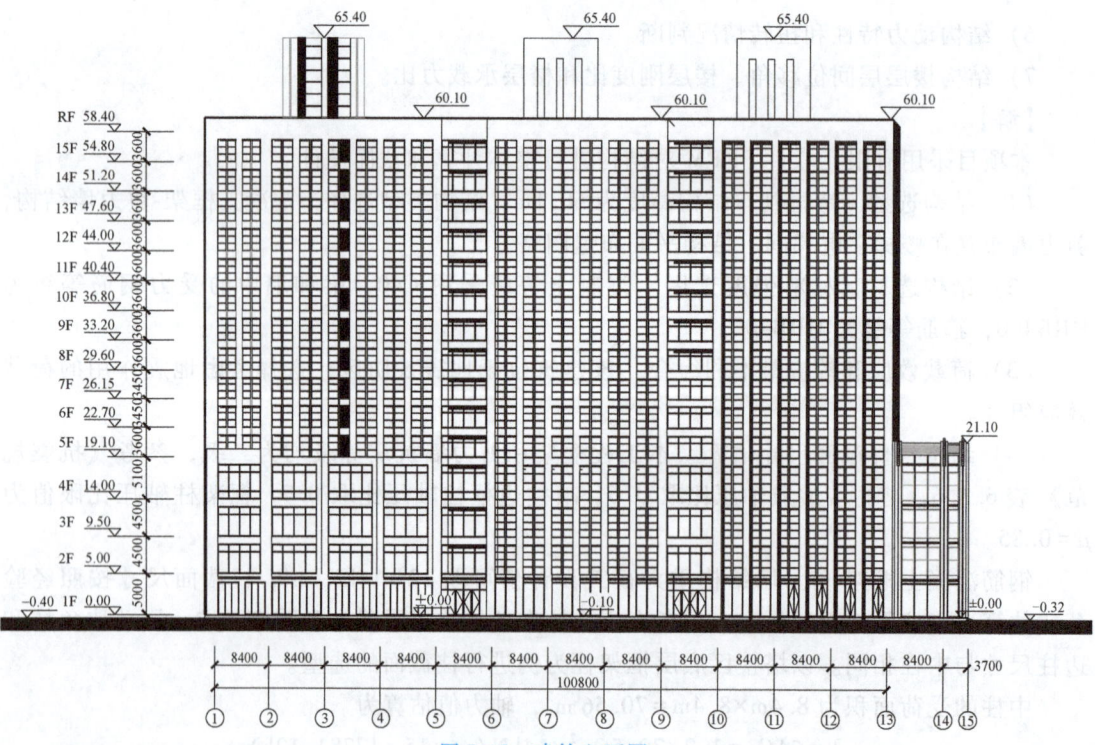

图 8-15　建筑立面图

$$A_c \geq \frac{N}{\mu f_c} = \frac{17781.12 \times 10^3}{0.85 \times 19.1} \text{mm}^2 = 1095233.75 \text{mm}^2$$

$$\sqrt{A_c} = 1046.53 \text{mm}$$

取柱截面尺寸为 1100mm×1100mm。梁截面高度由跨高比进行估计,梁截面宽度由高宽比估计。以框架主梁为例,对梁截面进行选型。

$$h = \frac{l}{12} \sim \frac{l}{8} = \frac{8400}{12} \sim \frac{8400}{8} \text{mm} = 700 \sim 1050 \text{mm},取框架梁高 h = 800 \text{mm}。$$

$$b = \frac{h}{3} \sim \frac{h}{2} = \frac{800}{3} \sim \frac{800}{2} \text{mm} = 266.67 \sim 400 \text{mm},取框架梁宽 b = 300 \text{mm}。$$

板的厚度可根据跨厚比进行估算。本结构楼板长短边比为 8400/4200 = 2,属于双向板。由板的厚度可根据跨厚比进行预估,其中单向板跨厚比不大于 30,双向板跨厚比不大于 40,即本结构板厚 $h \geq 4200\text{mm}/40 = 105\text{mm}$。根据规范要求及房间开间的大小,楼板厚度初步预估为 120mm。

由剪力墙抗震等级为二级及《抗震规范》知墙厚不小于 160mm 及层高的 1/20 (180mm),且底部加强区的墙厚不小于 200mm 及层高的 1/16 (225mm)。本项目的剪力墙尺寸:1~4 层选取 400mm,5~15 层选取 300mm。

选型完毕后,建立结构的整体模型,如图 8-16 所示。

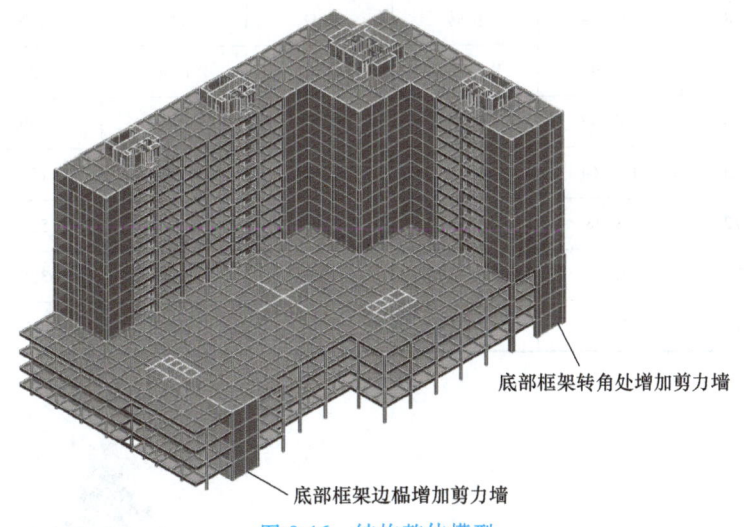

图 8-16 结构整体模型

(5) 结构计算总体信息 结构材料为钢筋混凝土结构,混凝土重度及钢材重度分别为 25kN/m³ 及 78kN/m³;裙房层数为 4 层;结构其他计算参数方面,考虑楼面活荷载折减,折减系数如《建筑结构荷载规范》(GB 50009—2012) 规定。梁保护层厚度为 25mm,柱保护层厚度为 30mm;柱配筋按照双偏压计算,不考虑 P-Δ 效应,梁端弯矩调幅 0.85。由《建筑结构荷载规范》知,基本风压为 0.50kN/m²,地面粗糙度为 D 类,体型系数 1~4 层取 1.3,5~15 层取 1.4。

用 PKPM 进行结构计算,体系为框架-剪力墙结构;采用刚性楼板假定,不考虑楼梯刚度。

初步计算分析发现，结构出现明显扭转现象，楼层最大位移与平均位移之比大于1.5，且一些梁构件和墙构件存在剪压比超限和配筋率超限现象，柱构件出现轴压比超限现象。因此，对结构进行第一次优化，将框架主梁尺寸由300mm×800mm增大为400mm×800mm，将低层塔楼柱截面由1100mm×1100mm增大至1200mm×1200mm。重新计算后，柱的轴压比及梁的配筋率有所改善，但是剪压比依然有较大超限，因此在结构1~4层新增剪力墙，在5~15层塔楼的端部和角部增加剪力墙，调整结构刚度，同时分担一部分竖向荷载。经过计算，结果符合规范要求。1~4层新增剪力墙布置，该剪力墙的设置影响了中心区域的人员流动和空间使用，可能会影响建筑功能，也可能影响底部车库的布局，并不是最好的结果。可见，设计是一个不断追求最优化的过程，需要不断的尝试。

（6）结构动力特性和扭转情况判断　按照上述剪力墙布置结果（图8-16），得到结构的自振周期和振型，以及平动和扭转分量，表8-6列出了前9个模态的计算结果，前3个模态的振型如图8-17所示。

表8-6　结构动力特性

振型号	周期/s	方向角/(°)	类型	扭振成分	X侧振成分	Y侧振成分	总侧振成分
1	0.7106	45.35	Y向平动	0%	49%	51%	100%
2	0.6476	134.71	X向平动	12%	44%	45%	89%
3	0.5368	139.24	扭转	88%	7%	5%	12%
4	0.2218	64.80	Y向平动	4%	18%	78%	96%
5	0.2138	157.93	X向平动	7%	80%	14%	94%
6	0.1833	119.64	扭转	80%	5%	15%	20%
7	0.1072	48.88	Y向平动	3%	42%	55%	97%
8	0.0975	142.32	X向平动	12%	55%	33%	88%
9	0.0875	113.98	扭转	90%	2%	9%	11%

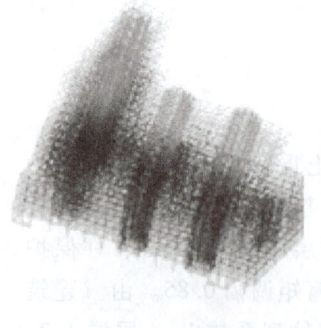
a)
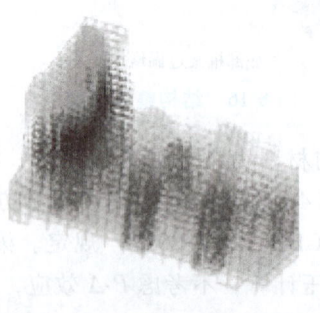
b)

c)

图8-17　前3个模态的振型图
a) 第一模态（Y向平动）　b) 第二模态（X向平动）　c) 第三模态（扭转）

结构规则性判断：虽然该结构竖向不规则、平面不规则，但通过合理布置剪力墙，使得计算得到结构第一扭转振型对应的周期是 0.5368s，第一平动振型对应的周期是 0.7106s，两者的比值为 0.755，小于 0.9，满足结构规则性要求。

（7）结构楼层层间位移角、楼层刚度比和楼层承载力比　图 8-18～图 8-20 分别为该结构的楼层层间位移角、楼层刚度比和楼层抗剪承载力比曲线。从图中可以看出，多遇地震下结构的楼层层间位移角起控制作用，最大值小于 1/2000；结构在风荷载组合下层间位移角更小。框架-剪力墙结构的层间位移角限值是 1/800，同时自振周期为 0.7s，也大于一般经验值。因此可以判断，该结构剪力墙截面取值偏大，从经济性考虑，应进行优化。

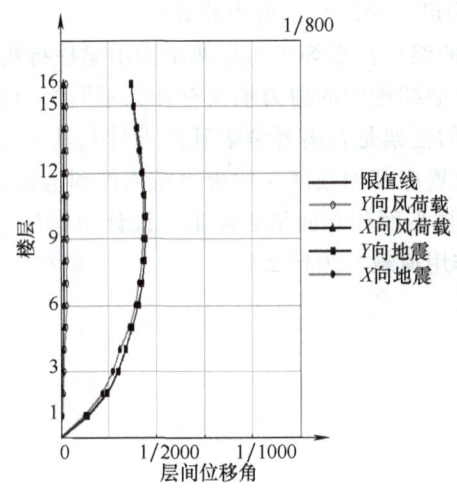

图 8-18　结构层间位移角验算

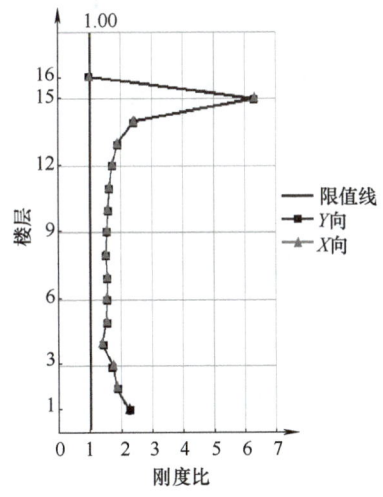

图 8-19　楼层刚度比验算

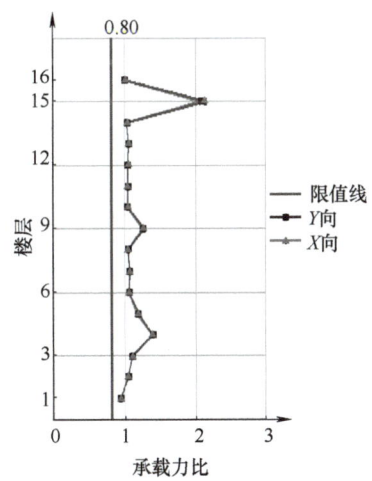

图 8-20　楼层抗剪承载力比

思考题

1. 框架-剪力墙结构的特点是什么？从建筑功能和结构受力两方面看，该结构体系有什么优点？

2. 试述简化计算方法的设计思路。一般而言总框架和总剪力墙采用怎样的内力传递方式？

3. 系数 λ 有什么物理意义？对楼层剪力在框架和剪力墙总的分配有什么影响？

4. 协调总框架和总剪力墙共同工作的条件是什么？设计中如何确保该条件得到满足？

5. 框架结构中仅有楼梯间局部有剪力墙就可以称为框架-剪力墙结构吗？为什么？

6. 为什么要强调倾覆力矩的分配？框架-剪力墙结构中，剪力墙抗倾覆力矩比例应该不低于多少？

7. 为什么要对框架结构进行楼层最小剪力验算？

8. 框架-剪力墙结构中的梁柱抗震等级与框架结构中梁柱抗震等级有什么不同？框架-剪力墙结构中的剪力墙与剪力墙结构中的剪力墙又有什么不同？为什么？

9. 框架-剪力墙结构中的框架是否需要考虑延性设计？其采用的方法与框架结构设计是否一致？剪力墙是否需要设置底部加强区、约束边缘构件和构造边缘构件？应如何设置？

10. 本节案例中的商住楼平面和立面是否规则？设计中应注意什么？该结构的最不利控制荷载是风荷载还是地震作用荷载？为什么？

第 9 章　超高层建筑结构设计

> 【学习目标】
> 通过本章的学习，掌握超高层建筑结构的构成和特点，掌握不同构件之间力的传递路径及协同作用机制，掌握型钢与混凝土组合截面的构成及受力特点，通过经典超高层结构案例，了解超高层组合结构的布置原则、结构反应、构件承载力验算方法和构造要求。
>
> 【学习方法】
> 学习本章节时重在对结构体系的宏观了解，学习超高层复杂结构体系的传力路线分析，厘清组合构件和组合结构的区别，了解组合结构的设计方法，以及组合结构的设计思路。并通过经典案例的学习，思考和分析超高层建筑结构与高层建筑结构设计的特点，融会贯通前述章节的学习内容。

9.1　超高层建筑的特点

9.1.1　超高层建筑的功能需求

超高层建筑是城市发展的需要，也是经济发展的象征。超高层建筑一般建在城市的经济中心（或称为中央商务区），主要用于综合性商业服务和办公场所。这里，超高层建筑特指100m及以上的高层建筑。建筑概念设计时的主要控制指标主要有以下几个方面：

1）有效面积占有率。由于地价高昂，建筑物占地面积小，但超高层建筑因楼层高度，抗侧力构件总截面面积与高层建筑相比低。

2）设备空间占有率。由于高度的提升，需要更多的电梯井、消防通道、通风井、给排水井、电气等设备空间。

3）地下室空间利用率。超高层建筑的地下空间面积一般占总建筑面积的约1/10。上部结构的建筑平面布置，特别是结构构件的设置，直接影响地下停车库车位的数量，而车位是高密度区的刚性需求。

4）交通流向。中央商务区地面交通压力大，有的建筑紧邻地铁或地下管廊，地下室空间或地面空间需要设置快速人流通道，有的建筑底层甚至需要流出机动车通道。

5）绿化率。高楼林立中的绿地是快节奏城市中的绿洲，可有效提升周边建筑物品质，更重要的是可以给工作和生活的人们提供健康和舒适的休闲环境。

综上可见，上述需求往往是矛盾的，如何权衡上述各项需求，在有限的面积里找到最好的解决方案，是建筑师与结构工程师需要共同面对和完成的任务。

9.1.2 超高层建筑的成本控制

如果不考虑土地成本，建造多层建筑一定比高层建筑节约成本，建造高层建筑一定比超高层建筑节约成本。也就是说，建造一幢 30 万 m^2 建筑面积的 300m 高的建筑，比建造 3 幢 10 万 m^2 的 100m 高的建筑成本要高得多。

超高层建筑中结构成本一般占总体建造成本的 20%~30%。当建筑物高于 50 层时，横向抗侧力体系成本约占总结构成本的 1/3，另外 1/3 是桩和地下室结构，其余 1/3 是楼屋盖结构。值得注意的是，外立面的建造成本可能占总成本的一半或更多，这取决于它的复杂性和构成方式。成本中的其他部分是电梯、通风、给排水、信息系统、空调系统和消防安全系统等的设备费和安装费等。

建造商最关心的是投入产出比，尽可能提高楼层和使用面积是最为重要的。因此，明智的建造商不会一味盯着结构工程师减小截面、减少配筋量、减少材料总量，而是更关注空间的合理利用，层高与净高、车库停车位、通道的合理布置以及建筑物的健康与舒适性。

当然，结构优化始终是结构工程师追求的目标，即在满足特定荷载工况和应对偶然荷载下力求材料最省。主要表现在通过合理的结构体系，最小化混凝土、钢材和钢筋的用量，因此，组合结构体系应运而生。

成本控制成功的案例都具有非常合理的抗侧力体系、完美的建筑表现力、轻质高强的材料，以及高效的施工方法。反之，奇奇怪怪、受力不合理或过度堆砌的表现等都将造成数倍的成本增加。

框架-筒体结构振动台试验

9.1.3 超高层建筑的结构特点

对于超高层建筑，高度起着决定性的主导作用。其结构特点表现为以下几个方面：

（1）结构更柔　在水平均布荷载作用下，楼层水平位移与高度的四次方成正比，而结构的抗侧刚度与水平位移成反比。如 200m 高的建筑，在同等的均布荷载作用下，其底部弯矩是 100m 高建筑的 4 倍，顶点水平位移是 100m 高建筑的 16 倍。由此可知，对于 200m 高的建筑物，其等效抗侧刚度是 100m 高的建筑物的 1/16。为满足结构安全和舒适，必须大幅度提高超高层建筑的刚度，同时又不显著增加结构的自重成为首要任务。

（2）P-Δ 效应更大　由于水平位移角增大，P-Δ 效应（自重产生的二次矩效应）将进一步加剧，以二次方的速率进一步加大结构的水平位移，因此，需要有效控制重力和侧移，即提高刚度减轻自重。

（3）动力效应更明显　结构更柔，导致结构高阶振动效应明显，不容忽视。同时，结构的第一自振周期与稳态风振动的频率接近，风荷载的动力效应对超高层影响加剧。

(4) 风荷载动力效应不容忽视　从风荷载和地震作用的角度看, 风荷载标准值随着结构高度的增高而增大, 表现在高度系数的增大, 以及相应风振系数的提高。对于在同一地区, 如地面粗糙度为 D 类场地, 250m 高的建筑物的风压高度系数是 100m 高建筑物的 1.74 倍, 且基本风压需乘以 1.1, 在不考虑风振系数影响的前提下, 风荷载标准值增大 1.9 倍。因此, 我国建筑荷载相关规范提出, 当房屋高度大于 200m 或平面形状或立面形状复杂、立面开洞或连体建筑、周围地形和环境较复杂时, 宜进行风洞试验确定建筑物的风荷载。

(5) 地震作用下的速度反应和位移反应加剧　随着结构高度的增加, 结构自振周期增大, 从地震反应谱看, 虽然结构加速度反应有所减小, 但速度反应增大, 水平位移反应明显增大。

因此, 为满足建筑功能和结构安全需求, 超高层建筑广泛采用了组合结构体系和混合结构体系。

9.1.4　组合结构和混合结构的受力特点

组合结构是指由组合结构构件组成的结构, 以及由组合结构构件与钢构件、钢筋混凝土构件组成的结构, 如钢骨混凝土构件或钢管混凝土构件组成的结构体系。

组合结构构件是指由型钢、钢管与钢筋混凝土组合能整体受力的结构构件。以型钢和钢筋混凝土材料的组合而言, 型钢混凝土构件是指内部型钢外部包裹钢筋混凝土组成的构件, 如图 9-1a 所示。其特点是外包混凝土有效避免了型钢的局部失稳, 提高了型钢的抗火性能。钢管混凝土结构是指外部为方钢管或圆钢管, 内填混凝土形成的构件, 如图 9-1b 所示。其特点是外部钢管对内部密实的混凝土形成约束作用, 有效提高混凝土受压式的延性, 提高轴压比, 减小截面尺寸; 同时, 钢管可以作为模板, 减少施工时的模板成本和工序, 节省成本。

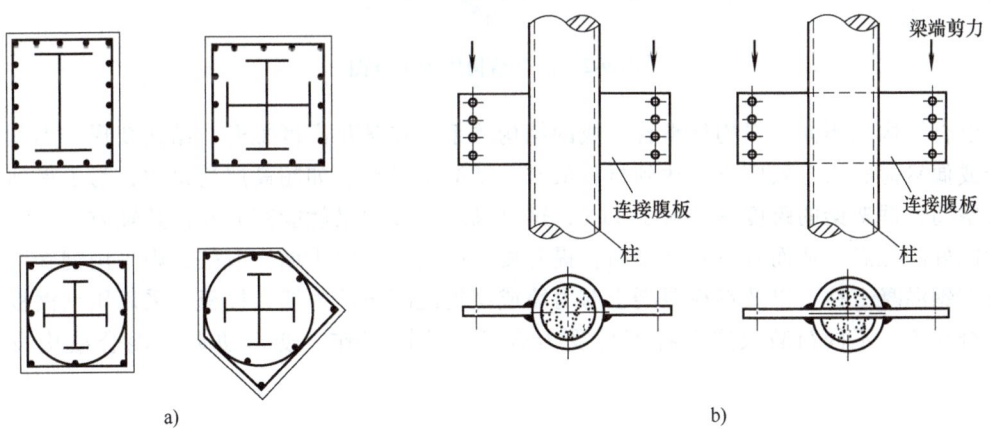

图 9-1　组合构件示意图
a) 型钢混凝土结构　b) 钢管混凝土结构

组合构件最重要的是确保两者协同受力。因此, 在型钢的表面需焊接剪力键, 增大型钢与混凝土之间的黏结力, 确保构件在变形时满足平截面假定, 即两种材料的变形是协调的。对于钢管混凝土构件, 应保证混凝土振捣浇筑密实, 避免因混凝土干缩造成钢管内壁与混凝土表面之间产生空隙。

混合结构是指由两种或多种不同材料构件或部件组合而成的结构。构件或部件的材料为钢筋混凝土、型钢或承重玻璃、承重复合材料等，如钢柱、钢伸臂桁架和型钢混凝土核心筒组成的钢-混凝土混合结构体系，由正交胶合木剪力墙与混凝土核心筒组成的木-混凝土混合结构体系等。

混合的优势是集中优势，取长补短，建造性能优越的结构体系。主要表现在每种材料得以充分利用，形成的组合构件或组合结构刚度大、自重轻、受力合理、性能优越，图9-2为上海中心大厦某一加强区的结构体系。其中，型钢混凝土核心筒与巨型柱通过型钢伸臂桁架形成强大抗侧力体系，型钢环带桁架加强巨型柱之间的整体工作性能提供良好的抗扭转性能。楼面钢梁将竖向楼面荷载传递到型钢柱上。型钢柱采用悬挂方式，充分利用钢材的抗拉性能强的特点，避免受压产生截面增大导致自重增大。

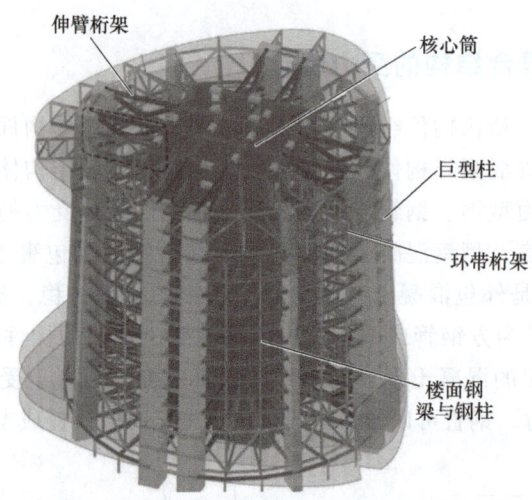

图9-2 混合结构体系示意图

混合结构是不同材料构件组合形成的结构体系，在满足高度提升、结构变形和不利荷载组合或偶然荷载组合效应下，达到材料最省、功能最完善。如超高层建筑中，为了得到宽敞的大空间，框架梁的跨度一般大于11m，这时采用焊接钢梁就能充分发挥其轻质、高强、抗弯性能好的优点，从而有效降低梁高，提升楼层净高。而对于墙体或柱，则采用钢管混凝土柱或型钢混凝土柱，以及钢板混凝土剪力墙或型钢混凝土剪力墙，楼板则采用压型钢板混凝土组合楼板。不同荷载效应下各部件受力合理、共同工作、变形协调是混合结构设计的关键。

9.2 组合构件设计

型钢混凝土组合结构又称为钢骨混凝土组合结构、劲性钢筋混凝土组合结构，是指柱、梁等构件，用型钢作为骨架，外包钢筋混凝土所形成的结构。就结构的受力性能而言，型钢混凝土组合结构基本属于钢筋混凝土结构的范畴。

在钢筋混凝土结构中，钢筋的表面积与截面面积比值较大，且一般钢筋表面带肋，在有足够的锚固长度时，钢筋与混凝土交界面的黏结强度可以保证两者变形协调，共同受力。而型钢表面积与截面面积比值较小，表面平整，黏结强度比较小，两者之间易产生滑移。因此，仅靠黏结强度难以保证型钢与混凝土的共同工作。型钢混凝土组合结构中型钢与混凝土共同工作的标志是两者之间仅存在可以忽略的相对滑移。因此，必须采取相应的措施保证型钢与混凝土共同工作。增强型钢与混凝土共同工作的措施有：采用实腹式型钢；型钢翼缘设置剪切连接件；配置纵向钢筋和箍筋，加强对混凝土的约束。

本章节仅对组合构件的设计方法做简单介绍，以方便读者系统了解超高层建筑的结构设计，更为详细和深入的内容请参考和学习结构设计规范或技术标准如《组合结构设计规范》(JGJ 138—2016)，以及相关教材。

9.2.1 型钢混凝土梁的设计

根据实腹式型钢混凝土梁的试验，在达到最大承载力之前，梁中型钢截面的应变分布与外包混凝土截面的应变分布基本协调一致，中和轴重合，且接近于直线分布，表明型钢与外包混凝土的黏结作用在最大荷载之前一般不会破坏，所以，可以假定梁截面中型钢与混凝土的应变符合平截面假定。

当型钢偏置于截面受拉区时，型钢上翼缘与混凝土的交界面处可能发生相对滑移，导致型钢和混凝土不能共同工作，接近破坏时交界面附近将产生较大的纵向裂缝，混凝土受压高度较大，延性较差，因此，应在型钢上翼缘配置足够数量的剪力键。

型钢混凝土框架梁正截面抗弯承载力计算可采用以下基本假定：

1）截面应变符合平截面假定。

2）不考虑混凝土的抗拉强度。

3）受压边缘混凝土极限压应变 ε_{cu} 取 0.003，相应的最大压应力取混凝土轴心抗压强度设计值 f_c 乘以受压区混凝土压应力影响系数 α_1，当混凝土强度等级不超过 C50 时，α_1 取为 1.0；当混凝土强度等级为 C80 时，α_1 取为 0.94，其间按线性内插法确定；受压区应力图简化为等效的矩形应力图，其高度取按平截面假定所确定的中和轴高度乘以受压区混凝土应力图形影响系数 β_1，当混凝土强度等级不超过 C50 时，β_1 取为 0.8，当混凝土强度等级为 C80 时，β_1 取为 0.74，其间按线性内插法确定。

4）型钢腹板的应力图形为拉、压梯形应力图形，设计计算时，简化为等效矩形应力图形。

5）钢筋应力等于钢筋应变与其弹性模量的乘积，但不大于其强度设计值。受拉钢筋和型钢受拉翼缘的极限拉应变 ε_b 取 0.01。

根据上述假定，对于型钢截面为充满型实腹式型钢混凝土梁，其正截面受力状态如图 9-3 所示。正截面抗弯承载力计算公式为

非抗震设计时

$$M \leqslant \alpha_1 f_c bx \left(h_0 - \frac{x}{2}\right) + f'_y A'_s (h_0 - a'_s) + f'_a A'_{af} (h_0 - a'_a) + M_{aw} \tag{9-1}$$

$$\alpha_1 f_c bx + f'_y A'_s + f'_a A'_{af} - f_y A_s - f_a A_{af} + N_{aw} = 0 \tag{9-2}$$

抗震设计时

$$M \leqslant \frac{1}{\gamma_{RE}} \left[\alpha_1 f_c bx \left(h_0 - \frac{x}{2}\right) + f'_y A'_s (h_0 - a'_s) + f'_a A'_{af} (h_0 - a'_a) + M_{aw} \right] \tag{9-3}$$

$$\alpha_1 f_c bx + f'_y A'_s + f'_a A'_{af} - f_y A_s - f_a A_{af} + N_{aw} = 0 \tag{9-4}$$

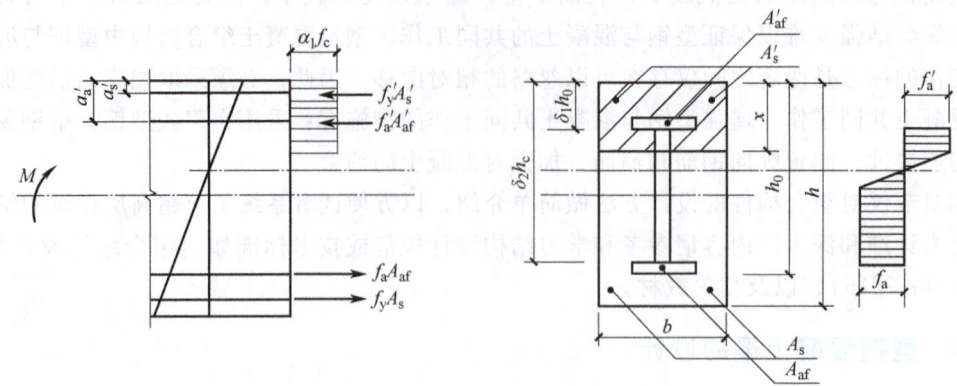

图 9-3 框架梁正截面受弯承载力计算

当 $\delta_1 h_0 < 1.25x$，$\delta_2 h_0 > 1.25x$ 时

$$N_{aw} = [2.5\xi - (\delta_1+\delta_2)] t_w h_0 f_a \qquad (9-5)$$

$$M_{aw} = \left[\frac{1}{2}(\delta_1^2+\delta_2^2) - (\delta_1+\delta_2) + 2.5\xi - (1.25\xi)^2\right] t_w h_0^2 f_a \qquad (9-6)$$

$$\xi_b = \frac{\beta_1}{1+\dfrac{f_y+f_a}{2\times 0.003 E_s}} \qquad (9-7)$$

混凝土受压区高度 x 尚应符合要求，即

$$x \leqslant \xi_b h_0 \qquad (9-8)$$

$$x \geqslant a'_a + t_f \qquad (9-9)$$

式中　ξ——相对受压区高度，$\xi = x/h_0$；

　　　ξ_b——相对界限受压区高度，$\xi_b = x_b/h_0$；

　　　x_b——界限受压区高度；

　　　M_{aw}——型钢腹板承受的轴向合力对型钢受拉翼缘和纵向受拉钢筋合力点的力矩；

　　　N_{aw}——型钢腹板承受的轴向合力；

　　　δ_1——型钢腹板上端至截面上边距离与 h_0 的比值；

　　　δ_2——型钢腹板下端至截面上边距离与 h_0 的比值；

　　　t_w——型钢腹板厚度；

　　　t_f——型钢翼缘厚度；

　　　h_0——型钢受拉翼缘和纵向受拉钢筋合力点至混凝土受压边缘的距离。

型钢混凝土结构与钢筋混凝土结构及钢结构设计不同，往往不是根据内力计算出钢筋面积或型钢面积，然后选择配筋或型钢的大小，而是梁截面确定后，先配置型钢，然后验算其承载能力是否满足要求。型钢的形式与型钢的尺寸应当尽量优化，在保证安全的前提下，尽量使构件受力合理（尤其是型钢）而且经济。

与普通钢筋混凝土梁受剪性能相比，实腹式型钢混凝土梁具有较大的抗剪刚度，且腹板在梁中的分布是连续的，对斜裂缝的开展有较好的约束作用，因此梁的刚度不因混凝土出现斜裂缝部分退出工作而显著降低。虽然梁最终由于混凝土的破坏而达到最大承载力，但从型钢腹板屈服到最大承载力之前有一个较长的过程，承载力的衰减要比钢筋混凝土梁缓慢得多，表现出较好的延性。型钢混凝土梁由于型钢与混凝土截面黏结强度较低，破坏时受压侧保护层剥离范围较大，有时产生剪切黏结破坏，在设计中应予以防止。一般通过配置必要的构造箍筋，增加型钢外围混凝土厚度等来提高抗剪切黏结破坏承载力。型钢混凝土腹板受混凝土的约束不会发生局部屈曲，腹板强度得以充分发挥。

型钢混凝土梁受剪试验结果表明，型钢部分抗剪承载力的贡献为型钢腹板部分的抗剪承载力，其值与腹板强度、腹板含量有关，对集中荷载作用下的梁还与剪跨比有关，近似地取型钢腹板的抗剪强度为 $0.58f_a$，这样可得梁斜截面抗剪承载力的计算公式如下：

非抗震设计时

$$V_b \leq 0.08f_c bh_0 + f_{yv}\frac{A_{sv}}{s}h_0 + 0.58f_a t_w h_w \tag{9-10}$$

抗震设计时

$$V_b \leq \frac{1}{\gamma_{RE}}\left(0.5f_t bh_0 + f_{yv}\frac{A_{sv}}{s}h_0 + 0.58f_a t_w h_w\right) \tag{9-11}$$

集中荷载作用下的梁，其斜截面抗剪承载力计算公式如下：

非抗震设计时

$$V_b \leq \frac{1.75}{\lambda+1}f_t bh_0 + f_{yv}\frac{A_{sv}}{s}h_0 + \frac{0.58}{\lambda}f_a t_w h_w \tag{9-12}$$

抗震设计时

$$V_b \leq \frac{1}{\gamma_{RE}}\left(\frac{1.05}{\lambda+1}f_t bh_0 + f_{yv}\frac{A_{sv}}{s}h_0 + \frac{0.58}{\lambda}f_a t_w h_w\right) \tag{9-13}$$

式中　f_{yv}——箍筋强度设计值；

A_{sv}——配置在同一截面内箍筋各肢的全部截面面积；

h_w——型钢腹板高度；

s——沿构件长度方向上箍筋的间距；

λ——计算截面剪跨比，λ 可取 $\lambda = a/h_0$，a 为计算截面至支座截面或节点边缘的距离，计算截面取集中荷载作用点处的截面。当 $\lambda < 1.5$ 时，取 $\lambda = 1.5$；当 $\lambda > 3$ 时，取 $\lambda = 3$。

上述型钢混凝土梁截面抗剪承载力计算公式是基于型钢混凝土梁的剪压破坏建立的。集中荷载作用下梁的斜截面抗剪承载力试验表明，当 $V/f_c bh_0$ 超过一定值后破坏时，型钢和箍筋不能达到屈服，出现斜压破坏和剪切黏结破坏，因此，梁的受剪截面应符合一定条件：

为防止出现斜压破坏，非抗震设计时应满足

$$V_b \leq 0.45\beta_c f_c bh_0 \tag{9-14}$$

为防止出现斜压破坏，抗震设计时应满足

$$V_b \leq \frac{1}{\gamma_{RE}}(0.36\beta_c f_c bh_0) \tag{9-15}$$

式中　β_c——混凝土强度调整系数，当混凝土强度等级不超过 C50 时取值为 1.0，当混凝土强度等级为 C80 时取值为 0.8，中间等级混凝土按线性内插法确定。

为避免型钢含量过小，由于型钢和混凝土的黏结作用极易丧失而导致剪切黏结破坏，非抗震设计和抗震设计时均应满足要求，即

$$\frac{f_a t_w h_w}{\beta_c f_c bh_0} \geq 0.10 \tag{9-16}$$

9.2.2 型钢混凝土柱的设计

型钢混凝土柱的设计需要考虑混凝土、钢筋和型钢的共同工作。我国相关规范的编制依据变形协调模型，变形协调模型假定型钢与混凝土变形协调，即构件截面在受力过程中始终符合平截面假定。

1. 柱偏心受压正截面承载力计算

型钢截面为充满型实腹式型钢混凝土柱偏心受压正截面承载力计算公式如下：

非抗震设计时

$$N \leq \alpha_1 f_c bx + f'_y A'_s + f'_a A'_{af} - \sigma_a A_s - \sigma_a A_{af} + N_{aw} \tag{9-17}$$

$$Ne \leq \alpha_1 f_c bx \left(h_0 - \frac{x}{2} \right) + f'_y A'_s (h_0 - a'_s) + f'_a A'_{af} (h_0 - a'_a) + M_{aw} \tag{9-18}$$

抗震设计时

$$N \leq \frac{1}{\gamma_{RE}} (\alpha_1 f_c bx + f'_y A'_s + f'_a A'_{af} - \sigma_a A_s - \sigma_a A_{af} + N_{aw}) \tag{9-19}$$

$$Ne \leq \frac{1}{\gamma_{RE}} \left[\alpha_1 f_c bx \left(h_0 - \frac{x}{2} \right) + f'_y A'_s (h_0 - a'_s) + f'_a A'_{af} (h_0 - a'_a) + M_{aw} \right] \tag{9-20}$$

式中 e——轴向力作用点至纵向受拉钢筋和型钢受拉翼缘的合力点之间的距离，在初始偏心距的基础上要考虑荷载位置不定性、材料不均匀、施工偏差等引起的附加偏心距，并考虑挠曲影响的轴向力偏心距增大系数。

上述参数的计算公式与钢筋混凝土偏压承载力计算公式保持一致。

当 $\delta_1 h_0 < \dfrac{x}{\beta_1}$，$\delta_2 h_0 > \dfrac{x}{\beta_1}$ 时按式（9-5）和式（9-6）计算。

当 $\delta_1 h_0 > \dfrac{x}{\beta_1}$，$\delta_2 h_0 > \dfrac{x}{\beta_1}$ 时

$$N_{aw} = (\delta_2 - \delta_1) t_w h_0 f_a \tag{9-21}$$

$$M_{aw} = \left[\frac{1}{2} (\delta_1^2 - \delta_2^2) + (\delta_2 - \delta_1) \right] t_w h_0^2 f_a \tag{9-22}$$

受拉边或受压较小边的钢筋应力 σ_s 和型钢翼缘应力 σ_a 可按下列条件计算：当 $x \leq \xi_b h_0$ 时，为大偏心受压构件，取 $\sigma_s = f_y$，$\sigma_a = f_a$；当 $x > \xi_b h_0$ 时，为小偏心受压构件，σ_s 及 σ_a 近似计算公式为

$$\sigma_s = \frac{f_y}{\xi_b - \beta_1} \left(\frac{x}{h_0} - \beta_1 \right) \tag{9-23}$$

$$\sigma_a = \frac{f_a}{\xi_b - \beta_1} \left(\frac{x}{h_0} - \beta_1 \right) \tag{9-24}$$

2. 柱斜截面抗剪承载力计算

试验研究表明，型钢混凝土柱的斜截面抗剪承载力可由钢筋混凝土和型钢两部分的斜截面抗剪承载力组成，在计算中型钢部分对抗剪承载力的贡献中考虑型钢腹板部分的抗剪承载力。同时考虑轴向压力对抗剪承载力的有利影响，具体计算公式如下：

非抗震设计时

$$V_c \leq \frac{1.75}{\lambda+1}f_t bh_0 + f_{yv}\frac{A_{sv}}{s}h_0 + \frac{0.58}{\lambda}f_a t_w h_w + 0.07N \quad (9\text{-}25)$$

抗震设计时

$$V_c \leq \frac{1}{\gamma_{RE}}\left(\frac{1.05}{\lambda+1}f_t bh_0 + f_{yv}\frac{A_{sv}}{s}h_0 + \frac{0.58}{\lambda}f_a t_w h_w + 0.056N\right) \quad (9\text{-}26)$$

式中　λ——框架柱的计算剪跨比，其值取上、下端较大弯矩设计值 M 与对应的剪力设计值 V 和柱截面有效高度 h_0 的比值，即 M/Vh_0；当框架结构中的框架柱的反弯点在柱层高范围内时，柱剪跨比也可采用 1/2 柱净高与柱截面有效高度的比值；当 $\lambda<1$ 时，取 $\lambda=1$；当 $\lambda>3$ 时，取 $\lambda=3$；

　　　　N——考虑地震作用组合的框架柱的轴向压力设计值；当 $N>0.3f_c A_c$ 时，取 $N=0.3f_c A_c$。

为保证型钢混凝土框架具有较好的延性和耗能能力，应控制框架柱的轴压比。通过不同轴压比情况下承受低周反复荷载作用的型钢混凝土压弯构件试验表明，在相同的轴压比情况下，型钢混凝土柱比钢筋混凝土柱具有更好的滞回特性和延性性能。因此，其轴压比计算中应考虑型钢的有利作用。定义型钢混凝土柱的轴压比为

$$n = \frac{N}{f_c A_c + f_a A_a} \quad (9\text{-}27)$$

为确保型钢混凝土柱具有一定的延性，型钢混凝土柱在设计时应满足规范相应限值要求。

9.2.3　钢管混凝土构件的设计

钢管混凝土构件具有良好的塑性和抗震性能，施工简单，可大大缩短工期，钢管混凝土柱的耐火性能优于钢柱等特点。其中圆形钢管混凝土最适宜用作轴心受压和偏心受压构件，其优势在于可以更加充分发挥钢管与混凝土两种材料的受力性能。混凝土受到钢管的横向约束而处于三向受压状态，具有更高的抗压强度和变形能力。钢管壁较薄，在受压状态下容易局部失稳，在其中填实混凝土后，能显著增强钢管壁的稳定性，其承载力的潜力也得到充分利用。钢管混凝土受压构件中，钢管与混凝土相互约束，改善了各自的性能，使构件的承载力显著提高，其承载力并非仅仅是两者承载力的简单叠加。

（1）钢管混凝土短柱的轴向受压承载力计算　钢管混凝土短柱的轴向受压承载力 N 计算公式为

$\theta \leq [\theta]$ 时

$$N \leq 0.9 A_c f_c (1+\alpha\theta) \quad (9\text{-}28)$$

$\theta > [\theta]$ 时

$$N \leq 0.9 A_c f_c (1+\sqrt{\theta}+\theta) \quad (9\text{-}29)$$

$$\theta = \frac{A_a f_a}{A_c f_c} \quad (9\text{-}30)$$

且在任何情况下均应满足条件，即

$$\varphi_l \varphi_e \leq \varphi_0 \quad (9\text{-}31)$$

式中　θ——钢管混凝土的套箍指标，用以度量钢管对管内混凝土的约束程度；

$[\theta]$——套箍指标界限值；

α——与混凝土强度等级有关的系数；

A_a、f_a——钢管的横截面面积和抗拉或抗压强度设计值；

A_c、f_c——钢管内混凝土的横截面面积和轴心抗压强度设计值；

φ_l——考虑长细比影响的承载力折减系数；

φ_e——考虑偏心率影响的承载力折减系数；

φ_0——按轴心受压柱考虑的 φ_l 值。

各类构件承载力的计算公式均以轴心受压短柱的理论公式为基础，直接从大量的试验数据中寻求长细比、偏心率对承载力影响的规律，从而得到各种不同类型钢管混凝土柱承载力的计算公式。其中，套箍指标反映了钢管对核心混凝土的约束程度，是确定钢管混凝土柱承载力的重要参数。套箍指标 θ 宜为 0.5～2.5，$\theta \geqslant 0.5$ 是为了防止钢管的套箍能力不足而引起脆性破坏，$\theta \leqslant 2.5$ 是为了防止因混凝土强度等级过低而使结构在使用荷载下产生过大的塑性变形。

（2）偏心影响的承载力折减系数　钢管混凝土柱考虑柱端弯矩作用偏心影响的承载力折减系数 φ_e，许算公式为

$e_0/r_c \leqslant 1.55$ 时

$$\varphi_e = \frac{1}{1+1.85\dfrac{e_0}{r_c}} \tag{9-32}$$

$$e_0 = \frac{M}{N} \tag{9-33}$$

$e_0/r_c > 1.55$ 时

$$\varphi_e = \frac{1}{3.92-5.16\varphi_l+\varphi_l\dfrac{e_0}{r_c}} \tag{9-34}$$

式中　e_0——柱端轴向压力偏心距的较大者；

r_c——钢管内混凝土横截面的半径；

M——柱两端弯矩设计值的较大者；

N——轴向压力设计值。

（3）长细比影响的承载力折减系数　钢管混凝土柱考虑长细比影响的承载力折减系数 φ_l，计算公式为

$L_e/D \leqslant 4$ 时

$$\varphi_l = 1 \tag{9-35}$$

$L_e/D > 4$ 时

$$\varphi_l = 1-0.115\sqrt{L_e/D-4} \tag{9-36}$$

式中　D——钢筋直径；

L_e——柱的等效计算长度，计算公式为

$$L_e = \mu k L \tag{9-37}$$

式中　L——柱的实际长度；

μ——考虑柱端约束条件的计算长度系数,根据梁柱的刚度比值按相关规范的规定执行;

k——考虑沿柱高度弯矩分布梯度影响的等效长度系数。

9.2.4 型钢混凝土梁柱节点的设计

在型钢混凝土梁柱节点中,混凝土部分的抗剪能力由于钢骨的腹板和翼缘对混凝土的约束而显著提高,而混凝土的存在也保证型钢的腹板不会产生局部屈曲,故一般情况下,仅仅依靠节点核心区型钢的抗剪能力就可以满足节点抗剪强度的要求。箍筋的作用主要是保证纵向钢筋不发生压屈。

(1) 节点抗剪承载力计算 型钢混凝土框架节点包括型钢混凝土柱与型钢混凝土梁组成的节点、型钢混凝土柱与钢筋混凝土梁或钢梁组成的节点。各类节点都需要保证在梁端出现塑性铰后,节点不发生脆性剪切破坏。根据型钢混凝土梁柱节点试验,其抗剪承载力由混凝土、箍筋和型钢所组成。对于一级、二级抗震等级的框架节点,其抗剪承载力计算公式如下:

1) 型钢混凝土柱与型钢混凝土梁连接的梁柱节点。

一级抗震等级

$$V_j \leq \frac{1}{\gamma_{RE}}\left[2.0\phi_j\eta_j f_t b_j h_j + f_{yv}\frac{A_{sv}}{s}(h_0 - a'_s) + 0.58 f_a t_w h_w\right] \tag{9-38}$$

二级抗震等级

$$V_j \leq \frac{1}{\gamma_{RE}}\left[2.3\phi_j\eta_j f_t b_j h_j + f_{yv}\frac{A_{sv}}{s}(h_0 - a'_s) + 0.58 f_a t_w h_w\right] \tag{9-39}$$

2) 型钢混凝土柱与钢筋混凝土梁连接的梁柱节点。

一级抗震等级

$$V_j \leq \frac{1}{\gamma_{RE}}\left[1.0\phi_j\eta_j f_t b_j h_j + f_{yv}\frac{A_{sv}}{s}(h_0 - a'_s) + 0.3 f_a t_w h_w\right] \tag{9-40}$$

二级抗震等级

$$V_j \leq \frac{1}{\gamma_{RE}}\left[1.2\phi_j\eta_j f_t b_j h_j + f_{yv}\frac{A_{sv}}{s}(h_0 - a'_s) + 0.3 f_a t_w h_w\right] \tag{9-41}$$

3) 型钢混凝土柱与钢梁连接的梁柱节点。

一级抗震等级

$$V_j \leq \frac{1}{\gamma_{RE}}\left[1.7\phi_j\eta_j f_t b_j h_j + f_{yv}\frac{A_{sv}}{s}(h_0 - a'_s) + 0.58 f_a t_w h_w\right] \tag{9-42}$$

二级抗震等级

$$V_j \leq \frac{1}{\gamma_{RE}}\left[1.8\phi_j\eta_j f_t b_j h_j + f_{yv}\frac{A_{sv}}{s}(h_0 - a'_s) + 0.58 f_a t_w h_w\right] \tag{9-43}$$

式中 ϕ_j——节点位置影响系数,对中柱中间节点取 $\phi_j = 1.0$;边柱节点及顶层中间节点取 $\phi_j = 0.6$;顶层边节点取 $\phi_j = 0.3$;

t_w——柱型钢混凝土腹板厚度;

h_w——柱型钢腹板高度;

A_{sv}——配置在框架节点宽度 b_j 范围内同一截面内箍筋各肢的全部截面面积。

(2) 节点处梁柱抗弯承载力的控制　当梁为型钢混凝土梁或钢梁时，如果型钢混凝土柱中的型钢过小，使型钢混凝土柱中的型钢部分与梁型钢的弯矩分配比在40%以下时，即不能充分发挥柱中型钢的抗弯承载力，且在反复荷载作用下，其荷载-位移滞回曲线将出现捏拢现象，因此设计中要求型钢混凝土柱中型钢部分与梁型钢的弯矩分配比不小于40%。同时，当梁为型钢混凝土梁时，设计要求柱中混凝土部分与梁中混凝土部分的弯矩分配比也不小于40%。因此，型钢混凝土梁柱节点的梁端、柱端型钢所承担的抗弯承载力之和，宜满足要求，即

$$0.4 \leqslant \frac{\sum M_c^a}{\sum M_b^a} \leqslant 2.0 \tag{9-44}$$

式中　$\sum M_c^a$——节点上、下柱端型钢抗弯承载力之和；

$\sum M_b^a$——节点左、右梁端型钢抗弯承载力之和。

当梁为钢筋混凝土梁、柱为型钢混凝土柱时，如果型钢混凝土柱的混凝土截面过小，同样使型钢混凝土柱中钢筋混凝土的抗弯承载力不能充分发挥，在反复荷载作用下，其荷载-位移滞回曲线也将出现捏拢现象。因此设计中宜满足要求，即

$$\frac{\sum M_c^{rc}}{\sum M_b^{rc}} \geqslant 0.4 \tag{9-45}$$

式中　$\sum M_c^{rc}$——节点上、下柱端钢筋混凝土截面抗弯承载力之和；

$\sum M_b^{rc}$——节点左、右梁端钢筋混凝土截面抗弯承载力之和。

(3) 构造要求　为防止混凝土截面过小，造成节点核心区混凝土承受过大的斜压力，以致使节点混凝土被压碎，根据型钢混凝土小剪跨的静力剪切试验结果，并考虑反复荷载的不利影响，型钢混凝土框架节点受剪的水平截面限制条件为

$$V \leqslant \frac{1}{\gamma_{RE}}(0.36\eta_j f_c b_j h_j) \tag{9-46}$$

式中　h_j——框架节点水平截面的高度，可取 $h_j = h_c$，h_c 为框架柱的截面高度；

b_j——框架节点水平截面的宽度，当 $b_b > b_c/2$ 时可取 b_c；当 $b_b \leqslant b_c/2$ 时，可取 $b_b + 0.5b_c$ 和 b_c 两者的较小值，此处 b_b 为梁的截面宽度，b_c 为柱的截面宽度；

η_j——梁对节点的约束影响系数，对两个正交方向有梁约束的中间节点，当梁的截面宽度均大于柱截面宽度的1/2，且框架次梁的截面高度不小于主梁截面高度的3/4时，可取 $\eta_j = 1.3$，但9度设防烈度宜取1.25；其他情况的节点，可取 $\eta_j = 1$。

当梁柱轴心有偏心距 e_0 时，e_0 不宜大于柱截面宽度的1/4，节点宽度应取 $(0.5b_c + 0.5b_b + 0.25h_c - e_0)$、$(b_b + 0.5h_c)$ 和 b_c 三者中的最小值。

9.3　混合结构设计

9.3.1　超高层混合结构体系

超高层建筑抗侧力体系形式多样，根据抗侧力体系的受力特点及演化过程，主要有以下

几种形式：框架-核心筒-伸臂桁架结构、支撑桁架结构和巨型结构等。组成这些结构体系的基本抗侧力部件是型钢（钢板）混凝土核心筒、型钢（钢管）混凝土巨型柱、伸臂桁架、环带桁架和外围巨型支撑等。

9.3.2 超高层混合结构抗侧力部件

型钢混凝土核心筒是根据建筑结构功能要求居于平面近似中心位置采用剪力墙围合形成的内筒。筒体是其结构核心区的抗侧力构件。因竖向受力大、抗剪要求高，一般采用型钢混凝土组合构件。

巨型构件包括巨型柱和巨型斜撑。巨型柱的结构形式通常为巨大的实腹钢骨混凝土柱、空间格构式桁架或筒体，一般位于建筑物角部和伸臂桁架端部，提供巨大的轴向承载力，形成混合结构外围抗倾覆和抗扭转力矩，与伸臂桁架和核心筒共同抵抗风荷载、地震荷载和竖向荷载。同时，每一竖向分区的楼层荷载通过外围型钢柱传递至环带桁架。

伸臂桁架是指连接核心筒和外围巨型柱的实腹梁或桁架。伸臂桁架按照材料不同，分别有型钢、型钢混凝土、钢筋混凝土三类，主要形式有实腹梁（或整层箱形梁）、斜腹杆桁架、空腹桁架（图9-4）。设置伸臂桁架的主要目的是增大外框架柱的轴力，从而增大外框架的抗倾覆力矩，增大结构抗侧刚度，减小侧移（图9-5）。伸臂桁架在核心筒内部保持连续构成型钢混凝土剪力墙，如图9-6所示。

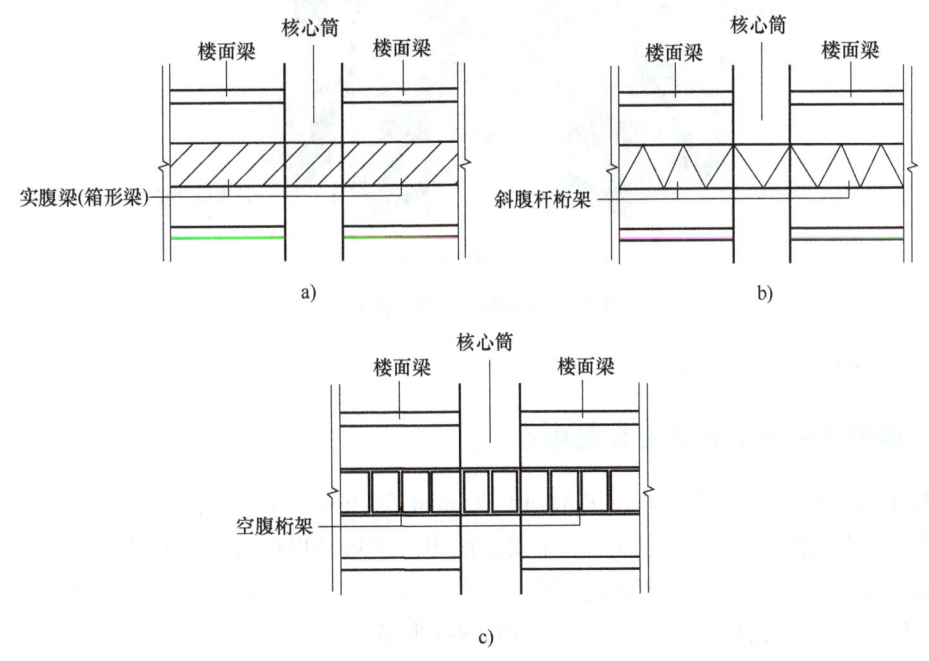

图 9-4 伸臂桁架的主要形式
a）实腹梁（箱形梁） b）斜腹杆桁架 c）空腹桁架

环带桁架是指在结构外围连接巨型柱或斜撑且环型布置的桁架，协调外围竖向构件的变形。

由此可见，超高层混合结构中，竖向受力部件是核心筒与巨型构件，伸臂桁架用于协调核心筒与巨型构件的变形，环带桁架用于协调外围竖向构件的变形。一般情况下，伸臂桁架与环带桁架布置在相同楼层，形成加强或转换层。这四种部件也常常构成巨型结构的主结构，其余加强层间的型钢柱与型钢梁形成子结构。主结构用于承担整体结构的抗侧、抗扭和竖向荷载，子结构仅承受楼面传递的竖向荷载。

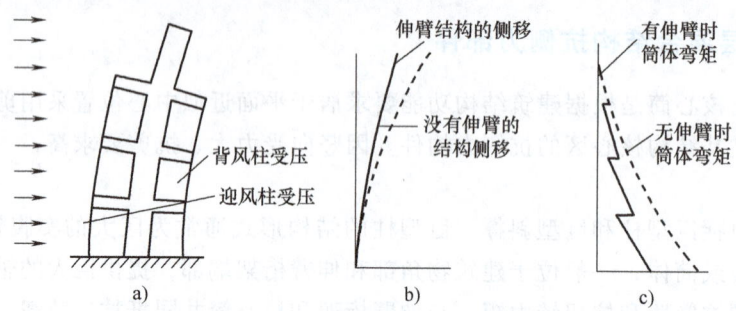

图 9-5 伸臂的作用机理

a) 伸臂结构在水平荷载作用下的变形　b) 侧移　c) 筒体弯矩

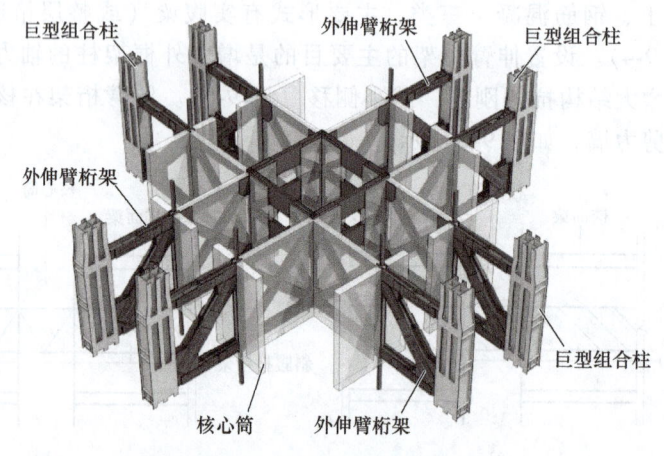

图 9-6 伸臂桁架贯穿核心筒

以下通过案例进一步介绍。

9.3.3 案例1——深圳平安金融中心

深圳平安金融中心（Shenzhen Ping An Finance Centre，PAFC）位于深圳市，占地面积18932m²，总建筑面积高达460665m²。平安金融中心主塔楼以甲级写字楼为主，集商业、观光、娱乐、会议中心及交易五大功能区于一身。主塔楼地上118层，地下5层，主体结构高度为555.5m，建筑总高度达592.5m，如图9-7所示。

深圳平安金融中心主塔楼平面为四角内缩的正方形；首层平面尺寸约为56m×56m，楼层平面尺寸随着塔楼高度的增加而逐渐缩小，在100层楼面以上收缩至约46m×46m；中央核心筒内含所有垂直交通运输设备和竖井等，其平面尺寸为30m×30m，标准层平面图如图9-8所示。

平安金融中心主塔楼高592.5m（结构标高549.1m），属B类建筑，高宽比为9.8。由于结构超高且高宽比大，采用混合结构体系。由"型钢混凝土核心筒、钢伸臂桁架、型钢混凝土巨型柱和 V 形支撑及钢环带桁架"组成高效抗侧力和抗竖向荷载承重结构体系，结构体系组成如图 9-9 所示。

图 9-7　深圳平安金融中心
a）照片　b）示意图

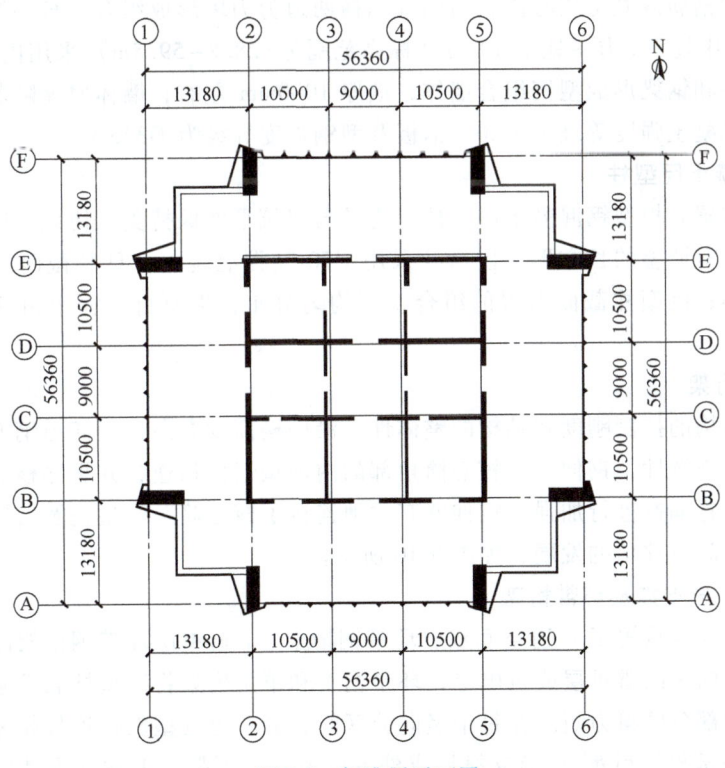

图 9-8　标准层平面图

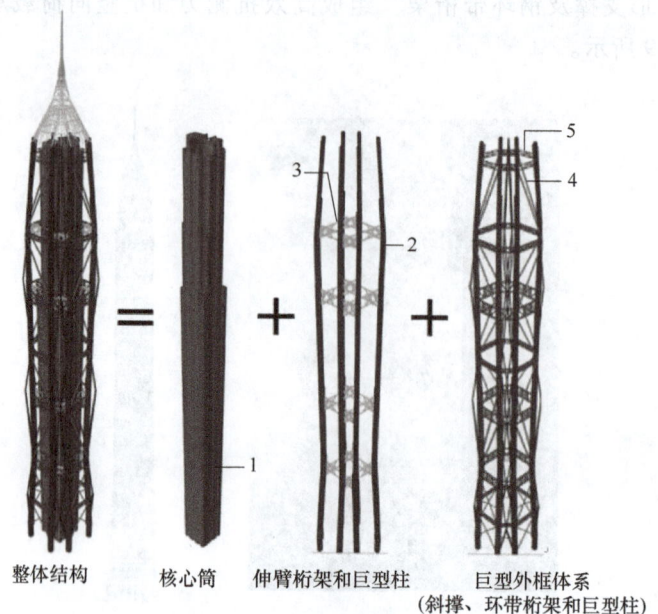

图 9-9　平安金融中心的结构体系示意图

1—型钢混凝土核心筒　2—型钢混凝土巨型柱　3—钢伸臂桁架　4—型钢混凝土巨型斜撑　5—钢环带桁架

1. 型钢钢筋混凝土核心筒

内筒为型钢钢筋混凝土核心筒，与内部纵横两道剪力墙形成组合。核心筒外墙由地下室5层到顶层，其中地下5层~地上12层（标高范围为−28.8~59.5m）采用内置钢板剪力墙，周边内置型钢柱和钢梁形成型钢组合墙体，墙厚1000mm左右，墙体厚度随着高度的增加逐渐减小。墙体混凝土强度等级为C60，钢板及型钢强度等级为Q345B。

2. 型钢混凝土巨型柱

结构外围布置8根型钢混凝土巨型柱，为了与建筑平面保持美观协调，巨型柱的截面形状设计为角部略有调整的长方形。巨型柱采用C70高强混凝土，且其截面尺寸也随着高度的增加逐渐减小；巨型柱截面内置的组合型钢均匀分布，板厚自下而上由75mm连续变化至25mm。

3. 钢伸臂桁架

为了增大结构的抗侧刚度和结构的整体性，沿塔楼高度方向设置四道钢伸臂桁架。为了保证伸臂传力的连续性，钢伸臂与核心筒角部的内埋型钢柱相连，并贯穿核心筒，同时在核心筒墙体两侧设置隅撑进行加强。钢伸臂有效地连接了核心筒、巨型柱及斜撑，很好地减小和控制了结构层间位移角的发展，如图9-10所示。

4. 斜撑、V形支撑及环带桁架

沿楼层高度均匀设置了6道空间双层环带钢桁架、1道单层环带钢桁架以及7道单角桁架，分别位于竖向区的避难层或机电层，环带桁架和单角桁架将巨型柱联系起来组成外围巨型框架，承担大部分倾覆力矩。在每个竖向分区间布置一道巨型斜撑连接相邻的巨型柱，加上在结构各个角部设置巨型V形支撑形成外围巨型支撑框架，上述外围结构的设置使得结构的抗扭、抗剪和抗连续性倒塌的性能得到进一步增强。

第9章 超高层建筑结构设计

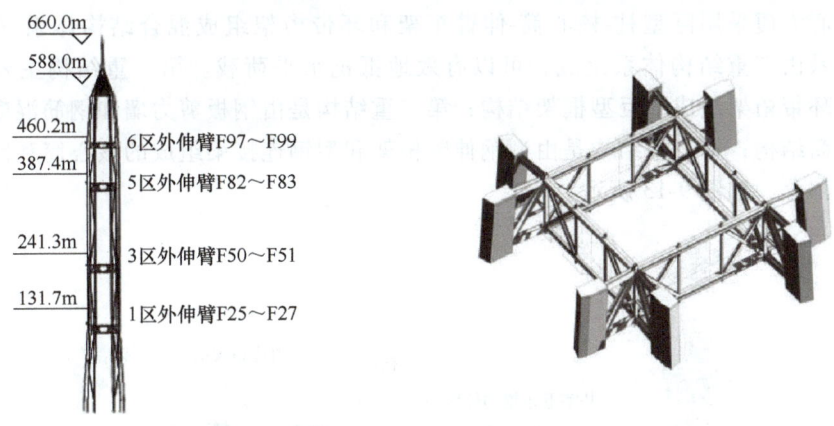

图 9-10 四道钢伸臂桁架

9.3.4 案例2——上海中心大厦

上海中心大厦位于上海市浦东新区陆家嘴核心地带，作为一幢综合性超高层建筑，主要用途为商业、酒店、办公、观光等公共设施，如图 9-11 所示。该建筑主楼地上 124 层，建筑高度达到 632m，外观呈盘旋上升态势，建筑表面的开口由底部旋转至顶部，随着高度的升高，每层平面旋转约 1°，这种设计能够有效

上海中心大厦
主体结构
振动台试验

上海中心大厦
幕墙振动
台试验

降低湍流风对建筑表面的影响。外玻璃幕墙由双层体系组成，可有效降低整座大楼的供暖和冷气耗能，与屋顶的雨水收集系统和顶部的风能利用装置一起，构成建筑新能源低能耗绿色利用系统。上海中心大厦是 21 世纪绿色建筑的代表作之一。

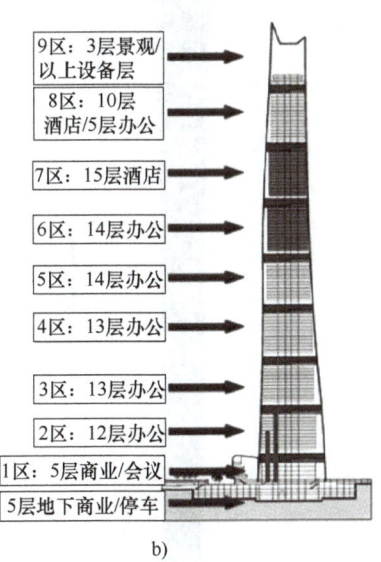

a)   b)

图 9-11 上海中心大厦
a) 照片 b) 竖向分区示意图

上海中心大厦采用巨型柱-核心筒-伸臂桁架和环带桁架组成混合结构体系（图 9-12）。其抗侧力体系由三重结构体系组成，可以有效地抵抗水平荷载。第一重结构主要是由巨型柱、角柱和环带桁架组成的巨型框架结构；第二重结构是由钢板剪力墙和钢筋混凝土剪力墙组成的核心筒结构；第三重结构是由型钢伸臂桁架和型钢连接梁组成的核心筒和巨型柱框架结构的连接部分，如图 9-13 所示。

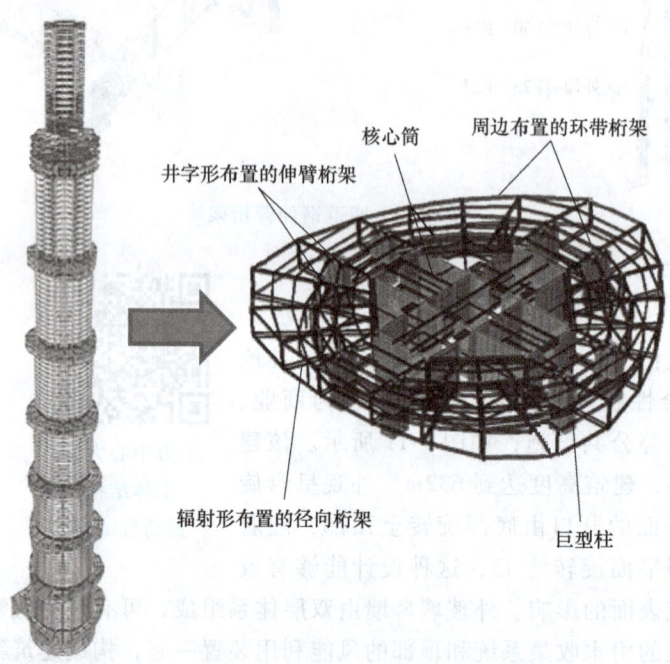

图 9-12　上海中心大厦结构体系

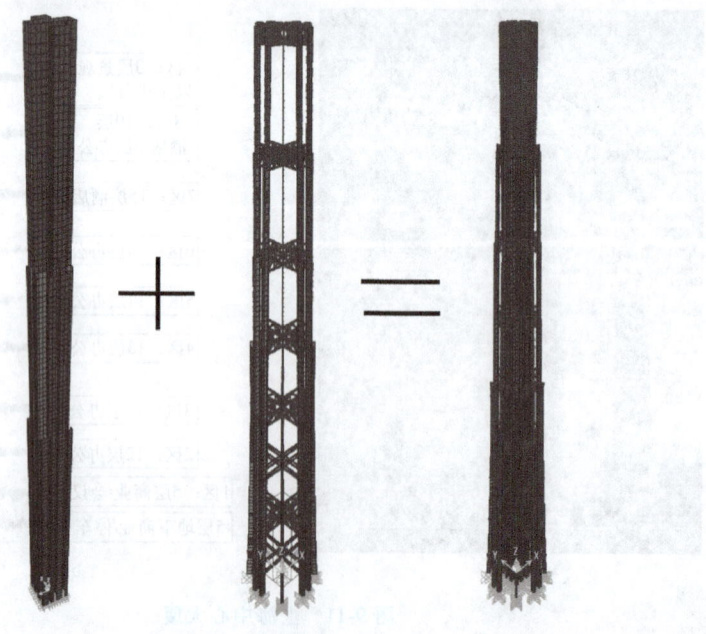

图 9-13　抗侧力体系

1. 巨型框架

巨型框架包含 8 根巨型柱和 4 根角柱，其中巨型柱贯穿整个结构高度，在不同的结构高度巨型柱截面有所变化，具体的截面尺寸见表 9-1。巨型框架结构不仅承担结构的竖向荷载，也在产生水平荷载时共同协调承担一部分由核心筒传递的水平荷载。巨型柱和角柱为型钢钢筋混凝土组合构件，型钢骨架采用热轧型钢焊接组合而成的截面，并在型钢上焊接栓钉，置于钢筋混凝土柱核心区，型钢截面在加强层区域伸出端板同伸臂桁架钢弦杆和环带桁架钢弦杆螺栓连接。

表 9-1 巨型柱和核心筒基本参数

区段编号	巨型柱截面/m	角柱截面/m	巨型柱混凝土强度等级	核心筒翼墙厚/m	核心筒腹墙厚/m	核心筒墙体混凝土等级
8区	1.9×2.4	—	C50	0.6	0.50	C60
7区	2.3×3.3	—	C50	0.6	0.50	C60
6区	2.5×4.0	—	C60	0.6	0.60	C60
5区	2.6×4.4	1.2×4.5	C60	0.7	0.65	C60
4区	2.8×4.6	1.5×4.8	C60	0.8	0.70	C60
3区	3.0×4.8	1.8×4.8	C70	1.0	0.80	C60
2区	3.4×5.0	2.2×5.0	C70	1.2	0.90	C60
1区	3.7×5.3	2.4×5.5	C70	1.2	0.90	C60

2. 核心筒结构

核心筒结构为主要的抗侧力构件，主要承担由内筒和楼板传递来的竖向荷载以及由风荷载和地震作用引起的剪力和倾覆力矩。核心筒结构的剪力墙厚度随结构的升高而变化，在 1 区和 2 区的厚度为 1.2m，随着结构层数的升高墙厚度不断减少，最小墙厚为 0.6m，平面形式根据建筑功能布局由低区的方形逐渐过渡到高区的十字形，具体的截面尺寸见表 9-1。

3. 伸臂桁架

伸臂桁架贯穿整个核心筒剪力墙，在 2~8 区均设置了伸臂桁架，并与巨型柱相连，能有效提高巨型框架占结构总体抗倾覆力矩的比例。每道伸臂桁架楼层均设置了环带桁架以加强结构整体性，增大扭转刚度，形成加强层。同时，加强层处还设置了多道呈辐射状的径向桁架，增强加强层平面内刚度并将外部玻璃幕墙的竖向荷载传递环带至桁架、巨型柱和核心筒。

9.3.5 案例 3——阿联酋迪拜哈利法塔

阿联酋迪拜哈利法塔（以下称为哈利法塔）高度为 828m。基础底面埋深为 -30m，桩尖深度为 -70m，有效楼层 162 层，建筑面积 526700m²，塔楼建筑面积 344000m²，如图 9-14 所示。

1. 结构平面布置

哈利法塔下部采用混凝土结构、上部采用钢结构，即 -30~601m 为钢筋混凝土剪力墙体系；601~828m 为钢结构，其中 601~760m 采用带斜撑的钢框架。平面布置为三叉形平面，

图 9-15 为哈利法塔标准层结构平面示意图。整个抗侧力体系是一个竖向带扶壁的核心筒。六边形的核心筒居于平面中心，三个翼以 120°中心对称布置；每一翼的纵向走廊墙形成核心筒的扶壁墙，共六道，给核心筒提供强大的抗剪、抗弯和抗扭能力；横向分户墙作为纵向走廊墙的加劲肋墙，提供纵向墙平面外刚度，在端部墙体加厚，形成如工字钢翼缘作用的抗弯承载力和抗扭转性能；此外，每翼的端部设有四根独立的端柱，在提供建筑平面极佳空间的同时，提高截面的抗弯惯性矩。从图中可见，核心筒、扶壁墙、加劲肋墙三者之间受力清晰、协同受力，形成强大的抗侧力体系。

a)

b)

图 9-14 哈利法塔

a）哈利法塔远景照片　b）建造中的哈利法塔

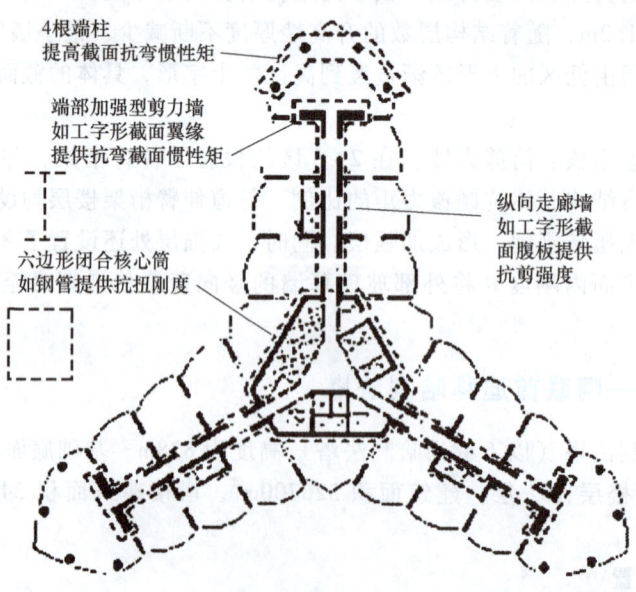

图 9-15 哈利法塔标准层结构平面示意图

中心闭合六边形核心筒如钢管截面，提供良好的抗扭作用。核心筒得到三个翼翅上的 6 道纵墙扶壁加强；而纵墙又得到分户横墙加强。整个建筑如同一根刚度极大的悬臂柱，柱截面具有强大的抗弯、抗剪和抗扭能力，以抵抗风荷载和地震作用产生的剪力和弯矩。

2. 结构竖向布置

哈利法塔从基础到 601m 高度采用型钢混凝土剪力墙体系；601m 以上采用空间钢桁架结构，其中 601~760m 为带斜撑的钢框架，760m 以上是可伸缩的钢塔架尖顶。整体结构竖向布置连续，抗侧刚度下部大，随着高度的增高逐步减小，建筑外形与结构受力完美结合，通过风洞试验找寻最佳立面和平面曲线。三个翼翅的纵向剪力墙逐渐收进，端柱逐渐内移，同时分户墙也随着立面的收进而逐步收进。到 601m 高度，根据建筑功能的不同，并且尽可能减小结构自重，采用带斜撑的钢框架结构。沿结构高度设置了 5 个加强层，每个加强层占 2~3 个标准层高度，采用全高的外伸剪力墙作为刚性大梁，协调平面不同抗侧力构件的变形，也使得端柱的轴力形成强大的力矩抵抗风荷载产生的倾覆力矩；而且刚性大梁协调了墙、柱和核心筒的竖向变形，使得构件截面的轴向应力更均匀，有效降低了不同构件间的徐变变形差。

3. 混凝土结构设计

混凝土结构设计按《美国钢筋混凝土房屋建筑规范》（ACI 318—02）进行。混凝土强度等级：127 层以下采用 C80；127 层以上采用 C60。C80 混凝土 90d 弹性模量 $E = 43800 \text{N/mm}^2$。材料选用见第 3 章案例相关内容，对结构进行了详细的分析和计算，优化结构布置，精细化各构件截面，并详细分析构件在长期竖向荷载下应力水平，以减少各构件徐变变形差，保证端柱和剪力墙在自重作用下的应力相近。由于柱和剪力墙收缩较大，设计时尽量考虑构件的体积与表面积的比值接近，使各构件的收缩速度接近，减少收缩变形差。在立面内收处，由钢筋混凝土连梁协调和传递竖向荷载（包括徐变和收缩的效应），并连接剪力墙墙肢以承受侧向荷载。连梁按 ACI 318—02 附录 A 设计，计算图形为交叉斜杆，有效降低连梁高度。

4. 钢结构设计

601m 以上是带斜撑的钢框架，它承受重力、风荷载和地震作用。钢框架逐步收进，从核心筒六边形逐渐收进到顶部小三角形，最后只剩直径为 1200mm 的桅杆。这根桅杆是为了保持世界第一高楼而专门设计的，它可以从下面接长，不断顶升。钢结构按《美国钢结构建筑设计规范》（AISC 360-05）进行设计。

5. 抗风设计

哈利法塔针对建筑立面的收进和建筑朝向进行了优化以减少风荷载的不利影响。风洞模拟试验显示，施加在塔楼平面翼翅尖端的风荷载比施加在翼翅侧边的风荷载对结构的影响小，这是流体劈裂效应的结果。设计建造时塔楼的朝向使得风荷载的主方向作用在塔楼的尖角处。塔楼沿高度方向的退台打乱了漩涡脱落，使得漩涡造成的横风向振动减小。

上述针对减小风荷载作用的措施，以及结构自身的刚度、质量的优化设计，使得该超高层建筑并没有采用阻尼器以减小风荷载的振动影响。

思考题

1. 本书中的超高层建筑定义的高度是多少？这是世界范围内公认的定义吗？

2. 与高层建筑相比，超高层建筑有什么特点？

3. 与高层建筑结构相比，超高层建筑结构有什么特殊要求？

4. 超高层建筑为什么一般采用混合结构？

5. 伸臂桁架在超高层建筑中有什么作用？有什么不利的影响？应该怎样权衡？

6. 巨型结构与框架-核心筒-伸臂桁架结构有什么联系和区别？

7. 型钢混凝土组合柱的设计与普通混凝土柱的设计有什么不同？如何提高型钢与混凝土截面的协同工作能力？

8. 型钢混凝土柱与钢梁节点设计需要注意什么？

9. 钢管混凝土柱设计有什么特点？与型钢混凝土构件相比，其优势和不利之处是什么？

10. 如何提高钢管混凝土柱中混凝土的密实度？施工中应注意什么？

11. 试判断金茂大厦属于什么结构体系？请简述其抗侧力体系及在水平地震作用和风荷载作用下的传力路线。

12. 平安金融中心属于什么结构体系？请简述其抗侧力体系及在水平地震作用和风荷载作用下的传力路线。

13. 请查找资料简述台北101大楼结构体系的特点，并简述其抗侧力体系及在水平地震作用和风荷载作用下的传力路线。

14. 请查找资料简述哈利法塔的特点，并简述其特殊的抗侧力体系。

第10章　新型高层建筑结构设计

【学习目标】

通过本章的学习，了解新型高层建筑采用的新材料、新结构、新技术，了解目前具有代表性的高层木结构和木混合结构、减震高层建筑、隔震高层建筑，以及功能可恢复高层建筑的设计理念和设计原则。

【学习方法】

面向未来，人类需要健康发展，人类赖以生存的环境需要可持续发展，是否有更好的材料可以用于建设高层建筑？是否可以在设计中通过减少地震作用或风荷载作用确保材料节省，建筑安全？是否可以建造具有韧性的高层建筑，在大震后不留下难以修复的损坏？如何在建筑全生命中减少对环境的不利影响？这一章的内容是引子，期待每一位读者读后进一步思考，在今后的学习和工作中创新发展，建造安全、绿色、环保的高层建筑。

10.1　高层木结构与木混合结构建筑

10.1.1　高层木结构与木混合结构体系

木材是古老的建筑结构用材，新产品、新工艺、新技术使木材可以建造高层木结构或木混合结构，木材因其再生性、环保、节能、健康及加工便捷的特性，成为绿色可持续建筑材料。随着人们对环境的重视、对生活品质的重视，高层木结构和木混合结构体系成为城市高层建筑的发展方向之一。目前对高层木结构和木混合结构建筑的定义一般以层数或高度为标准：按层数分类时，指地面上层数不低于6层的木结构及木混合结构建筑；按高度分类时，指建筑高度大于27m的木结构住宅建筑以及建筑高度大于24m的非单层木结构公共建筑和其他民用木结构建筑。由此可见，高层木结构和木混合结构的高度适用范围与高层钢结构、高层钢筋混凝土结构或混合结构不同。

截至2020年，全球已建成多幢现代高层木结构和木混合结构建筑，其中最大高度已达81m，最高楼层数为24层。表10-1给出了目前已建成的部分高层木结构及木混合结构建筑，图10-1~

图 10-3 分别为挪威卑尔根特里特（Treet）大厦、奥地利维也纳大厦（HoHo Tower）和挪威湖之塔（Mjøstårnet）大厦。其中 HoHo 大厦 24 层，84m 高，是目前楼层数最多的高层木建筑住宅楼，而 Mjøstårnet 楼层数 18 层，但屋架顶标高为 85.4m，是目前世界最高木结构建筑。

表 10-1　目前已建高层木结构及木混合结构建筑

项目名称	建造地点	层数	结构体系	建筑用途	建成时间
默里格罗夫大厦（Murray Grove）	英国伦敦	9	CLT 剪力墙结构	住宅	2009 年
布德波特大厦（Birdport Housing）	英国伦敦	8	CLT 剪力墙结构+首层混凝土结构	住宅	2010 年
霍兹大厦（Holz 8）	德国巴德艾比林	8	CLT 剪力墙+混凝土核心筒	商/住	2011 年
壹号生态塔（Life Cycle Tower One）	奥地利多恩比恩	8	CLT 剪力墙+胶合木梁柱+混凝土核心筒	商业	2012 年
复地大厦（Forté）	澳大利亚墨尔本	10	CLT 剪力墙结构	住宅	2012 年
契尼迪坎比亚门托大厦（Cenni di Cambiamento）	意大利米兰	9	CLT 剪力墙结构	住宅	2012 年
特里特大厦（Treet）	挪威卑尔根	14	胶合木梁柱支撑+CLT 木模块+混凝土楼板加强层	住宅	2014 年
布洛克学生公寓（Brock Commons）	加拿大温哥华	18	胶合木柱+CLT 楼板+混凝土筒体	住宅	2017 年
欧瑞均公寓（Origine Condominium Tower）	加拿大魁北克	13	CLT 剪力墙结构+首层混凝土结构	住宅	2018 年
维也纳大厦（HoHo Tower）	奥地利维也纳	24	CLT 剪力墙结构+混凝土核心筒	住宅	2018 年
湖之塔大厦（Mjøstårnet）	挪威布鲁蒙达尔	18	胶合木梁柱支撑+CLT 墙体+混凝土楼板加强层	商/住	2019 年

图 10-1　Treet 大厦

图 10-2　HoHo 大厦

图 10-3　Mjøstårnet 大厦

就结构体系而言，高层纯木结构主要包括轻型木结构、木框架支撑结构、木框架剪力墙结构及正交胶合木剪力墙结构，其承重构件均采用木材或木材制品制成；而高层木混合结构由木结构构件与钢结构构件或钢筋混凝土结构构件混合承重，主要包括下部为混凝土结构或钢结构、上部为纯木结构的上、下混合木结构以及混凝土核心筒木结构。

与高层混凝土结构或钢结构相比，高层木结构与木混合结构具有以下特点：

1）自重轻，对风荷载敏感。木材的密度一般为 $0.5kg/cm^3$，而钢筋混凝土的密度为 $2.5kg/cm^3$，在强风作用下易产生较大的加速度与位移，设计时不仅要验算风荷载作用下的极限承载力和水平位移角，还要验算横风作用下的舒适性。

2）自重轻，高宽比限值小。概念设计阶段，风荷载和地震作用下的倾覆弯矩对高层建筑的影响可通过高宽比表达，设计时应确保自重产生的平衡力矩不小于风荷载和地震作用下的倾覆力矩，以保证建筑底部不出现拉应力。一般情况下，高层木结构建筑的总质量为混凝土结构的 30%~50%，因此，同等地区风荷载作用下，木结构的高宽比限值为混凝土结构的 1/3~1/2。

3）节点连接较弱。木材是脆性材料，且横纹抗拉强度和顺纹抗剪强度很低，因此节点连接至关重要。节点不仅要具有良好的延性与耗能能力，而且应采取措施避免造成螺栓处或连接件处木材的劈裂破坏，如图 10-4 所示。

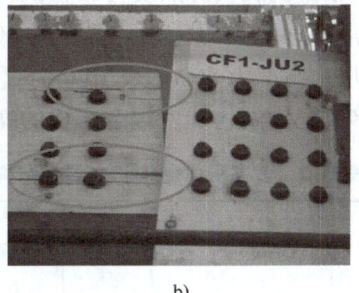

a)　　　　　　　　　　　b)

图 10-4　木材横纹劈裂

a）木材横向受拉易导致劈裂　b）梁端梁柱节点螺栓连接处劈裂

4）木楼板出平面刚度小，对人行振动敏感。因此常在木质楼板上浇筑 35mm 厚的轻质混凝土以增加楼板刚度，减小楼板振动，或在胶合木梁上做木-混凝土叠合板。

5）木材弹性模量较小，横纹抗压变形和顺纹蠕变较大，因此高层木结构设计时要考虑梁柱节点的连接不要造成横纹受压，柱或墙在竖向荷载作用下的蠕变也应在设计中充分考虑。

6）自重轻，地震作用明显减小。同时，木结构因连接较弱，抗侧刚度较小，自振周期较长，从设计反应谱可知地震作用影响系数较小。意大利林产工业研究所对一幢 7 层高的正交胶合木住宅建筑进行足尺模型振动台试验，如图 10-5 所示。结果表明，在 14 次地震后，结构仅发生了较小的损伤；即使在日本神户地震波的模拟激振下，也未出现明显破坏，且可快速修复。

7）木材是可燃材料，应注重防火及抗火性能设计。英国、意大利、瑞士、日本及加拿大等国对木结构房屋的抗火试验结果表明，按防火设计的木结构完全可以达到性能目标要求，同时严格的防火分区、烟感系统和喷淋系统，可保障高层木结构建筑具有良好的抗火及防火性能。我国《建筑设计防火规范》（GB 50016—2014）和《多高层木结构建筑技术标准》（GB/T 51226—2017）对木结构和高层木结构的防火设计给出了明确的设计方法和构造要求。

10.1.2 高层木结构与木混合结构设计要点

高层木结构与木混合结构的设计理念与普通高层建筑设计方法基本一致，应使结构满足承载能力、刚度和延性要求；结构的竖向布置和水平布置应使结构具有合理的刚度和承载力分布；同时应设置多道抗倒塌防线，防止部分结构或构件的破坏导致整体结构丧失承载能力。但是，鉴于10.1.1节提到的木结构的特点，设计时还应注意以下要点：

1. 高度与高宽比的选择

考虑到木结构的抗侧性能低且木材蠕变大及防火等要求，目前各国对木结构与木混合结构建筑的高度有一定的限制。在我国，根据抗震设防烈度与结构抗侧力体系的不同，7度设防地区纯木结构最大允许层数为10层，高度为32m；木-混凝土混合结构，最大允许层数为18层，高度为56m。表10-2为《多高层木结构建筑技术标准》（GB/T 51226—2017）给出的多高层木结构和木混合结构的高度建议值。

图 10-5　7层正交胶合木住宅建筑足尺模型振动台试验

表10-2　多高层木结构和木混合结构建筑适用结构类型、总层数和总高度

结构体系	木结构类型	抗震设防烈度							
		6度		7度		8度			
						0.20g		0.30g		9度	
		高度/m	层数	高度/m	层数	高度/m	层数	高度/m	层数	高度/m	层数
纯木结构	轻型木结构	20	6	20	6	17	5	17	5	13	4
	木框架支撑结构	20	6	17	5	15	5	13	4	10	3
	木框架剪力墙结构	32	10	28	8	25	7	20	6	20	6
	正交胶合木剪力墙结构	40	12	32	10	30	9	28	8	28	8
木混合结构	上、下混合木结构	上部轻型木结构	23	7	23	7	20	6	20	6	16	5
		上部木框架支撑结构	23	7	20	6	18	5	17	5	13	4
		上部木框架剪力墙结构	35	11	31	9	28	8	23	7	23	7
		上部正交胶合木剪力墙结构	43	13	35	11	33	10	31	9	31	9
	混凝土核心筒木结构	纯框架结构	56	18	50	16	48	15	46	14	40	12
		木框架支撑结构										
		正交胶合木剪力墙结构										

考虑到木结构较轻，风荷载和地震作用下的倾覆弯矩对结构的影响较大，设计时应限制结构的高宽比，多高层木结构建筑的高宽比不宜大于表 10-3 的规定。

表 10-3　多高层木结构建筑的高宽比限值

木结构类型	抗震设防烈度			
	6 度	7 度	8 度	9 度
轻型木结构	4	4	3	2
木框架支撑结构	4	4	3	2
木框架剪力墙结构	4	4	3	2
正交胶合木剪力墙结构	5	4	3	2
上、下混合木结构	4	4	3	2
混凝土核心筒木结构	5	4	3	2

注：1. 计算高宽比的高度从室外地面算起。
　　2. 当塔形建筑底部有大底盘时，计算高宽比的高度从大底盘顶部算起。
　　3. 上、下混合木结构的高宽比，按木结构部分计算。

2. 连接节点的选择及其假定

在高层木结构中，连接节点是保证结构整体性及延性的重要部分。目前主要采用金属连接件连接木制构件，包括抗拉锚固件、抗剪角支架、自攻螺钉以及螺栓钢插板连接等，如图 10-6 所示。连接构造应便于制作、安装，并应使结构受力简单、传力明确。在设计时应保证连接处具有足够的强度与延性，考虑强度和刚度退化的影响，并避免木构件出现横纹受拉破坏。

a)

b)　　c)

d)

图 10-6　现代木结构连接方式
a）抗拉锚固件　b）抗剪角支架　c）自攻螺钉　d）螺栓钢插板连接

金属连接件节点具有一定的抗弯能力，但又难以达到刚接的要求，表现出半刚性的力学特性。在设计采用半刚性假定时，应有充分的依据给出节点转动弹簧刚度，或半刚性系数（铰接为 0，固接为 1），半刚性特点根据转动弹簧刚度进行取值。如无充分依据，一般情况下节点按铰接假定，但设计时应避免非完全铰接可能导致木梁或柱的端部横纹受拉受剪等不利情况。

3. 木材与其他材料的共同工作和长期性能

木材的弹性模量和强度都较低，受荷时呈现显著非线性特点、长期荷载下蠕变显著。对高层木混合结构，设计时应考虑木材与其他建筑材料的共同工作性能和长期荷载作用下的变形协调性能。结构设计时应考虑木材干缩、蠕变而产生的不均匀变形和受力偏心、应力集中等对结构或构件的不利影响，并应考虑不同材料的温度变化、基础差异沉降等非荷载效应的不利影响。

4. 木结构与其他结构的相互作用

轻木-混凝土混合结构振动台试验

木结构的抗侧刚度及结构自重与普通钢筋混凝土结构或钢结构相比存在较大差异，因而对于高层木混合结构，应考虑不同部件和体系间力的传递及变形协调。

对下部为混凝土结构上部为木框架剪力墙结构或正交胶合木剪力墙结构的混合结构进行地震力计算时，应按结构刚度比考虑地震作用：当下部与上部的平均抗侧刚度比不大于4时，可按整体结构采用底部剪力法进行计算；当刚度比大于4时，上部与下部结构可分开单独进行计算，上部木结构按底部剪力法进行计算，并应乘以增大系数 β，即

$$\beta = 0.035\alpha + 2.11 \tag{10-1}$$

式中　β——增大系数；

α——底层平均抗侧刚度与上部木结构平均抗侧刚度之比。

对于混凝土核心筒木结构，计算竖向荷载作用时，宜考虑木柱与混凝土核心筒间的竖向变形差引起的结构附加内力；计算竖向变形差时，宜考虑混凝土收缩、徐变、沉降、施工调整以及木材蠕变等因素的影响。混凝土核心筒宜承担100%的水平荷载，木结构竖向构件宜仅承担竖向荷载作用。对于建筑平面外围的木结构竖向构件，验算承载力时应考虑风荷载作用。

5. 楼板平面假定与抗侧力分配

高层木结构和木混合结构常用的楼盖包括木格栅-木板楼盖或由木梁-混凝土楼板组成的混合楼盖。对于纯木质楼盖，其平面内刚度较弱，难以达到协调所有抗侧力构件共同作用的能力，一般可按柔性楼板考虑。而木质楼盖上覆35mm厚的轻质混凝土面层，主要起到减小楼板竖向振动的作用，对平面内协调竖向构件抗侧力的能力不足，因此可按半刚性楼盖考虑。对于木梁-混凝土楼板组成的混合楼盖，混凝土楼板自身的设计与普通混凝土相似，因此其平面内刚度大，可按刚性楼盖假定。

对高层木结构和木混合结构的抗侧力构件进行设计时，构件承受的剪力应根据楼盖类型进行分配：对于柔性楼盖，抗侧力构件承受的剪力可采用面积分配法进行分配；对于刚性楼盖，剪力应按抗侧力构件层间等效抗侧刚度的比例分配，同时计入扭转效应的影响；对于半刚性楼盖，应取上述两种分配结果的平均值。

6. 分析模型

目前一般高层结构的设计往往采用有限元设计软件进行辅助设计，但对于高层木结构和木混合结构，暂未有成熟的设计软件，因此一般采用有限元分析软件进行辅助设计。合理有效的分析模型对于结构的设计十分重要。对于高层木结构和木混合结构，其分析模型应根据结构实际情况确定，采用的分析模型应准确反映结构构件的实际受力状态，连接的假定应符合实际采用的连接形式。

10.1.3 高层木结构与木混合结构案例

1. 布洛克学生公寓（Brock Commons）

Brock Commons 学生公寓位于加拿大英属哥伦比亚大学内，建筑物高度 53m，共 18 层，建筑宽度 15m、长度 56m。结构体系为混凝土核心筒木结构体系，其中地基、首层及 2 个核心筒采用现浇钢筋混凝土；3~18 层的结构由胶合木（Glued Laminated Timber, GLT）、平行木片胶合木（Parallel Strand Lumber, PSL）和正交胶合木（Cross Laminated Timber, CLT）组成，详见 3.4 节，其中木柱采用 GLT 和 PSL，墙体和楼板采用 CLT。首层混凝土结构层高为 5m，木结构标准层层高为 2.81m。该学生公寓所在的温哥华市临近卡斯卡地亚（Cascadia）断层带，属于地震多发区域，因而结构的抗震设计尤为关键。Brock Commons 学生公寓采用双混凝土核心筒作为抗侧力体系，而四周的木结构柱仅承受竖向荷载，结构传力路径清晰。尽管双核心筒偏于结构平面的一侧，但结构整体的重心与质心接近，因而结构无明显的扭转效应。图 10-7 展示了 Brock Commons 学生公寓的结构体系。

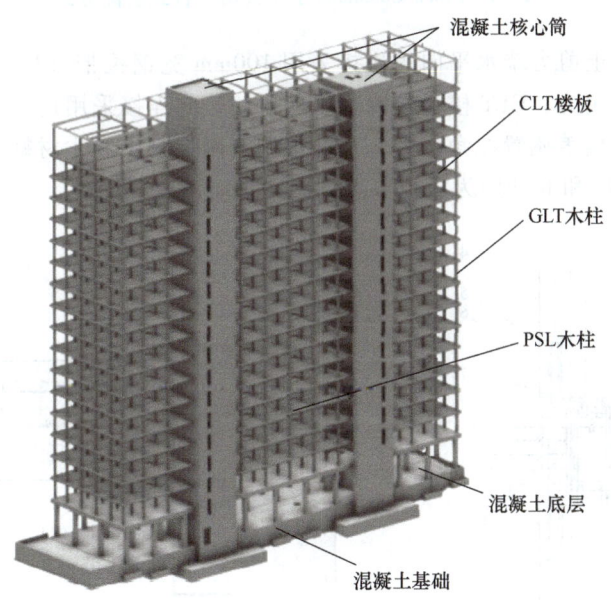

图 10-7　Brock Commons 学生公寓的结构体系

核心筒采用 C35 混凝土，壁厚为 450mm，主要承担竖向力、水平风荷载和地震作用，将水平力从楼板、屋面板传递至基础。底层混凝土的顶板按转换层板设计，板厚为 600mm，混凝土柱尺寸为 500mm×500mm。木柱仅承担竖向荷载，其中 2~5 层中部采用 PSL 木柱，截面为 265mm×265mm；其余部分采用 GLT 木柱，截面为 265mm×265mm 或 265mm×215mm；楼板采用 CLT 楼板，厚度为 175mm，上覆 40mm 厚 C32 细石混凝土。

该混合结构木结构部分采用平台式装配建造方式，即每层木柱在楼板处不连续，每根木柱工厂制作，现场安装，如图 10-8 所示。先立柱后铺设木楼板，木柱之间的连接采用钢套管插接方法，一方面，由于套管插接节点抗弯性能较弱，使木柱均近似于两端铰接以实现设计理念；另一方面，柱与柱插管套接，避免了柱集中荷载对楼板产生的横纹受压问题，如图 10-9 所示。

图 10-8　Brock Commons 学生公寓平台式装配方式

CLT 楼板与混凝土剪力墙水平向的连接采用 100mm 宽钢拉带（Drag Straps），以有效传递楼板传来的水平作用力；CLT 楼板与混凝土剪力墙竖向连接采用角钢支撑，即金属角钢固定在钢混凝土墙上，楼盖搁置在角钢上，从而可调节因混凝土和木材蠕变性能的差异造成的竖向变形差；图 10-9a 和 b 分别为板柱节点详图和板墙节点详图。

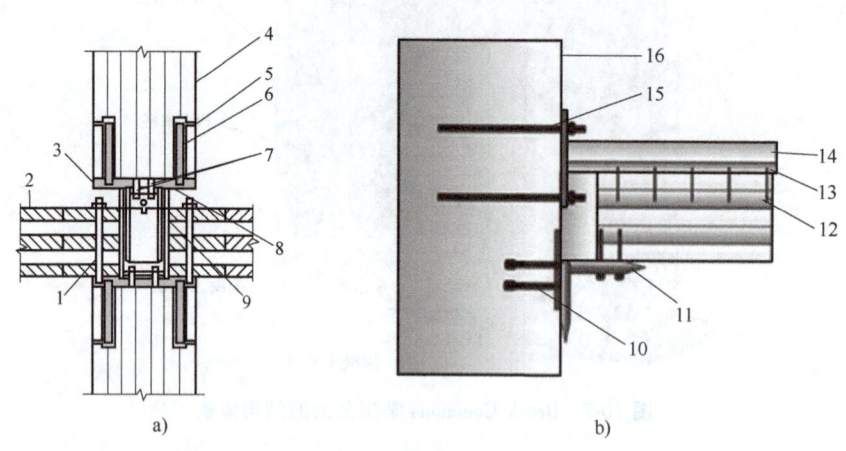

图 10-9　Brock Commons 学生公寓柱与柱、板与墙节点详图
a) 柱与柱节点详图　b) 板与墙节点详图
1、7、10、15—螺栓　2—CLT 楼板　3、8—钢垫板　4—胶合木柱　5—注胶孔　6—植筋螺杆
9—垫片　11—金属支托　12—螺钉　13—金属条带　14—混凝土面层　16—混凝土核心筒墙体

防火工程是该项目的重点。为确保木混合结构的防火水平不低于同规模不可燃（即混凝土）建筑的规定，该项目采取了两道防火策略：一是主动消防，设置了覆盖全楼的火灾警报系统、喷淋系统和立管系统，并配备了消防蓄水池和消防泵；二是被动防火，木结构表面包覆 2 层石膏板，可提供 2h 耐火极限，同时楼层之间及住宅单元之间均设置了防火隔断。

此外，该项目还采取了全过程虚拟设计和施工模拟，通过建立综合三维虚拟模型，实现了多工种协调、碰撞检查、工料估算、四维规划和排序、可施工性审核以及数字化制造，充分体现了信息化建造的优势。据统计，该项目使用的 CLT 总体积为 1973m³，GLT 木柱和 PSL 木柱的使用量为 260m³，由此减少了 2432t CO_2 的排放。同时，由于木构件均在工厂预制，现场安装，10 周便完成了 17 层的木结构建造。与纯混凝土结构方案相比，木混合结构质量减小了 7648t，因而在基础设计与抗震设计方面具有明显优势。

2. 挪威 Treet 大厦

Treet 大厦建成于 2014 年，共 14 层，高度为 52.8m，包含 64 个公寓单元，是当时世界最高的现代木结构建筑。Treet 大厦的外立面照片如图 10-1 所示，抗侧力体系模型如图 10-10 所示。该大厦采用了胶合木框架支撑结构，结构的竖向荷载主要由框架梁柱承受并传递，水平荷载主要由斜撑和木框架承担，中部采用 CLT 板作为电梯井及部分内墙，通过第 5 层、第 10 层及屋顶的混凝土楼板加强层提高结构的抗侧刚度。加强层采用预制混凝土板和胶合木环带桁架组成。由于挪威卑尔根地区风荷载是水平方向主要控制荷载，因此，混凝土楼板的增加及加强层有效增强了结构的抗倾覆性，同时也提升了整体结构的动力性能。

图 10-10　Treet 大厦抗侧力体系模型

Treet 大厦很好地体现了木结构建筑的优势之一——装配化：结构在建造时均采用标准化的内嵌钢板螺栓节点（图 10-11a），所有的胶合木构件都通过内嵌钢板螺栓连接，同时在上、下木柱间预留有安装孔隙，以便后续调整，间隙在节点安装完成后用高强膨胀砂浆填充；结构创新性地采用了预制化、模块化单元建造，如图 10-11b 所示。施工时，将预制的模块化房屋单元组装堆叠为 4 层，以形成建筑的 1~4 层单元、6~9 层单元、11~14 层单元。预制化单元竖向安装在第 5 层和第 10 层加强桁架顶部的预制混凝土板上。

Treet 大厦所处的卑尔根市设计地震加速度为 0.7m/s²，设计风压为 1.26kN/m²，因此结构设计时以抗风设计为主，主要通过以下几点保证结构的抗风性能：

（1）通过理论计算与试验测试优化结构设计　由于 Treet 大厦是世界上首栋采用木框架支撑结构与模块化施工的高层木建筑，当时并未有具体的规范设计方法，因此设计人员首先通过试验测试获取相关材料、构件及连接的力学性能，进行了胶合木材特性及构件试验、内嵌钢板螺栓节点力学性能试验、房屋模块单元动力性能测试试验等，获得了可靠的实测数据。后续通过理论分析了材料强度及构件截面的影响、连接刚度与强度的敏感性、胶合木构件及连接与预制房屋模块单元的阻尼比对其结构力学性能的影响等，并结合后续的有限元软件分析，进行了多次结构优化设计，以保证结构的安全性与可靠性。

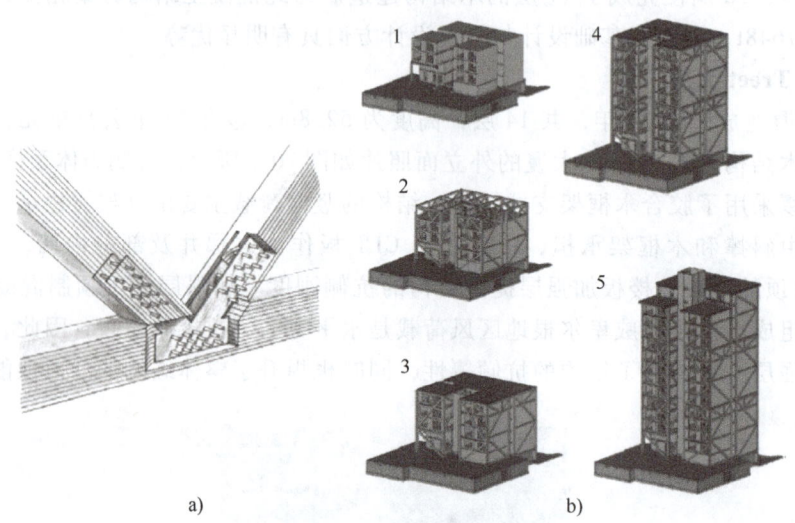

图 10-11　Treet 大厦采用的内嵌钢板螺栓连接节点及建造过程
a）内嵌钢板螺栓连接节点　b）建造过程

（2）采用分析软件建立了精细化有限元分析模型　基于前期试验及理论分析结果，采用分析软件建立了 Treet 大厦的精细化有限元分析模型。通过精细化有限元分析模型，获得了结构的动力性能，验算了结构构件在极限状态及正常使用状态下的力学性能，同时优化了结构的理想破坏模式。

（3）考虑风荷载的动力效应与静力效应　通过考虑风荷载的动力效应，对结构的风致振动进行了分析，验算结构的舒适度。分析结构表明，结构在风荷载效应下的楼层加速度峰值随高度的增加而增大，顶层的加速度峰值为 0.043m/s^2（东西方向）和 0.048m/s^2（南北方向），可满足 ISO 10137 标准对于楼层舒适度控制的加速度指标要求。将风荷载等效为静荷载作用在结构上，求得结构的最大侧向位移为 71mm，约为结构总高度的 1/634，可满足欧洲规范要求限值 1/500。

10.1.4　未来超高层木混合结构的发展趋势

随着人们对环境保护和城市生活品质的追求，高层木混合结构不断向超高层发展。木-钢混合结构、木-混凝土混合结构是超高层木结构发展的方向。

英国 PLP 建筑事务所和剑桥大学建筑系设计了一栋高 1000ft（304.8m）的木结构摩天大楼"橡木塔"（Oakwood Tower），图 10-12 为该大楼的效果图。抗侧力体系为胶合木巨型桁架体系，中部桁架筒体，房屋底部和下部尚有四个木框架围合，形成高效的抗倾覆体系。

日本住友林业公司提出，2041 年在东京建造高度为 350m 的钢木结构（W350），以庆祝该公司成立 350 周年。该方案平面呈回字形，可有效控制建筑的高宽比，且中心花园可以有充足的采光和通风。考虑到日本地震频发,大楼的主体结构采用钢支撑-木框架结构,全部楼板将采用日本榉木制成的正交胶合木墙板。图10-13为该钢木结构的鸟瞰效果图和局部效果图。

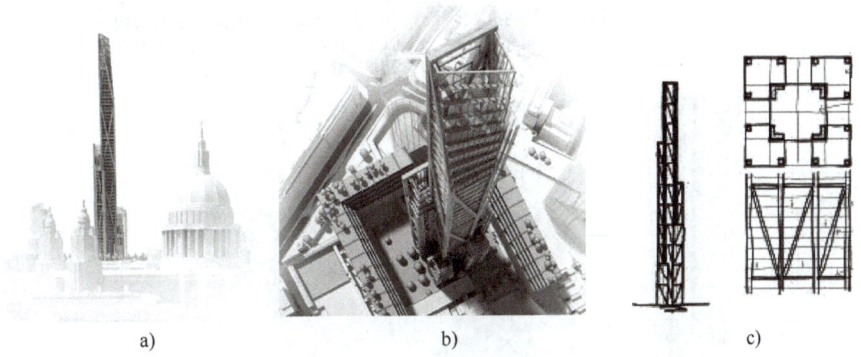

图10-12 Oakwood Tower 概念设计示意图
a) 立面效果图 b) 鸟瞰效果图 c) 抗侧力体系示意图

图10-13 钢木结构概念设计示意图
a) 鸟瞰效果图 b) 抗侧力体系局部效果图

同济大学熊海贝团队立足我国国情,提出了一种混凝土框筒-木模块混合结构体系概念,即以混凝土框架-筒体结构为主结构,木模块单体为子结构,形成主结构与子结构、混凝土与木的混合结构体系。其特点是混凝土主结构的楼层高度约 10m，木模块高度略低于 10m，为三层单体。因此，主要抗侧力体系和竖向受力体系均为混凝土结构，木模块子结构仅自承重，如图 10-14 所示。

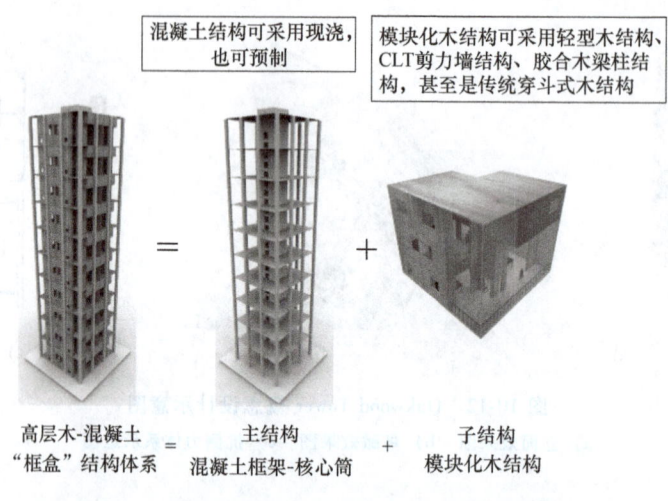

图 10-14　新型高层木-混凝土混合结构体系概念图

与同样功能的高层混凝土框筒结构（100m，30 层）的对比分析表明，该结构具有：在高密度城市，最大化使用木（竹）结构材料以部分替代混凝土材料和钢材；充分发挥混凝土框筒结构的抗侧力性能，促进超高层木混合结构的发展；每三层高度设置混凝土楼板，有效提升木（竹）结构的防火性能；子结构为木结构，有效减轻自重，可大幅减少地基基础的建造成本；木模块工厂建造现场安装，有效提升施工建设速度；与相同功能的纯混凝土高层建筑相比，有效减少在寿命周期内对环境的不利影响。

■ 10.2　高层减震建筑

10.2.1　减震结构

结构减震技术是在结构的某些部位如支撑、剪力墙、节点、连接缝或连接件、楼层空间、相邻建筑间、主附结构间等设置耗能元件，通过耗能元件产生摩擦、弯曲（或剪切、扭转）、弹塑（或黏滞、黏弹）性滞回变形等来耗散或吸收地震输入结构中的能量，以减小主体结构地震反应，从而避免结构产生破坏或倒塌，达到减震控震的目的，这样的结构称为减震结构。减震结构在小震和设计风荷载作用下，耗能元件基本处于弹性状态，给主体结构提供足够的刚度，使耗能减震结构满足正常使用要求；在中震、大震及强震作用下，耗能元件率先进入耗能状态，产生较大的阻尼，大量耗散输入结构中的能量，迅速衰减结构的动力反应，而主体结构不出现明显非弹性，从而确保结构在强环境干扰中的安全性和正常使用。根据是否需要输入外部能量，减震技术大体分为被动控制技术、主动控制技术和半主动控制技术。

被动控制技术是在结构中设非结构构件的耗能元件即阻尼器，结构振动使耗能元件被动地往复相对变形或者在耗能元件间产生往复运动的相对速度、位移和加速度，从而耗散结构振动的能量、减轻结构的动力反应。结构设置耗能元件一般不改变结构的形式，也不需要外部能量输入。

主动控制技术需要实时测量结构反应或环境干扰，采用现代控制理论的主动控制算法在精确的结构模型基础上运算和决策最优控制力，由激振器在超出阈值的外部能量输入时主动实施最优控制力。主动控制激振器通常是液压伺服系统或电压伺服系统，一般需要较大甚至很大的能量驱动。在结构反应观测基础上实现的主动控制称为反馈控制，而在结构环境干扰观测基础上实现的主动控制则称为前馈控制。代表性的主动控制装置有由主动控制激振器驱动的调谐质量阻尼器和主动斜撑主动锚索系统。

半主动控制技术的原理与主动控制技术的基本相同，只是实施控制力的激振器需要少量的能量调节以便使其主动地利用结构振动的往复相对变形或相对速度，尽可能地实现主动最优控制力。因此，半主动控制激振器通常是被动的刚度或阻尼装置与机械式主动调节器复合的控制系统。常见的半主动控制装置主要有主动变刚度系统和主动变阻尼系统。

10.2.2　高层建筑减震设计要点

高层建筑减震设计方法大体与普通高度建筑减震设计方法相同。常见的方法有基于附加阻尼比的设计方法、基于能力谱的设计方法、基于位移的设计方法、性能优化设计方法等。

基于附加阻尼比的设计方法的基本思路为：通过振型分解反应谱法分析，求得结构满足性能目标所需的附加阻尼比；在此基础上，依据减震概念设计的原则合理布置阻尼器，确定各层阻尼器的阻尼力以实现目标附加阻尼比，进一步确定各层阻尼器的数量和参数。基于附加阻尼比的减震设计方法原理清晰、步骤简单，能够很好地与我国《抗震规范》对接，且无须大量迭代工作，因此广泛应用于我国工程实践当中。该方法主要适用于附加刚度可以忽略、以提供附加阻尼为主的阻尼器。

能力谱方法可应用于减震结构的抗震性能分析中，若将其应用在减震设计中即形成基于能力谱的减震设计方法。其基本思路为：对结构进行推覆分析得到其推覆曲线，即基底剪力-顶点位移关系曲线；通过推覆曲线得到假定顶点位移下结构的等效阻尼比；将推覆曲线转换为能力谱曲线，将反应谱曲线转换为需求谱曲线，两曲线的交点得到顶点位移，若其与假定值相差较大，则需通过反复迭代以实现收敛；按照确定的结构顶点位移下各结构构件的割线刚度，进行模态分析和振型组合，得到结构最终的顶点位移和层间位移；根据性能目标确定初步减震方案和需求附加阻尼比，进而确定阻尼器类型、数量、参数和布置位置。该方法虽需进行反复迭代，但是每次迭代过程中计算量较小，效率较高。因为推覆分析为静力分析方法，并且存在诸多简化假定，某些情况下其计算结果和动力时程分析结果存在较大差异，因此为了保证减震设计的可靠性，应补充动力时程分析对减震效果进行验证。

针对同时提供附加刚度和附加阻尼的装置，基于位移的减震设计方法的基本思路为：根据规范或者性能需求确定目标位移。由于阻尼器同时提供刚度和阻尼，设计初期很难将两者同时考虑，因此首先假定阻尼器提供给结构的附加阻尼比。将结构等效为单自由度体系，绘制减震结构对应总阻尼比下的位移反应谱，根据目标位移或目标位移减震率在反应谱曲线上确定减震结构的等效周期，进而确定减震结构的等效刚度。不管是在单自由度体系下还是在多自由度体系下，均可以根据阻尼器的刚度特征，配置相应数量和参数的阻尼器以满足减震结构等效刚度的要求，实现减震初步设计。如果是在单自由度体系下完成阻尼器参数设计，则需将其还原到多自由度体系中。进而进行减震结构的抗震计算分析，一般为空间结构模型的非线性动力时程分析，计算当前设计下阻尼器实际提供的附加阻尼比，如果该值与设计初期的假定值不一致，则重新假定阻尼器的附加阻尼比，重复上述流程，直到实现收敛为止。最后，验算减震结构在不同地震水准下的位移，必要时可对减震方案进行微调。

结构主动、半主动控制系统设计主要包括传感器、控制器和激振器三个子系统的设计。传感器系统设计包括传感器类型选择、数量和位置等参数的设计，将直接影响系统的状态输出、反馈和控制性能。控制器系统设计包括激振器数量、位置以及激振器出力等参数的设计，将直接影响系统的控制效果，是控制系统设计的核心问题。激振器出力设计是在给定激振器数量和位置的前提下，以实现系统预期的控制效果为目标来合理地确定激振器出力与系统状态或输出的关系以及各个激振器出力的具体量值。激振器设计主要通过控制算法来完成。

10.2.3　高层建筑采用的减震技术及案例

1. 被动控制技术

高层建筑用被动控制技术中常见的阻尼器大体上可以分为三类：位移相关型耗能元件，例如金属屈服型阻尼器、摩擦型阻尼器；速度相关型耗能元件，例如黏滞阻尼器、黏弹性阻尼器；调谐吸振型耗能元件，例如调谐质量阻尼器、调谐液体阻尼器。

（1）金属屈服型阻尼器　金属屈服型阻尼器利用金属材料进入塑性后滞回性能良好的特点，在结构发生变形前先行屈服，以耗散大部分地面运动传递给结构的能量，从而达到减震的目的。常见的阻尼器材料包括软钢、低屈服点钢、铅和形状记忆合金等。软钢在进入塑性范围后具有良好的滞回特性，因此被用来制造各种类型的耗能减震装置，如梁式阻尼器、钢棒阻尼器、钢圆环阻尼器、加劲阻尼装置、屈曲约束支撑（Buckling Restrained Brace，BRB）等。铅具有较高的延性和柔性，在变形过程中可以吸收大量的能量，并有较强的变形跟踪能力，适合用于抗震耗能，常见的铅阻尼器类型主要有铅挤压阻尼器、铅剪切阻尼器、异型铅阻尼器和复合铅黏弹性阻尼器等。

北京银泰中心位于商业中心区西南角，银泰中心由3栋塔楼组成，其中北面主楼地下3层，地上主体结构62层，高249.9m，如图10-15所示。主楼为钢结构框架筒中筒结构，共有四个设备层，分别在第17层、33层、46层和55层。为改善结构楼层的相对刚度和整体刚度，在第17层、33层和46层设置了贯通内筒和外筒的伸臂桁架从而形成加强层，第55层因建筑功能要求未做调整。由于伸臂桁架对结构整体抗震性能有较为突出的影响，因此将伸臂桁架在内筒与外筒之间的钢支撑用屈曲约束支撑代替，以进一步改善结构的抗震性能。

潮汕星河大厦地上主楼原设计22层，地下1层，裙楼4层，主楼平面为椭圆形，采用框架核心筒结构，外框架为钢管混凝土柱，核心筒为钢筋混凝土剪力墙。施工至12层时，业主提出增加3层，主楼结构变为25层，总高98.7m，为保证加层后结构满足规范要求，采用了加设28个复合铅黏弹性阻尼器的方案，图10-16为复合铅黏弹性阻尼器安装在结构中的情况。

图 10-15 北京银泰中心及屈曲约束支撑
a）北京银泰中心 b）屈曲约束支撑

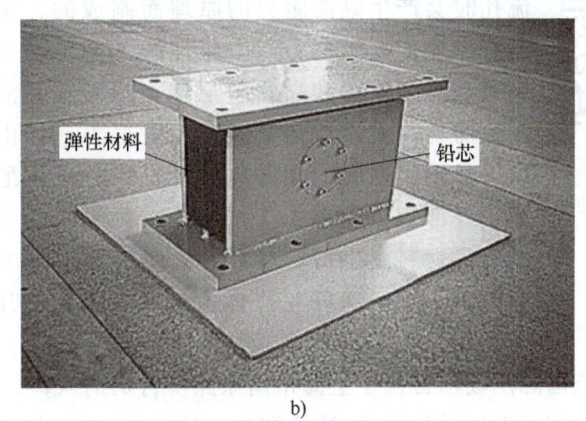

图 10-16 潮汕星河大厦及复合铅黏弹性阻尼器
a）潮汕星河大厦 b）复合铅黏弹性阻尼器

（2）摩擦型阻尼器 不同类型的摩擦型阻尼器可采用不同材料、摩擦介质和不同机械组合方式，但它们的基本机理都是一致的，即由组合构件和摩擦片在一定预紧力下组成一个能够产生滑动和摩擦力的机构，利用滑动摩擦力做功耗散能量，对结构起耗能减震作用。对于摩擦耗能结构，在正常情况下，摩擦型阻尼器只为结构提供足够附加刚度，不产生滑移；在强震作用下，阻尼器产生滑移为结构提供附加阻尼，并依靠摩擦做功来耗散能量。同时，摩擦型阻尼器一旦开始滑移，其刚度即变为零，使结构刚度"软化"延长结构的自振周期，从而在耗散地震输入能量的同时，使结构避免产生共振或准共振现象，达到结构减震的目的，保护结构的安全。常见的摩擦型阻尼器有摩擦耗能节点、板式摩擦型阻尼器、筒式摩擦型阻尼器、复合摩擦型阻尼器等。

肯考迪亚大学图书馆位于加拿大蒙特利尔市，由一栋 10 层结构和一栋 6 层结构中间通过连廊连接组成，总建筑面积约为 52000m²，图书馆采用摩擦型阻尼器代替传统的剪力墙或普通支撑，如图 10-17 所示。该结构总共采用了 143 个起滑荷载为 600~700kN 的摩擦型阻尼器，带摩擦型阻尼器的耗能支撑属于非承重构件，安装简单，对结构建筑功能及外观的影响很小，而且能有效减轻结构自重，降低造价。

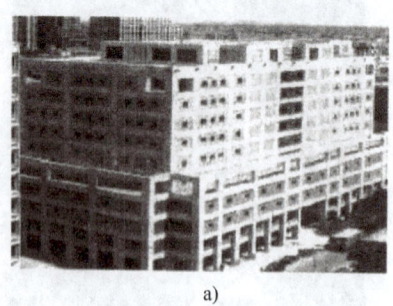
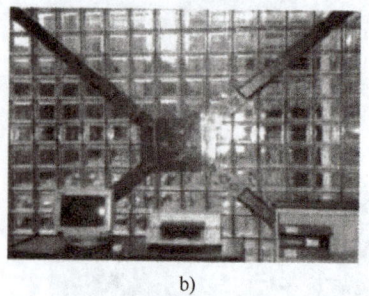

a)　　　　　　　　　　　　　　b)

图 10-17　肯考迪亚大学图书馆及带摩擦型阻尼器的耗能支撑

a）肯考迪亚大学图书馆　b）带摩擦型阻尼器的耗能支撑

黏滞阻尼器
钢框架振动
台试验

（3）黏滞阻尼器　黏滞阻尼器是根据流体运动特别是当流体通过节流孔时会产生黏滞阻力的原理而制成的，是一种速度相关型阻尼器。黏滞阻尼器依据阻尼力产生原理的不同，可分为缸式黏滞流体阻尼器、圆筒式黏滞阻尼器和黏滞阻尼墙。圆筒式黏滞阻尼器和黏滞阻尼墙通过内部黏滞材料发生剪切变形产生阻尼力，如由内部钢板、外部钢板及处于内、外钢板之间的黏滞液体组成的黏滞阻尼墙，内部钢板固定于上层楼面，外部钢板固定于下层楼面，内钢板受外界激励沿平面运动，使高浓度阻尼材料发生剪切变形，从而产生阻尼力；缸式黏滞流体阻尼器在外界激励下，活塞杆在缸体内运动，迫使受压流体通过孔隙或缝隙，进而产生阻尼力。

上海世茂国际广场项目位于上海市南京路步行街的入口，由主楼和裙房构成。主楼为五星级酒店，采用巨型钢骨柱框架-筒体结构，地上 60 层，地下 3 层，结构高度 246m。裙房为钢筋混凝土框架-剪力墙结构，地上 10 层，结构高度 48m。主楼与裙房之间设置了防震缝，为解决裙房偏心导致结构扭转变形突出的问题，在裙房内部 5~9 层楼层位移较大的角部区域共设置 10 组黏滞阻尼墙，并在 10 层主楼与裙房之间设置了 35 组 50t 圆筒式黏滞阻尼器和 5 组 75t 圆筒式黏滞阻尼器。黏滞阻尼墙现场安装如图 10-18 所示。

a)　　　　　　　　　　　　　　b)

图 10-18　上海世茂国际广场及黏滞阻尼墙现场安装

a）上海世茂国际广场　b）黏滞阻尼墙现场安装

(4) 黏弹性阻尼器　理想黏性材料的应力与应变之间存在滞后现象，相位差为 $\pi/2$；而理想弹性材料的应力与应变之间不存在滞后现象，相位差为 0。因此，在正弦交变应力作用下，理想黏性材料只能耗散能量，不能储存能量，体现材料的阻尼特性；理想弹性材料只能储存能量，不能耗散能量，体现材料的刚度特性。黏弹性材料同时具有黏性材料以及弹性材料的力学特性，能同时储存能量和耗散能量。目前开发的各种黏弹性阻尼器主要由黏弹性材料和钢板叠合黏结而成，而黏弹性材料的性能以及它与钢板的黏结在很大程度上决定了黏弹性阻尼器的性能和黏弹性阻尼结构的减震效果。常见的黏弹性阻尼器有条板式黏弹性阻尼器、黏弹性阻尼墙、杠杆黏弹性阻尼器等。

美国西雅图哥伦比亚中心高度为 291m，采用钢筋混凝土结构（图 10-19）。在建设过程中安装了 260 个黏弹性阻尼器，用于保证风荷载作用下的楼层舒适度问题。在使用年限中，这些黏弹性阻尼器很好地抵御了强风对主体结构的影响。

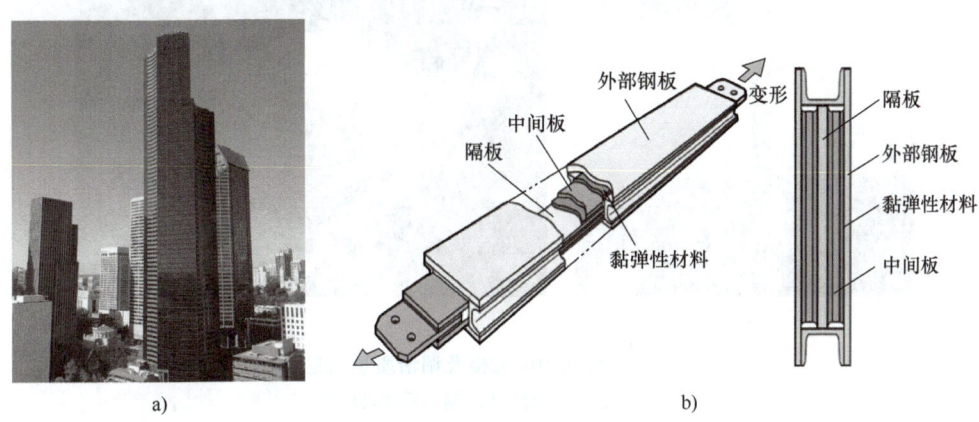

图 10-19　美国西雅图哥伦比亚中心及黏弹性阻尼器
a）美国西雅图哥伦比亚中心　b）黏弹性阻尼器

南京大报恩寺古塔是南京的标志性建筑，2007 年南京市委市政府决定启动复建南京大报恩寺和琉璃塔。南京大报恩寺新塔总高度为 108m，其中建筑楼面最高 74.2m，屋顶高 89.8m，地上塔基 1 层，主塔从塔座平台计算，外观 9 层，内部 18 层。该新塔平面为双层柱网的正八边形，主体采用钢结构，外围护材料主要为建筑琉璃制品。为了抵抗强风、地震等环境影响，南京大报恩寺新塔设置了新型材料黏弹性阻尼器，如图 10-20 所示。

图 10-20　南京大报恩寺新塔及黏弹性阻尼器安装
a）南京大报恩寺新塔　b）黏弹性阻尼器安装

（5）调谐质量阻尼器　调谐质量阻尼器（Tuned Mass Damper，TMD）系统由弹簧或吊索、质量块、阻尼器组成，它的基本原理是在目标主系统结构的特定位置上附加一个振动子系统，适当选择该子系统的结构形式、动力参数以及与主系统的耦合关系以实现其固有振动频率与主结构所控振型频率谐振，改变主系统的振动状态。当结构发生振动时，其惯性质量与主结构受控振型谐振，吸收主结构受控振型的振动能量，从而达到抑制受控结构振动的效果。

台北 101 大楼是台湾的标志性建筑，地上 101 层，地下 5 层，高度 508m，每 8 层楼为 1 个结构区域，彼此接续，层层相叠，构筑整体，建筑面积达 39.8 万 m²。台北 101 大楼在 87~92 层间设置了调谐质量阻尼器，通过高强度钢索将 660t 的质量块悬吊，并用支架从底部支撑，在支架周围设置 8 组黏滞阻尼器实现减震耗能，图 10-21 为台北 101 大楼中调谐质量阻尼器的组合构件图。

图 10-21　台北 101 大楼及调谐质量阻尼器
a）台北 101 大楼　b）调谐质量阻尼器

上海中心大厦位于上海陆家嘴金融中心，建筑高度 632m，结构高度 580m，塔楼地上 124 层，地下 5 层，整个建筑面积约为 38 万 m²，建成后与原有的上海金茂大厦、环球金融中心呈"品"字形超高层建筑群。上海中心大厦设置了被动式电涡流调谐质量阻尼器，如图 10-22 所示。阻尼器质量为 1000t，是目前已建成的最大型阻尼装置，同时也是电涡流技术和可变阻尼在被动式阻尼器中的首次应用。相较于传统的黏滞型调谐质量阻尼器，电涡流调谐质量阻尼器可实现变阻尼，通过永磁体数量的选择与布置和导体不等厚度处理实现永磁体与导体间距的控制，以此调节电磁场阻尼力的变化，达到变阻尼设计的目的。

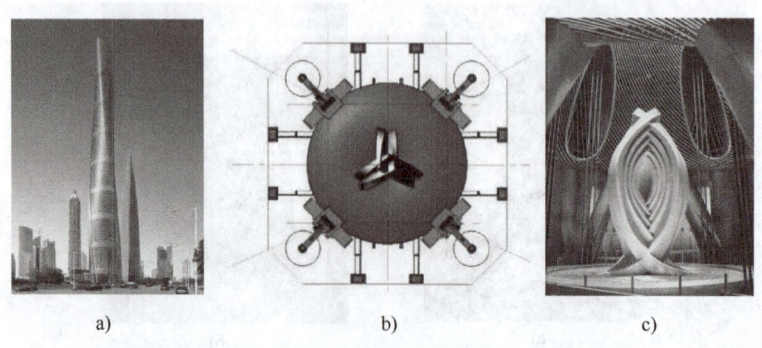

图 10-22　上海中心大厦及电涡流调谐质量阻尼器
a）上海中心大厦　b）电涡流 TMD 俯视图　c）电涡流 TMD 正视图

（6）调谐液体阻尼器　调谐液体阻尼器（Tuned Liquid Damper，TLD）是一种有效的结构减震控制装置，它是利用固定水箱中的液体在晃动过程中产生的动侧压力来提供减震力的。调谐液体阻尼器具有造价低、易安装、维护少、自动激活性能好、容易匹配调谐频率等优点，而且可以设置在既有建筑物上，并可兼作供水水箱用。调谐液体阻尼器主要分两类：第一类是矩形、圆柱形或圆环形的水箱；第二类是一种 U 形管状水箱。一般所说的 TLD 是指第一类，而把第二类称为调谐液体柱状阻尼器。一般根据 TLD 内液深与振动方向的尺寸之比，将其分为深水 TLD 和浅水 TLD。液深与振动方向尺寸之比大于 1/8 的水箱为深水 TLD，否则为浅水 TLD。深水 TLD 可以与生活和消防水箱相结合，浅水 TLD 只用来减震。

金山大厦（图 10-23）位于珠海市，由主楼、副楼和裙房组成，主楼地面以上为 49 层，总高度 162m，副楼地面以上为 28 层，总高度 93m，裙房地面以上 5 层，地下室 2 层，金山大厦主塔楼平面呈三角形。主楼采用筒中筒结构，根据金山大厦主楼的工程实际，按照经济和有效的原则，决定采用调频液体阻尼器来实现主楼的风振控制。采用矩形浅水水箱，其位置为主楼屋面停机坪下核心筒周围的夹层空隙中。该工程中浅水 TLD 对高柔结构风振加速度的控制效应显著。

图 10-23　珠海金山大厦

2. 半主动控制技术

为了改善主动控制技术的高投资和维修费大、需要功率高和可靠性问题，学者提出了具有变阻尼和变刚度的调谐质量阻尼器，即半主动控制技术调谐质量阻尼器。半主动控制技术需要一些简单的硬件设备，具有较低的投资和维修费用以及较小的功率需要。在这种情况下，外部能源仅仅被用于改变装置的参数而不需要施加控制力。常见的半主动控制装置主要有主动变刚度系统和主动变阻尼系统。

结构主动变刚度控制是通过变刚度装置来主动地改变结构的附加刚度，使结构控制系统的自振频率远离干扰的卓越频率，避免结构发生共振，从而减小结构反应。从能量转换角度来说，结构主动变刚度控制是通过刚度元件的变形将结构部分振动能量转化为刚度元件的弹性变形能，然后通过刚度元件释放其吸收的弹性变形能，实际转换为伺服系统的热能，同时阻尼元件消耗部分结构振动能量，从而减小结构的振动。

结构主动变阻尼控制是通过主动调节变阻尼控制装置的阻尼力，使其等于或接近主动控制力，从而达到与主动控制接近的减震效果。主动变阻尼控制装置一般是在传统的液压流体阻尼器或黏滞流体阻尼器的基础上，设置可控伺服阀以构成具有控制流体流量、连续改变阻尼力、控制宽频带多种激励振动能力的"智能"阻尼器。目前高层建筑应用半主动控制技术的案例较少，这里不做介绍。

3. 主动控制技术

主动质量阻尼器（Active Mass Damper，AMD）是主动控制技术的代表，AMD将结构响应的反馈和（或）结构中关键位置处外激励的前馈，经计算机分析处理向激振器发送适当的信息，于是激振器对抗质量块将惯性控制力施加于结构实现振动控制。常用的主动元件主要有电液伺服系统、电磁式激振器和压电式激振器等。标准的AMD系统首先按没有主动控制激振器的被动TMD系统设计，然后主动控制激振器的最优控制力在此TMD系统的基础上按主动算法设计。在较小扰动中，这样的AMD系统相当于TMD系统，激振器不工作，能节省能源并延长设备寿命，而在较大环境影响下，主动控制激振器工作，耗散更多地震能量。

被称为"小蛮腰"的广州电视塔塔高600m，其主塔体高450m，天线桅杆高150m。为了提高结构在风荷载作用下的舒适性以及强风作用下的安全性，在主塔标高438.4m处设置了复合调谐控制装置，由直线电动机驱动的AMD系统组成，如图10-24所示。

图10-24 广州电视塔及主动质量阻尼器（AMD）
a) 广州电视塔 b) 主动质量阻尼器（AMD）

10.3 高层隔震建筑

10.3.1 隔震结构

经过隔震设计的结构通常称为隔震结构。隔震设计通常指在房屋基础、底部或下部结构与上部结构之间设置由隔震支座和阻尼装置等部件组成具有整体复位功能的隔震层，以延长整个结构体系的自振周期，减少输入上部结构的水平地震作用，达到预期防震要求。

隔震追求"以柔克刚"，通过在结构中引入一个柔软的隔震层，使结构整体刚度降低，基本自振周期延长，自振频率降低，从而避开地震中能量最高的频率范围，减小地震动能量的输入；同时，隔震层的高阻尼特性保证地震能量的吸收与耗散，配合减小结构的响应。这样一来，相对位移将集中于刚度较低的隔震层，地震能量向上传递受到限制，上部结构的响应降低。采用抗震设计和隔震设计的建筑结构在地震中的反应如图10-25所示。

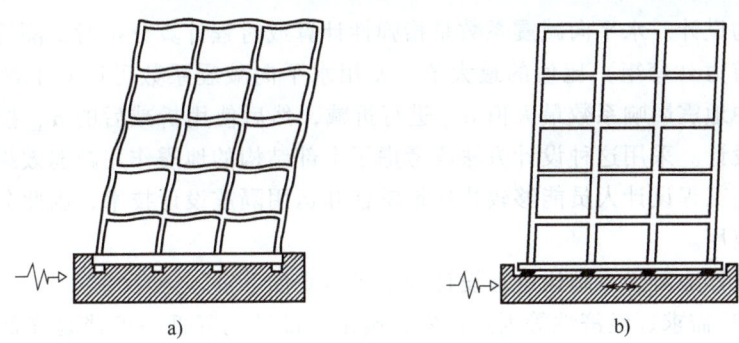

图 10-25 抗震建筑与隔震建筑的地震反应
a) 抗震建筑 b) 隔震建筑

图 10-26 给出了地震加速度反应谱和位移反应谱。采用抗震设计方法的结构，刚度较大，基本周期较小，因此地震作用较大（A 点）。引入隔震层后，结构整体刚度下降，结构基本周期延长，地震作用降低，而位移反应增加（B 点）。提高结构阻尼，则可以使地震作用和位移响应都得到控制（C 点），这也是隔震体系进行结构振动控制的作用机理。

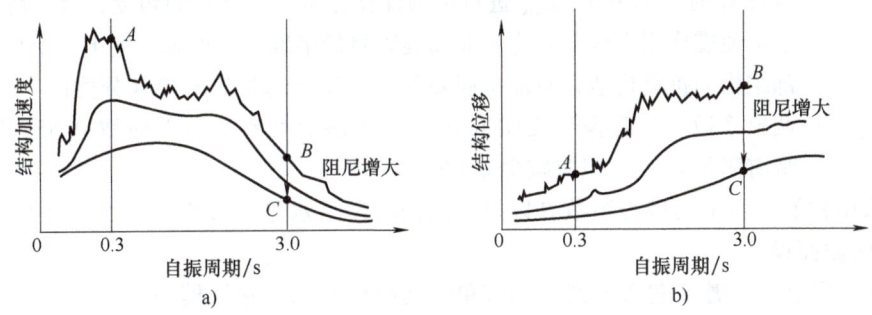

图 10-26 地震加速度反应谱和位移反应谱
a) 加速度反应谱 b) 位移反应谱

隔震层的引入是隔震结构与传统抗震结构最大的区别。隔震层要求具备良好的竖向承压能力以及较低的水平刚度，需要具备恢复原始状态的复位能力，同时需要阻尼从而耗散地震能量。对于采用隔震设计的结构而言，由于隔震层隔离并消耗了地震动的能量，上部结构可视为处于弹性阶段，地震作用不会得到放大。通常来说，上部结构的地震响应可减小 40%~80%，使得结构构件、内部设备等都不会遭受大的损坏，结构内部的人员也不会有强烈的震感，无须进行大规模疏散，从而大大减少地震带来的损失。

10.3.2 高层隔震建筑设计要点

目前隔震设计主要使用分部设计法，目标是与传统的抗震结构设计方法对接，便于广大的工程设计人员快速掌握隔震结构设计。分部设计法是指将隔震结构以隔震层为界划分为上部结构、隔震层、下部结构和基础等部分，对每一部分分别按照传统结构的设计方法进行设计。在各个部分的设计中，特别是上部结构设计，为了体现出隔震方案对上部结构设计的影响，《抗震规范》提出使用水平向减震系

隔震结构振动台试验

隔震结构特点

数进行上部结构设计。水平向减震系数是指弹性计算或时程计算分析时，隔震结构和非隔震结构各层层间剪力（弯矩）比值的最大值。使用水平向减震系数可以对上部结构设计所需的规范反应谱中地震影响系数最大值 α_{max} 进行折减，然后使用折减后的 α_{max} 按传统设计方法进行上部结构设计。采用这种设计方法既考虑了上部结构的地震作用减弱效果，又结合了传统设计方法，使工程设计人员能够较快速地掌握和运用隔震设计技术，因此分部设计法在我国得到了广泛应用。

采用分部设计法对隔震结构进行设计的主要步骤如下：

1）根据工程需求、经济性等因素出发，确定上部结构降低一度或是降低半度进行隔震设计，初始的水平向减震系数计算公式为

$$\alpha_{max1} = \beta \alpha_{max} / \varphi \qquad (10\text{-}2)$$

式中 α_{max1} ——隔震后上部结构的水平地震影响系数最大值；

α_{max} ——非隔震结构的水平地震影响系数最大值；

β ——水平向减震系数，在隔震和非隔震结构各层层间剪力比值最大值和各层弯矩比值最大值中，取两者的较大值；隔震后的上部结构在使用软件进行计算时，直接取 α_{max1} 进行结构计算分析；从宏观的角度，可以将隔震后的水平地震作用大致归纳为比非隔震时降低半度、一度和一度半三个档次；而上部结构的抗震构造，只能按照降低一度分档，即以 $\beta = 0.4$ 分档；

φ ——调整系数，一般橡胶支座取 0.80，支座剪切性能较差时取 0.85，隔震装置带有阻尼器时，相应减少 0.05。

2）采用初始的水平向减震系数 β 以及对应的隔震后水平地震影响系数最大值 α_{max1} 进行上部结构的截面设计。

3）布置隔震层，建立包含非线性隔震单元的整体结构弹塑性模型。

4）进行隔震结构抗风、隔震层偏心率和隔震层恢复力验算，各项指标应符合《抗震规范》中相关规定，若验算不通过则返回第 3）步进行调整。

5）对整体结构弹塑性模型进行设防地震时程分析，输入地震波应符合《抗震规范》中时程分析输入时程地震波的要求，根据隔震结构整体结构弹塑性模型设防地震时程分析结果与非隔震结构设防地震计算结果，通过各层层间剪力和各层弯矩比值最大值确定隔震结构实际的水平向减震系数 β_1，β_1 与 β 进行比较，若 β_1 小于 β 则进入下一步设计，若 β_1 大于 β，则应返回第 1）步或者第 3）步进行调整。

6）对隔震的整体结构弹塑性模型进行罕遇地震时程分析，对隔震单元进行罕遇地震作用下压应力、拉应力和变形验算，对于高宽比较大的结构还应进行抗倾覆验算，保证隔震结构在罕遇地震作用下不会发生倾覆破坏，隔震单元的各项验算指标应符合《抗震规范》中相关规定，若验算不通过则返回第 1）步或者第 3）步进行调整。

7）进行下部结构设计。

8）进行地基基础的设计。采用分部设计法进行隔震结构的设计完毕。

10.3.3 高层建筑隔震技术及案例

1. 叠层橡胶支座

常规的叠层橡胶支座由几毫米厚的橡胶薄片和薄钢板交互叠放，在一定高温、高压条件

下，经硫化黏结而成。橡胶材料弹性模量很小，泊松比接近 0.5，体积近似具有不可压缩性。因此，橡胶受压时会产生较大的横向膨胀，而钢板弹性模量大，相同外力作用下变形小。将两者配合使用，当支座竖向受压时，橡胶片与钢板均沿径向变形，但钢板的变形比橡胶小很多，所以橡胶会受到钢板的约束，支座的中心部分近似为三轴受压的状态，从而限制橡胶竖向压缩变形保证支座有较高的竖向承载能力；当支座受水平作用时，叠层钢板不能约束橡胶的剪切变形，支座的水平变形近似为各橡胶片水平变形的总和，因此支座具有较大的水平变形能力。目前常用的叠层橡胶支座主要有天然橡胶支座（NRB）、铅芯橡胶支座（LRB）、高阻尼橡胶支座（HRB）等，如图 10-27 所示。

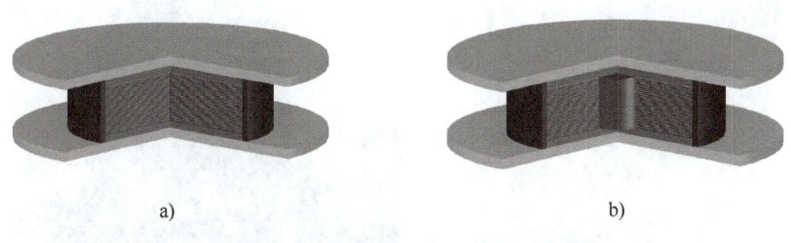

图 10-27　叠层橡胶支座结构示意图
a）天然橡胶支座　b）铅芯橡胶支座

　　上海徐泾地铁上盖项目位于上海市青浦区徐泾镇崧泽大道与徐盈路交接处，为车辆段上盖建筑，由多栋 14~20 层住宅单体组成，采用剪力墙结构。其中 1 号楼地上层数 14 层，建筑结构高度 52.3m，7 号楼地上层数 18 层，建筑结构高度 64.3m。大平台为重点设防类，上盖建筑为标准设防类。抗震设防烈度 7 度，设计基本地震加速度峰值为 0.1g，设计地震分组第三组，Ⅳ类场地，场地特征周期 0.9s。地铁上盖结构存在刚度突变、体系转换等复杂情况，故采用上盖隔震方案，在层间设置叠层橡胶隔震层，采用分部设计法，隔震设计目标为上部结构降低一度。隔震建筑有限元模型如图 10-28 所示。1 号楼和 7 号楼减震系数分别为 0.40 和 0.36，均满足设防地震作用下上部结构降低一度进行设计的要求，能较好地实现隔震目标。

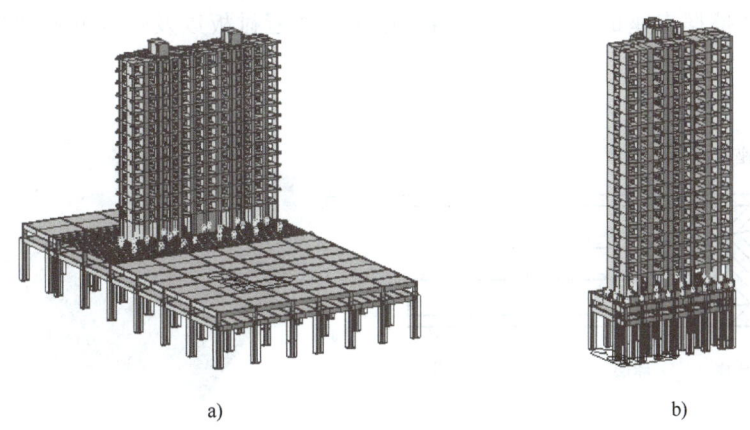

图 10-28　上海徐泾地铁上盖项目隔震建筑结构示意图
a）1 号楼隔震模型　b）7 号楼隔震模型

　　西昌盛世建昌酒店项目位于西昌市，楼层 16 层，隔震层 1 层，建筑结构高度 60.3m

(含隔震层），宽 30.0m，高宽比 2.01，采用框架-筒体结构形式。该项目属于标准设防类，丙类建筑，抗震设防烈度 9 度，设计基本地震加速度峰值为 0.4g，设计地震分组第二组，Ⅱ类场地，场地特征周期 0.4s。在基础底部设置叠层橡胶隔震层，采用分部设计法，隔震设计目标为上部结构降低一度。该结构有限元模型如图 10-29 所示，根据规范求得的水平向减震系数为 0.32，满足规范中降低一度设计的要求。

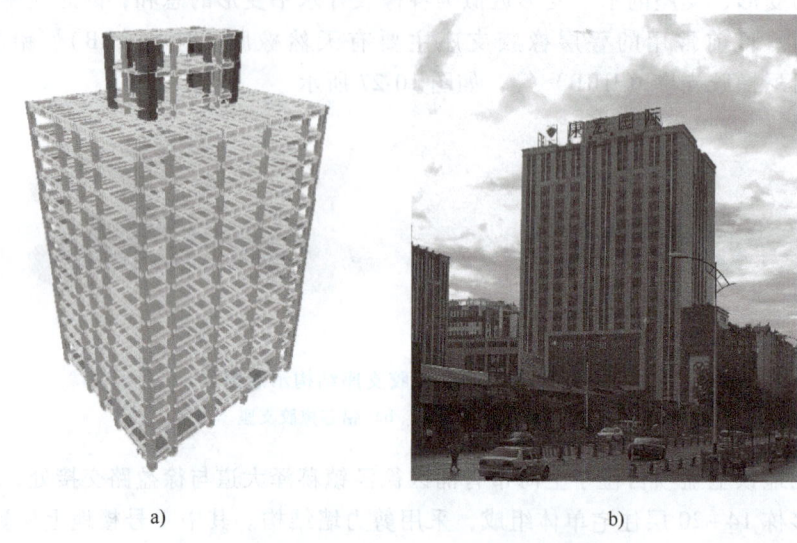

图 10-29 西昌盛世建昌酒店项目隔震建筑结构示意图
a) 有限元计算模型 b) 西昌盛世建昌酒店

2. 摩擦摆支座

摩擦摆支座的工作原理是利用两个曲面与各自对应凹球面间的滑动，形成一个钟摆式的机构，以延长结构自振周期；其隔震功能的实现：一方面是通过滑动面与凹球面间的摩擦来消耗地震能量；另一方面则是在滑动过程中，利用结构整体被抬升时动能与势能的转化来减小其水平地震响应。摩擦摆支座的基本组成包括上座板、球冠衬板以及球摆和底座等，如图 10-30 所示。

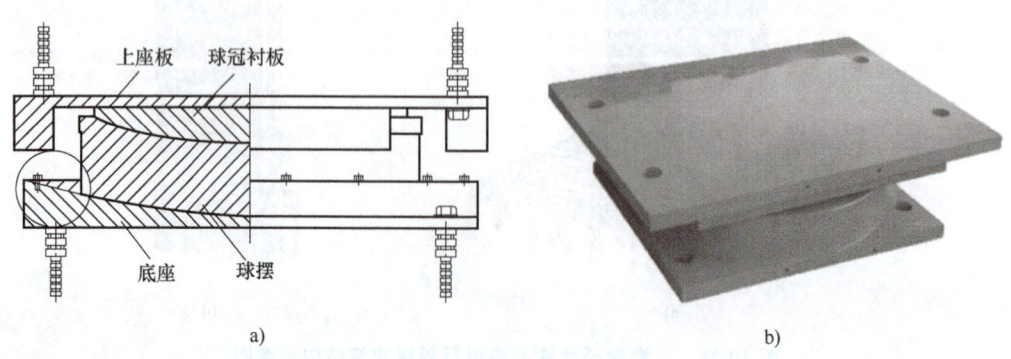

图 10-30 摩擦摆支座示意图
a) 摩擦摆支座组成 b) 摩擦摆支座

喀什天使花园 4 号楼项目位于新疆喀什，上部结构 28 层，建筑结构高度 83.1m，采用纯剪力墙结构形式。该项目属于标准设防类（丙类建筑），抗震设防烈度为 8 度（0.3g），设计基本地震加速度峰值为 $0.3g$，设计地震分组为第三组，Ⅱ类场地，场地特征周期为 0.45s。采用摩擦摆隔震设计，隔震设计方法为分部设计法，隔震设计目标为上部结构降低一度。隔震层设置在地下室上，层高 1.8m，上部剪力墙下设置转换梁和支墩，上支墩下连接摩擦摆支座，所建立的有限元模型如图 10-31 所示。根据规范求得的水平向减震系数为 0.32，满足规范中降低一度设计的要求。

重庆来福士广场项目总占地面积约为 91782m²。建设用地地形为梯形，北面的东西宽约 220m，南面的东西宽约 495m，南北

图 10-31　喀什天使花园 4 号楼有限元模型

长约 310m。该项目由 8 栋高层建筑、6 层商业裙房和 3 层地下室组成，8 栋高层建筑包括 2 栋约 356m 高的综合商住楼（72~75 层）、6 栋约 238m 高的公寓（50~51 层，其中 4 栋在屋顶通过一座长达 300m 的空中桥彼此相连），是集大型购物中心、高端住宅、办公楼、服务公寓和酒店为一体的城市综合体项目。其空中连桥结构采用摩擦摆隔震形式的柔性连接，采用摩擦摆支座保障了空中连桥的安全性。建筑效果如图 10-32 所示。

图 10-32　重庆来福士广场建筑效果图

3. 滑板支座

滑板支座具有较大竖向承载能力，滑动摩擦系数较小、滑动位移较大，但自身不具备恢复力，通常由上连接板、上封板、下封板、下连接板、滑移面板和滑移材料组成，滑板支座如图 10-33 和图 10-34 所示。

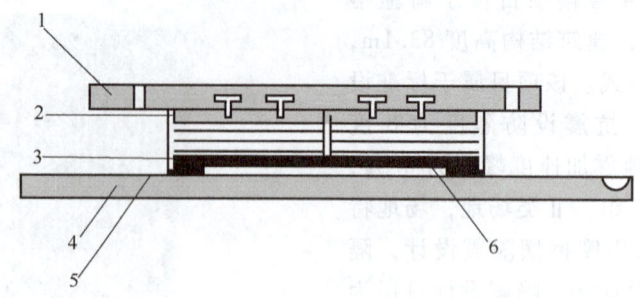

图 10-33 滑板支座示意图

1—上连接板　2—上封板　3—下封板　4—下连接板　5—滑移面板　6—滑移材料

图 10-34 滑板支座实物图

对前述喀什天使花园 4 号楼项目采用滑板和叠层橡胶混合隔震层，与摩擦摆支座的设计做对比分析，设计方法和隔震设计目标相同，根据规范求得的水平向减震系数为 0.35，满足规范中降低一度设计的要求。

4. 空气弹簧

空气弹簧是一种由有帘线的橡胶囊和充入其内腔的压缩空气所组成的非金属弹性元件，如图 10-35 所示。其隔震性能主要受到刚度特性、频率特性和阻尼特性的影响，其特点是：空气弹簧的工作高度可随时调节；空气弹簧具有良好的非线性特性，可根据目标设计理想的特性曲线；空气弹簧吸收高低频振动和降噪性能好；空气弹簧的刚度可以通过附加气室的容积和有效面积来进行改变；空气弹簧主气室和附加气室之间有一节流孔或管路，通过改变节流孔的孔径和管路直径、长度可以达到最佳的阻尼系数，但目前鲜有将空气弹簧应用于高层建筑隔震的工程案例。

图 10-35 空气弹簧

10.4 地震可恢复功能高层建筑

10.4.1 可恢复功能建筑

1. 可恢复功能定义

可恢复功能是指体系在受到外力扰动后，具有可快速恢复到正常使用功能的能力。这里的外力指地震及其次生灾害等多种灾害作用和疲劳、腐蚀、冻融等长期环境作用。可恢复功能体系可分为可恢复功能城市、可恢复功能系统和可恢复功能结构三个层次。其中，可恢复功能结构与可恢复功能基础设施作为子系统组成可恢复功能系统，两者在功能上相互依赖、物理实体上相互独立，可恢复功能系统则为实现可恢复功能城市创造条件。本节重点介绍可恢复功能结构的研究进展和工程应用。

地震作为最严重的自然灾害之一，是建筑结构特别是高层建筑设计时必须要考虑的因素。随着可恢复功能概念的提出，地震工程领域呈现出由抗震、减震隔震到可恢复性的发展趋势。地震可恢复功能结构是指地震后不需修复或者稍加修复就可恢复使用功能的建筑结构，如图 10-36 所示，相比传统抗震理念设计的结构（性能水平 A），地震可恢复功能结构在保证生命安全的前提下，将结构功能震后的恢复考虑到结构设计中（性能水平 B），地震后依然能保持一定的功能来维持正常使用，通过快速修复可以完全恢复原有的功能水平；如果修复方法能够克服原有结构的一些缺陷，修复后的结构会具有更高的功能水平（性能水平 C）。

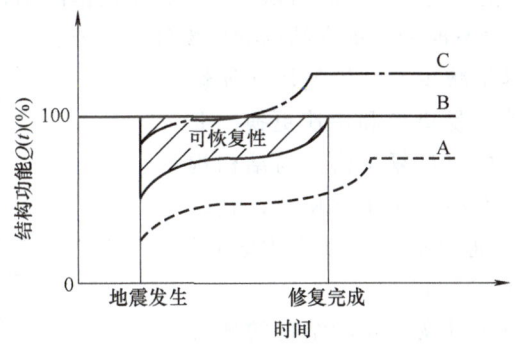

图 10-36 地震可恢复功能性概念

地震可恢复功能通过提高冗余度（Redundancy）和灵活应变能力（Resourcefulness）来增加体系的鲁棒性（Robustness）、快速性（Rapidity）。鲁棒性要求结构在遭受一定强度地震后，结构的功能依然保持在较高水平；快速性要求结构可以迅速地恢复部分功能或在较短时间内恢复全部功能，避免造成间接损失；提高结构冗余度和灵活应变能力可以提高体系的鲁棒性和功能恢复的速度，从而提高体系的可恢复功能水平。

2. 基本原理和方法

传统抗震思想以保护生命安全为首要目标，通过延性设计避免结构在强震下发生倒塌。然而，这种延性设计是以允许结构主要受力构件发生塑性变形为代价的，当结构在使用期间遭受比设防烈度更强的地震作用时，会导致结构发生损伤和残余变形。虽然建筑倒塌和死亡人数已经得到控制，但地震后造成的经济损失和社会影响仍然十分巨大。基于此，学者提出了地震可恢复功能结构的概念，其主要目的是使结构具备震后快速恢复使用功能的能力，从而减小由于结构震后功能中断带来的影响，减小经济损失和社会影响。

不同于消能减震技术通过耗散地震输入能量保护主体结构，工程隔震技术采取措施隔离地震对上部结构的影响，可恢复功能结构通过控制地震作用下结构变形的集中发生部位，并在变形部位设置耗能装置、自复位装置，或是在损伤之后进行更换，以保证结构功能的快速可恢复性。目前，三种典型的地震可恢复功能结构体系为：设置摇摆构件的结构体系、自复位结构体系和设置可更换构件的结构体系。

摇摆结构具有悠远的历史，中国传统木结构中木柱放置在石基础上，两者之间可以脱开，便是最早的工程应用。在早期的摇摆建筑结构中，一般做法为放松结构与基础之间的约束，即上部结构与基础交界面可以受压但几乎没有受拉能力，在水平倾覆力矩作用下，允许上部结构在与基础交界面处发生一定的抬升。研究发现，摇摆机制改变了结构固接的约束形式，将基础对结构特定组件（如剪力墙、结构柱、框架或带支撑框架）底部部分约束解除，使其由弯曲变形、剪切变形或弯剪变形模式转变为整体的刚体摆动模式，限制层间变形沿结构高度的集中程度并降低了结构层间变形需求和内力响应，进而避免了结构构件的损伤，使结构具备一定的可恢复功能能力。

自复位结构在放松界面约束的结构上施加预应力，使得结构在地震作用下首先发生一定的弯曲变形，超过一定限值后发生摇摆，其思想来源于预制无黏结预应力混凝土框架的研究。自复位机制通过在结构中附加自复位装置（预应力拉索等）并通过设计使其在一定地震水平下保持弹性状态，使结构可以在震后恢复原位，从而消除结构构件因屈服耗能而导致的残余变形，降低结构的修复时间，提高结构的可恢复功能能力。

可更换机制要求在尽量减少对结构使用功能影响的前提下，实现可更换、易更换和快速更换，要求结构的耗能构件、结构柱或自复位构件与结构构件并行布置，使构件的更换不影响正常使用，且结构在设计和构造上应尽量将可更换部件集中设置，以减少维修时间和功能中断时间。

此外，耗能构件是地震可恢复功能结构的核心部分之一，其在往复荷载作用下的力-位移关系曲线呈现图 10-37 所示的"旗帜型"。通过布置耗能构件将地震输入能量集中在可更换的阻尼装置中，

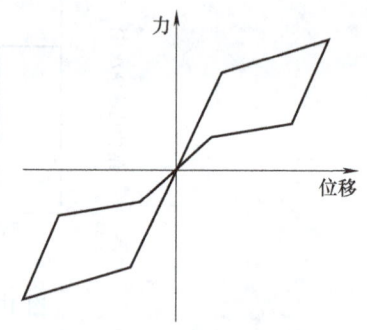

图 10-37 "旗帜型"力-位移关系示意图

从而使地震可恢复功能结构兼顾结构安全和可恢复功能能力。摇摆构件与耗能构件组合才能具备实用价值；自复位构件本身不具有耗能能力，只有将耗能构件与自复位构件组合才能真正实现结构的功能可恢复。

10.4.2 高层建筑地震可恢复功能设计要点

1. 抗震性能水准

我国当前的抗震设计规范基于三水准设防目标，即"小震不坏、中震可修、大震不

倒"，其核心目的是防止结构发生倒塌。由于可恢复功能结构具有比传统结构更高的抗震性能，因此其抗震设计理念亟须从传统抗倒塌设防目标转向震后可恢复功能目标。基于原有的三水准抗震设计，紧密结合我国第五代《中国地震动参数区划图》（GB 18306—2015），周颖等提出了可恢复功能结构"小震及中震不坏，大震可更换、可修复，巨震不倒塌"的四水准设防目标。所采用的"四水准地震动"与第五代《中国地震动参数区划图》保持一致，即第一水准（常遇地震动）对应于设计基准期50年超越概率63%的地震动，第二水准（基本地震动）对应于设计基准期50年超越概率10%的地震动，第三水准（罕遇地震动）对应于设计基准期50年超越概率2%的地震动，第四水准（极罕遇地震动）对应于设计基准期50年超越概率0.01%的地震动。在此四水准地震动作用下采用时程分析的最大加速度取值见表10-4。

表10-4 四水准地震动时程分析最大加速度值 （单位：cm/s²）

抗震设防烈度	6度	7度	8度	9度
第一水准	18	35（55）	70（110）	140
第二水准	49	98（147）	196（294）	392
第三水准	125	220（310）	400（510）	620
第四水准	147	294（441）	588（882）	1176

为实现"小震及中震不坏，大震可修复、可更换，巨震不倒塌"这一更高的抗震设防目标，对各地震水准下的可恢复功能结构抗震性能目标进行定义，见表10-5。

表10-5 地震可恢复功能结构设防目标

结构体系	抗震性能水准			
	第一水准	第二水准	第三水准	第四水准
传统结构	完全可使用	修复后可使用	生命安全	—
可恢复功能结构	完全可使用	完全可使用	更换后可使用/修复后可使用	生命安全

可以看出，与传统结构相比，可恢复功能结构的抗震性能目标有大幅提升。对于可恢复功能结构来说，可更换部件一般为耗能部件，以自复位剪力墙结构为例，对其各级抗震性能水准的描述见表10-6。

表10-6 各级抗震性能水准的描述

抗震性能水准	性能描述
完全可使用	剪力墙结构变形均在弹性范围内，结构功能完整，残余变形在不用修复范围内，阻尼器部件不需要更换，不需修理即可继续使用
更换后使用	剪力墙结构变形均在弹性范围内，结构功能完整，残余变形在不需修复范围内，更换阻尼器部件后，不需修理即可继续使用

（续）

抗震性能水准	性 能 描 述
修复后使用	剪力墙结构遭受一定损伤，功能受到影响，残余变形在可修复范围内，短期无法恢复，花费合理的费用能修复
生命安全	剪力墙结构有较重破坏但不影响承重，功能受到较大影响，人员安全

地震可恢复功能结构在设防目标、结构体系等方面与传统结构存在差异，因此其性能指标也有所区别。针对不同结构体系，需提出各自的性能指标，作为可恢复功能结构的设计基础。以自复位剪力墙结构为例，为实现自复位剪力墙结构的性能化设计，其性能指标包括结构位移、残余位移、最小基底剪力等。在第一水准强度下，要求结构处于弹性状态，使得结构可满足使用条件下的变形限制以及在水平荷载下结构不会提前进入屈服状态，因此有关最小基底剪力的规定与抗震规范中对最小底部剪力的规定相同。考虑到国内外一般将抗倒塌极限状态的层间位移角设为 2%，将第四水准下的结构层间位移角控制为 2%。此外，由于残余位移是评价结构震后性能的重要指标，还应考虑残余位移的限值。

2. 抗震设计方法

（1）基于位移的设计方法　在国内乃至国际上，现有的建筑抗震设计规范大都是基于力进行设计的，即通过加速度反应谱得到作用在结构上的地震作用，之后进行相应的构件截面设计，最后再验算结构的位移响应。可恢复功能结构体系由于其自身特点，在地震作用下具有较大的变形能力，因此，相比于传统抗震设计方法，采用基于位移的设计方法显得更为合理。

在基于位移的设计方法里，直接基于位移的设计方法是直接根据目标性态水准确定结构的位移需求。通过建立结构变形与地震作用之间的关系，针对不同地震设防水准，制定相应的目标位移，并且通过设计，计算与位移需求对应的地震作用，使得结构在给定水准地震作用下达到预先指定的目标位移，从而实现对结构地震行为的直接控制。与其他基于位移的设计方法相比，该方法给定位移需要直接确定结构的内力需求，设计过程简便，与其他方法相比更适合于可恢复功能结构的设计。

对给定目标位移下的结构进行直接基于位移的抗震设计，有两种计算地震作用的思路，分别是采用弹性反应谱等价线性化以及基于非线性反应谱。两者的主要区别是在确定结构非线性反应时，等价线性化方法是采用一个等效阻尼和割线刚度的弹性单自由度体系等效非线性单自由度体系，结构非线性反应采用弹性反应谱来确定，建立等效弹性位移谱来确定等效刚度 K_{eq}，并由等效刚度与目标位移值的乘积确定底部剪力 V_b；而非线性反应谱方法直接采用非线性反应谱来确定等效单自由度结构的非线性反应，其非线性反应谱是通过大量时程分析统计得到的 R-u-T 关系建立起来的。

（2）设计流程　以自复位剪力墙结构为例，给出可恢复功能结构等线性化设计方法的一般方法和步骤，采用等效弹性位移谱，设计流程如图 10-38 所示。

1）确定结构在第四水准下的目标位移角 Δ_d 以及等效黏滞阻尼比 ζ_{eq}。

2）将结构等效为单自由度体系，即

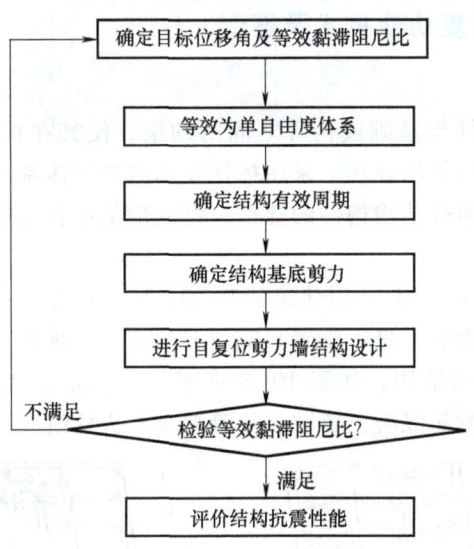

图 10-38　基于位移的设计流程

$$\Delta_d = \sum_{i=1}^{n}(m_i\Delta_i^2) / \sum_{i=1}^{n}(m_i\Delta_i) \tag{10-3}$$

$$m_e = \sum_{i=1}^{n}(m_i\Delta_i) / \Delta_d \tag{10-4}$$

$$H_e = \sum_{i=1}^{n}(m_i\Delta_i H_i) / \sum_{i=1}^{n}(m_i\Delta_i) \tag{10-5}$$

式中　Δ_d——设计水准下等效单自由度结构的目标位移；

m_i——第 i 层楼层质量；

Δ_i——第 i 层楼层在设计水准下的目标位移；

m_e——等效单自由度结构的有效质量；

H_e——等效单自由度结构的有效高度；

H_i——第 i 层楼层距地面高度。

3）确定等效单自由度体系的屈服位移和等效黏滞阻尼比，再根据位移谱确定结构有效周期 T_{eff}。

确定等效单自由度体系在目标位移下有效刚度 K_{eff}、基底剪力 V_d 以及底部弯矩 M_d 为

$$K_{eff} = m_e \cdot 4\pi^2 / T_{eff}^2 \tag{10-6}$$

$$V_d = K_{eff}\Delta_d \tag{10-7}$$

$$M_d = V_d H_e \tag{10-8}$$

4）根据得到的基底剪力以及底部弯矩进行自复位剪力墙结构设计，且还需满足在第二水准下的最小基底剪力以及位移限制要求。

5）对等效黏滞阻尼比进行检验，如不满足误差要求，则返回第 3）步进行迭代计算。

6）对自复位剪力墙结构进行推覆分析或弹塑性时程分析，对其在各水准下的性能指标进行评价。

10.4.3　高层建筑可恢复功能技术及案例

1. 摇摆技术

摇摆技术通过放松构件与基础或构件之间的约束，使其在接触面处可以发生抬起或摆动，从而降低地震后结构功能的破坏。采用摇摆技术的结构体系不是利用结构楼层本身的变形来耗散地震能量，而是通过结构构件的摇摆，将变形集中在摇摆界面上，通常在这些部位设置耗能构件。

2001 年，美国伯克利的一座 14 层建筑的改造中首次采用放松构件底部约束、提高整体结构可恢复功能的思想。之后，日本学者日高（Hitaka）和牧野（Sakino）针对摇摆多肢剪力墙，提出摇摆多肢剪力墙结构，如图 10-39 所示。该体系中变形较集中的部位为边界单元，边界单元由钢连梁、钢筋混凝土墙肢、钢管混凝土边柱组成。

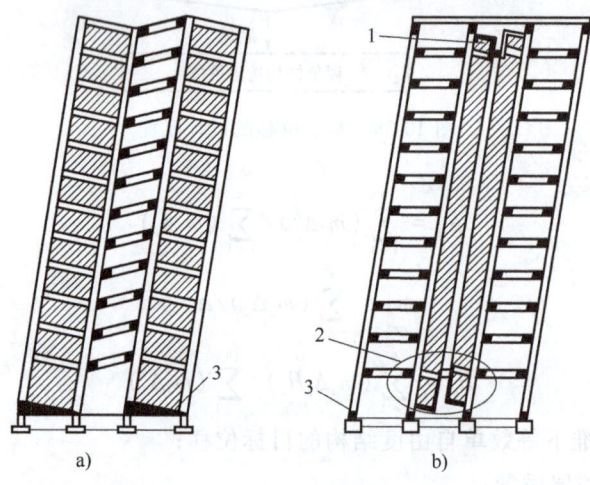

图 10-39　摇摆多肢剪力墙结构
a）传统结构　b）新型结构
1—端部单元　2—边界单元　3—塑性区

日本学者和田（Wada）等在对东京工业大学津田校区的 11 层 G3 教学楼加固项目中，运用了摇摆墙的新思路。大楼原为框架结构，工程师们没有按照常规的结构概念简单地对框架进行加强，而是采用摇摆墙+钢阻尼构件的形式，利用既有结构在平面上存在的 6 个凹槽，在结构外立面附建 6 片具有较大抗侧承载力和刚度的后张预应力混凝土摇摆墙，墙底底部与基础铰接，在地震作用下可绕其转动。沿摇摆墙两侧，在墙与既有框架柱之间安装钢阻尼器，增强结构的耗能能力。在每个楼层水平位置，通过水平钢支撑将摇摆墙与各层楼板相连，加固后的结构示意图如图 10-40 所示。此加固工程经历了地震的考验，加固后的结构具有良好的抗震性能和可恢复功能。当地震发生时，楼面的水平力通过水平支撑与钢阻尼构件传递给摇摆墙，而钢阻尼构件则在传递过程中发生耗能，达到减少结构水平位移的目的，钢阻尼构件被设计成可更换构件，破坏后可修复重新使用，其墙体截面及节点示意图如图 10-41 所示。

除了放松构件与基础之间的约束，学者还进行了放松构件的研究，例如摇摆框架结构。摇摆框架结构通常和预应力技术相结合，通过放松梁柱节点约束允许框架梁的转动使结构发生摇摆，并通过预应力使结构自复位，形成后张预应力预制框架结构。

第10章 新型高层建筑结构设计

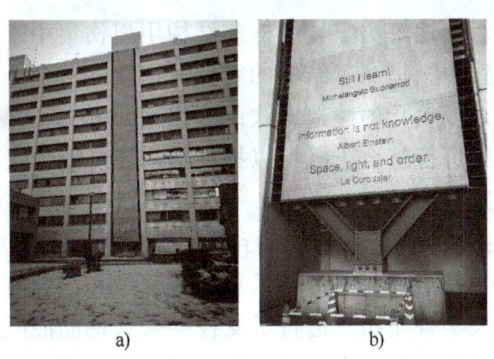

图 10-40 日本东京工业大学 G3 教学楼
a) 改造后远景 b) 端部铰接剪力墙基础及钢阻尼器

2. 自复位技术

（1）自复位框架技术 自复位技术是在摇摆技术的基础上，通过给摇摆构件施加预应力等技术，使其在震后可以恢复到原来的位置。很多摇摆结构也可看作自复位结构，例如哈贾尔（Hajjar）设计的通过预应力钢绞线使摇摆框架在震后能够自复位，自复位功能能够消除结构的永久变形，使结构在地震后能够继续使用，同时降低了结构震后被拆除的风险。研究人员发现通过预应力钢索可以有效控制结构的破坏，同时使结构构件表现出良好的复位能力。在结构工程中，自复位的思想首先运用在钢框架结构中。美国学者瑞克（Ricles）、诺加斯（Rojas）等人进行了带可摇摆式框架节点的后张预应力钢框架结构研究，如图 10-42 所示，通过沿钢梁轴向给梁柱节点施加预应力，保证梁翼缘与柱翼缘紧密接触，施加预应力的钢绞线在柱的外翼缘锚固，梁的上下翼缘通过角钢与柱连接。这种框架具有足够的刚度、强度及延性，表现出优于传统框架体系的性能，将摩擦型阻尼器增加到此类节点中，可增加节点耗能。

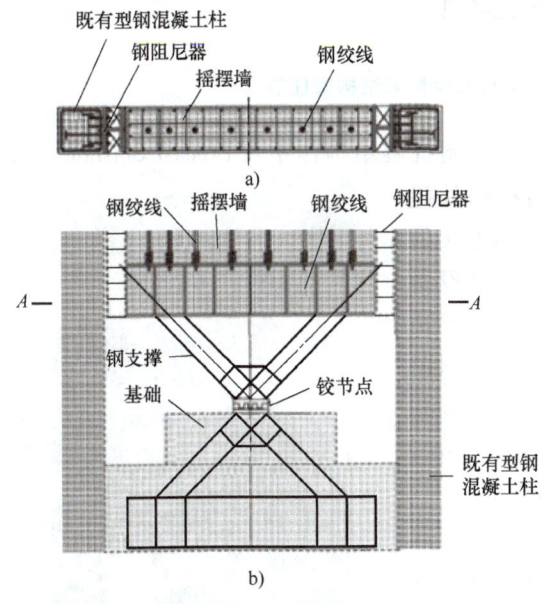

图 10-41 G3 教学楼摇摆墙端部节点示意图
a) A—A 剖面图 b) 立面图

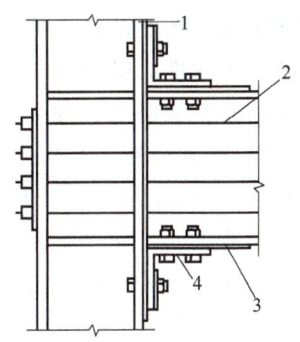

图 10-42 钢框架后张拉预应力节点
1—垫板 2—无黏结后张预应力钢绞线
3—翼缘加强板 4—角钢

自复位框架结构有针对性地解决了传统框架结构中损伤集中于结构构件的缺点,将损伤集中于可以更换的耗能装置中,提高了结构的震后可恢复性。此外,将自复位框架结构与预制装配式结构相结合,通过模块化的建造方式既提高了结构的抗震能力又提高了施工效率。将钢板剪力墙与自复位框架进行组合,既可以提高结构耗能能力又可以降低残余变形,是一种用于高层建筑的高效方案。

针对混凝土结构,库拉玛(Kurama)进行了带摩擦耗能件的后张拉预应力筋混凝土摇摆框架结构研究,同济大学吕西林团队进行了单向自复位和三向自复位钢筋混凝土框架地震振动台试验。此外,同济大学鲁亮团队进行了受控摇摆式钢筋混凝土框架结构抗震性能的研究,将柱根部和梁柱节点铰接,梁柱内通过设置无黏结后张预应力筋提供弹性恢复力,设置耗能装置控制结构整体位移和消耗地震能量;通过对梁端铰接型受控摇摆式钢筋混凝土框架进行振动台试验,结果表明该体系可以有效控制加速度和位移响应,且在罕遇地震作用下主体结构无损伤。图 10-43 为典型的混凝土自复位框架结构梁柱节点。

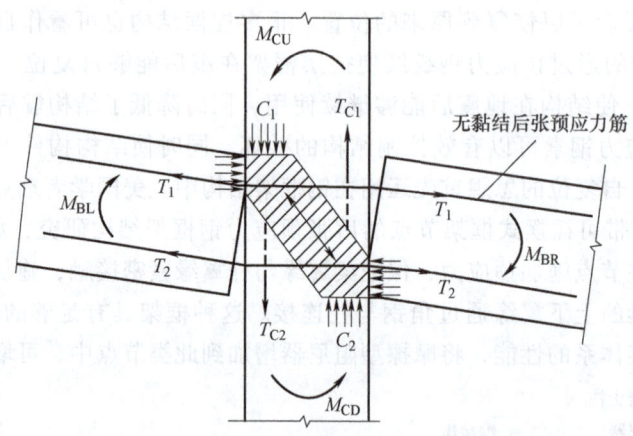

图 10-43　典型的混凝土自复位框架结构梁柱节点

20 世纪 90 年代,美日合作研究计划——预制抗震结构体系(Precast Seismic Structural Systems,PRESSS)针对预制装配式建筑结构构件提出了多种装配形式,其中采用后张拉预应力筋连接的装配形式引入了摇摆机制,通过梁柱交接面处预设缝隙的张合减少构件的损伤。该技术通常与耗能构件相结合,滞回曲线最终表现为"旗帜型"。位于美国旧金山的 39 层预制混凝土结构派拉蒙大厦(Paramount Building)为框架结构,使用了 PRESSS 的混合节点,实现了梁柱节点的自复位性能,如图 10-44 所示。

(2)自复位剪力墙技术　将无黏结后张拉预应力技术运用到钢筋混凝土墙体中,就出现了具有自复位功能的预制墙体,这种结构形式的出现主要基于 3 方面的考虑:利用整体型关键构件控制结构的变形模式;保护墙体免受损伤;为结构赋予自复位能力。库

图 10-44　美国旧金山 39 层派拉蒙大厦

拉玛（Kurama）等系统地研究了无黏结预应力混凝土墙的工作性能。这种自复位剪力墙是由钢筋混凝土墙与内置的竖向无黏结预应力钢绞线组成，墙片与墙片之间，墙片与基础之间均没有固定连接。在地震作用下，通过墙片与墙片之间，墙片与基础之间缝隙张开闭合的效果，有效地减小了地震对结构的作用，结构的自重及预应力提供自复位力将缝隙闭合，如图10-45所示，这种自复位剪力墙表现出了令人满意的抗震性能。

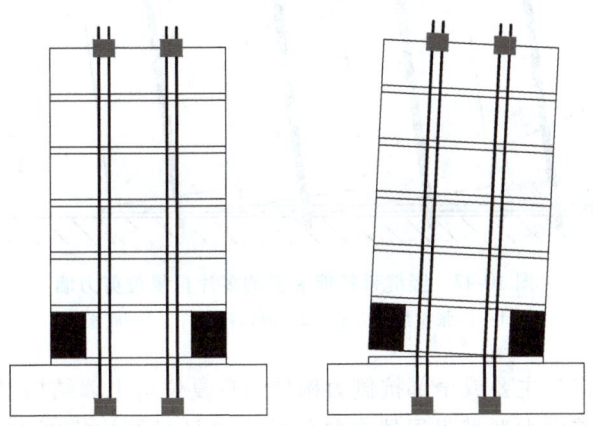

图10-45 无黏结预应力剪力墙

之后，库拉玛（Kurama）又针对这种自复位剪力墙提出了改进措施，增加了黏滞阻尼器来提高结构的非弹性耗能能力，结构通过缝隙张开时阻尼器的变形来消耗地震能量。雷斯特雷波（Restrepo）等对上述自复位剪力墙做出了一定的改进，在墙体与基础之间，增加了一种软钢阻尼器，在墙体产生一定的侧向位移时通过软钢的塑形变形来耗能，并且这种耗能设备能够更换，如图10-46所示。一系列试验结果表明，增设了软钢耗能装置的自复位剪力墙能够有效耗散地震能量，滞回曲线呈"旗帜型"，结构几乎没有残余变形和明显破坏。

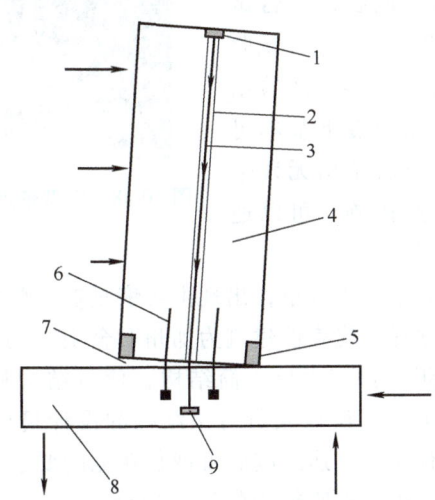

图10-46 带有耗能装置的自复位剪力墙
1—锚固端 2—套筒 3—预应力筋 4—预制墙体 5—大应变区
6—软钢阻尼器 7—开缝 8—基础 9—锚固端

除了单片的自复位剪力墙，多片自复位剪力墙进行连接也可用于剪力墙的结构体系中，竖向无黏结预应力钢绞线提供自复位能力，并可以在多片剪力墙之间的竖缝设置耗能装置消耗地震能量，如图10-47所示。

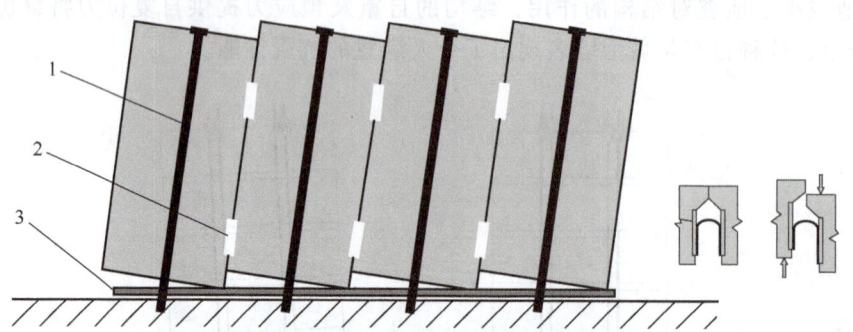

图10-47 竖缝带耗能装置的多片自复位剪力墙
1—后张拉预应力筋 2—剪切耗能件 3—底板

由自复位剪力墙作为主要或全部抗侧力构件的自复位剪力墙结构因其良好的抗震性能备受学者关注，国际上首例大型带阻尼器自复位剪力墙足尺结构模拟地震振动台试验于2019年1月在同济大学土木工程防灾国家重点实验室嘉定校区地震工程馆完成。该试验结构共2层，每层高4m，平面尺寸为8.95m×5.40m（图10-48）。在两个主轴方向，墙体分别设计为分离式自复位剪力墙和整体式自复位剪力墙，楼板连接节点分别采用柔性连接节点和隔离式连接节点，楼盖分别采用双T板系统和压型钢板系统。结构中设计了黏滞阻尼器、铅阻尼器和钢阻尼器三类阻尼器，并考虑了不同阻尼器的四种组合。在模拟地震振动台试验中，地震动输入分别从0.2g到1.2g，试验期间共进行了152次的阻尼器更换。试验结果表明，自复位剪力墙结构在强震下基本可以实现无损伤，并在试验结束后结构无残余位移；结构中的新型节点构造措施，可以适应自复位剪力墙结构的变形需求。

图10-48 大型带阻尼器自复位剪力墙结构试验

美国在可恢复功能工程应用起步较早，出现由可恢复功能单榀构件到空间构件、由单一构件到组合构件的工程应用过程。代表性建筑为加州旧金山市的13层公共事业委员会大楼（图10-49），该建筑采用后张拉预应力核心筒结构，使得结构整体在地震作用下允许发生摇摆，减轻地震输入引起的破坏。设计人员对该结构的设计目标不仅仅是震后可以立即使用，而且主体结构应完全没有损伤，达到震后可恢复功能的要求。值得一提的是，该结构采用可恢复功能体系后的造价，相比于原结构的钢结构设计方案，在造价上节约将近1000万美元。

3. 可更换技术

（1）可更换剪力墙脚部 在高层建筑中剪力墙经常出现弯曲破坏，因为一般高层建筑设计的剪力墙抗弯性能要比抗剪性能弱一些。剪力墙发生弯曲破坏时，在墙底部的受拉区会出现明显的弯曲裂缝，受拉钢筋屈服，最后受压区混凝土压碎，如果受压区的混凝土保护层剥落，受压区的钢筋可能会出现屈曲。例如在汶川地震中，虽未见剪力墙结构整体倒塌，但在多数应力较为集中的剪力墙脚部出现了较严重的破坏。基于这种情况，吕西林团队设计了一种放置于剪力墙墙角的拉压组合减震隔震支座。其基本思想是，在普通钢筋混凝土剪力墙的墙脚挖去一块混凝土，然后将拉压橡胶支座放置在空缺处并上、下连接，如图 10-50 所示。同时，经过特殊设计的支座能够承受较大的压力和拉力，调整剪力墙的抗震性能，增强延性。这种支座的构造是，在普通橡胶支座两边放置一定厚度的软钢钢板，由钢板来承受拉力，橡胶承受压力，它克服了传统橡胶支座抗拉强度低的缺点，支座的抗拉能力可以通过设计计算来调整，支座可由连接板通过螺栓与墙体连接，如图 10-51 所示。

图 10-49　旧金山公共事业委员会大楼

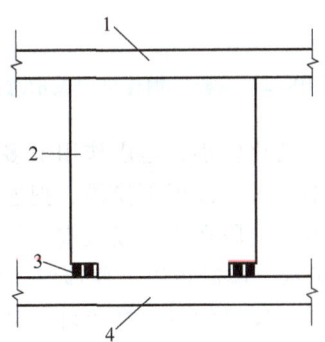

图 10-50　可更换脚部构件的剪力墙

1—上面楼层构件　2—钢筋混凝土剪力墙　3—拉压组合减震隔震部件　4—下面楼层构件

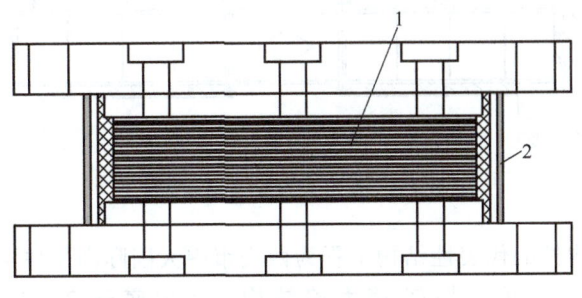

图 10-51　拉压橡胶支座示意图

1—橡胶钢板隔震装置　2—阻尼耗能减震装置

（2）可更换连梁　传统的钢筋混凝土多肢剪力墙在地震下容易出现较大损伤，尤其是连梁部位，其承受较大的剪切变形，地震损伤较为严重，且钢筋混凝土构件的修复工作量大，需要湿作业，严重损害建筑的震后功能可恢复能力。为了将结构在地震作用下的损伤控制在可接受的范围内，在 20 世纪 60 年代，美日学者提出混合多肢剪力墙结构。其主要特征是，以耗能钢连梁替换传统的钢筋混凝土连梁，变形能力大，同时可稳定地耗散地震能量，减小结构响应。在此基础上，国内外学者希望通过特殊的连接构造，将耗能钢连梁分为耗能段与非耗能段，耗能段通过机械方式与非耗能段连接，在震后可以轻松替换。

美国克莱姆森大学的 Fortney 和辛辛那提大学的 Shahrooz 两位学者在 2006 年提出了一种可更换的带"保险丝"的钢连梁。研究表明，合理设计的钢组合连梁可以充分耗散能量。其设计思想是连梁所有的非弹性破坏都集中在连梁中段的截面上，母体墙和连梁与墙体连接的部分都不损坏，并且这段钢构件是可以更换的。2007 年大比例的可更换的"保险丝"钢连梁试验表明，这种连梁设计不仅可以有效保护主体结构安全，而且有利于损伤后更换，图 10-52 即为试验中钢连梁中段示意图。

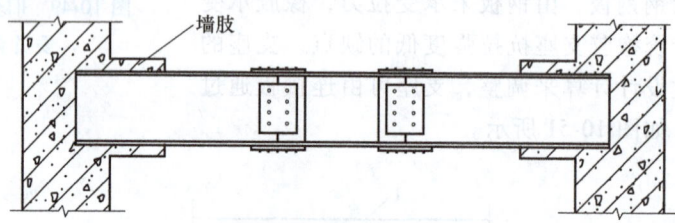

图 10-52　试验中钢连梁中段示意图

针对普通双肢剪力墙连梁的跨高比较小，地震作用下多发生剪切破坏的特点，根据结构构件可更换的思想，在连梁的跨中设置一段可更换段，把连梁的可更换段与连梁的预埋件用高强螺栓连接在一起，使连梁的可更换段在中震或大震下先于连梁的其他部分屈服，从而保护连梁的其他部分，如图 10-53 所示。震后可以方便地对破坏的部分进行更换，节省了维修加固成本，而且修复方便。设计时，连梁的可更换段可以采用低屈服点的钢制成各种耗能能力强的形状，以增强连梁的耗能能力和延性。

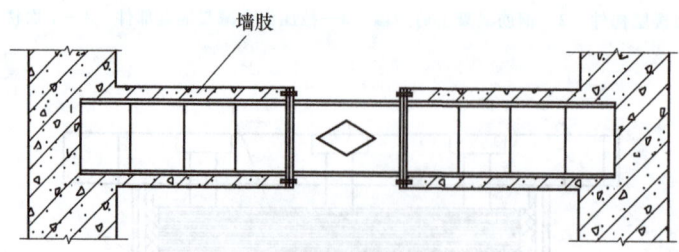

图 10-53　新型可更换连梁的示意图

我国设置可更换构件的代表性结构工程为西安市中大国际高层住宅建筑工程。该工程包括 5 幢 29 层住宅建筑，采用框架-剪力墙结构，其中底部 2～20 层布置可更换连梁（图 10-54），连梁中部采用剪切屈服型金属阻尼器。计算分析表明，设置可更换连梁的结构动力特性无明显改变，小震作用下结构整体反应与原结构相差不大；大震作用下，破坏集中于可更换连梁，中部耗能段集中塑形变形而两端连接梁保持弹性，利于震后更换，且更换过程不会影响正常使用。

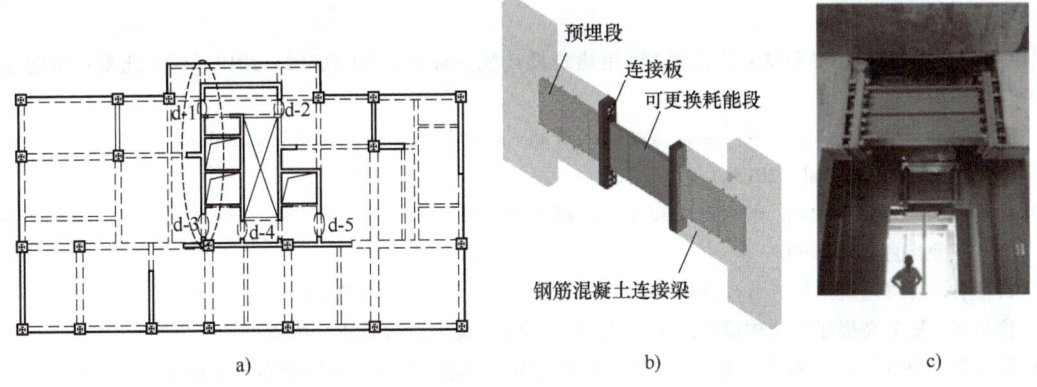

图 10-54　西安中大国际高层住宅
a) 结构平面图　b) 可更换连梁示意图　c) 可更换连梁构造

总之，可恢复功能思想在保证生命安全的前提下，更加关注结构功能的实现，考虑结构功能实现的影响因素。在空间上，不仅局限于单体建筑结构，还可考虑周边建筑和基础服务设施；在时间上，更加侧重从地震发生到结构功能完全恢复的全过程，动态量化结构的性能。

思考题

1. 高层木结构一般采用怎样的抗侧力体系？所用的材料有什么特点？
2. 与高层钢筋混凝土和钢结构相比，高层木结构与木混合结构具有什么特点？
3. 为什么高层木结构的高宽比低于高层混凝土结构？
4. 上部木结构下部混凝土结构中，为什么上部木结构的地震作用要乘以放大系数？
5. 什么是高层减震结构？常用的减震装置有哪些？
6. 高层建筑减震设计的要点是什么？
7. 什么是高层隔震结构？常用的隔震装置有哪些？
8. 高层建筑隔震设计的要点是什么？
9. 为什么隔震设计要考虑减震效果？
10. 用反应谱理论简述减震与隔震的设计原理。
11. 什么是可恢复功能高层建筑？
12. 可恢复功能高层建筑的设计要点是什么？

参 考 文 献

[1] 中华人民共和国住房和城乡建设部. 民用建筑设计统一标准：GB 50352—2019 [S]. 北京：中国建筑工业出版社，2019.

[2] DUPRE J, SMITH A. Skyscrapers: a history of the world's most extraordinary buildings [M]. New York: Black Dog & Leventhal, 2013.

[3] 林同炎，斯多台斯伯利. 结构概念和体系：第 2 版 [M]. 高立人，方鄂华，钱稼茹，译. 北京：中国建筑工业出版社，1999.

[4] 吕西林. 高层建筑结构 [M]. 3 版. 武汉：武汉理工大学出版社，2011.

[5] 徐培福. 复杂高层建筑结构设计 [M]. 北京：中国建筑工业出版社，2005.

[6] 钱稼茹，赵作周，叶列平. 高层建筑结构设计 [M]. 2 版. 北京：中国建筑工业出版社，2012.

[7] 沈蒲生. 高层建筑结构设计 [M]. 2 版. 北京：中国建筑工业出版社，2011.

[8] 史庆轩，梁兴文. 高层建筑结构设计 [M]. 2 版. 北京：科学出版社，2012.

[9] 吕西林，熊海贝. 建筑结构抗震 [M]. 北京：高等教育出版社，2019.

[10] PARKER D, WOOD A. The tall buildings reference book [M]. London: Taylor & Francis Ltd, 2013.

[11] GREEN M, TAGGART J. Tall wood buildings: design, construction and performance [M]. Switzerland: Birkhauser, 2017.

[12] 中华人民共和国住房和城乡建设部. 建筑结构荷载规范：GB 50009—2012 [S]. 北京：中国建筑工业出版社，2012.

[13] 中华人民共和国住房和城乡建设部. 建筑抗震设计规范（2016 年版）：GB 50011—2010 [S]. 北京：中国建筑工业出版社，2016.

[14] 中华人民共和国住房和城乡建设部. 高层建筑混凝土结构技术规程：JGJ 3—2010 [S]. 北京：中国建筑工业出版社，2010.

[15] 中华人民共和国住房和城乡建设部. 高层民用建筑钢结构技术规程：JGJ 99—2015 [S]. 北京：中国建筑工业出版社，2015.

[16] 中华人民共和国住房和城乡建设部. 组合结构设计规范：JGJ 138—2016 [S]. 北京：中国建筑工业出版社，2016.

[17] 中华人民共和国住房和城乡建设部. 多高层木结构建筑技术标准：GB/T 51226—2017 [S]. 北京：中国建筑工业出版社，2017.

[18] 中华人民共和国住房和城乡建设部. 混凝土结构设计规范（2015 年版）：GB 50010—2010 [S]. 北京：中国建筑工业出版社，2015.

[19] 中华人民共和国住房和城乡建设部. 钢结构设计标准：GB 50017—2017 [S]. 北京：中国建筑工业出版社，2017.

[20] 中华人民共和国住房和城乡建设部. 木结构设计标准：GB 50005—2017 [S]. 北京：中国建筑工业出版社，2017.

[21] 汪大绥，周建龙. 我国高层建筑钢-混凝土混合结构发展与展望 [J]. 建筑结构学报，2010，31（6）：62-70.

[22] MINDESS S, YOUNG J F, DARWIN D. Concrete [M]. 2nd ed. Upper Saddle River: Prentice Hall, 2003.

[23] TOMOSAWA F, NOGUCHI T. Relationship between compressive strength and modulus of elasticity of high-strength concrete [C]//Proceedings of the third international symposium on utilization of high-strength concrete. Lillehammer, Norway: Norwegian Concrete Assn, 1993, 2: 1247-1254.

[24] 傅学怡, 余卫江, 孙璨, 等. 深圳平安金融中心重力荷载作用下长期变形分析与控制 [J]. 建筑结构学报, 2014, 35 (1): 41-47.

[25] RICHART F E, BRANDTZAEG A, BROWN R L. A study of the failure of concrete under combined compressive stresses [R]. Urbana: University of Illinois at Urbana Champaign, 1928.

[26] MANDER J B, PRIESTLEY M J, PARK R. Theoretical stress-strain model for confined concrete [J]. Journal of Structural Engineering, 1988, 114 (8): 1804-26.

[27] 中华人民共和国住房和城乡建设部. 活性粉末混凝土: GB/T 31387—2015 [S]. 北京: 中国标准出版社, 2015.

[28] SIVAKUMARAN S. Relevance of Y/T ratio in the design of steel structures [C]//Proceedings of international symposium on applications of high strength steels in modern constructions and bridge. Beijing: China Steel Construction Society, 2008: 54-63.

[29] KATO B. Role of strain-hardening of steel in structural performance [J]. ISIJ International, 1990, 30 (11): 1003-1009.

[30] WHITE R H, WOESTE F E. Post-fire analysis of solid-sawn heavy timber beams [J]. Structure Magazine, 2013, 38-40.

[31] ALDRED J. Burj Khalifa: a new high for high-performance concrete [C]//Proceedings of the institution of civil engineers-civil engineering. [S. l.]: Thomas Telford Ltd, 2010, 163 (2): 66-73.

[32] BAKER W F, HOROS D R, JOHNSON B M, et al. Timber tower research: concrete jointed timber frame [C]//Structures congress 2014. Boston: ASCE, 2014: 1255-1266.

[33] 上海市城乡建设和交通委员会. 上海市建筑抗震设计规程: DGJ 08-9—2013 [S]. 上海: 上海市建筑建材业市场管理总站, 2013.

[34] 中国工程建设标准化协会工程抗震委员会. 叠层橡胶支座隔震技术规程: CECS 126: 2001 [S]. 北京: 中国工程建设标准化协会, 2001.

[35] 中国地震局. 中国地震动参数区划图: GB 18306—2015 [S]. 北京: 中国标准出版社, 2015.

[36] 周颖. 阻尼墙减震理论方法与工程实践 [M]. 北京: 科学出版社, 2019.

[37] 欧进萍. 结构振动控制: 主动、半主动和智能控制 [M]. 北京: 科学出版社, 2003.

[38] 周云. 金属耗能减震结构设计 [M]. 武汉: 武汉理工大学出版社, 2006.

[39] 周云. 摩擦耗能减震结构设计 [M]. 武汉: 武汉理工大学出版社, 2006.

[40] 周云. 粘弹性阻尼减震结构设计 [M]. 武汉: 武汉理工大学出版社, 2006.

[41] 周云. 粘滞阻尼减震结构设计 [M]. 武汉: 武汉理工大学出版社, 2006.

[42] SOONG T T, DARGUSH G F. 结构工程中的被动消能系统 [M]. 董平, 译. 北京: 科学出版社, 2005.

[43] 吴从晓, 周云, 王廷彦. 金属耗能器的类型、性能及工程应用 [J]. 工程抗震与加固改造, 2006 (1): 87-94.

[44] 李爱群. 粘滞流体阻尼器在高层建筑减振设计中的应用研究 [J]. 徐州工程学院学报, 2005 (1): 7-14.

[45] 陆伟东, 刘伟庆, 陈瑜. 宿迁市建设大厦消能减震设计 [J]. 地震工程与工程振动, 2004 (5): 92-96.

[46] 谢绍松, 张敬昌, 钟俊宏. 台北101大楼的耐震及抗风设计 [J]. 建筑施工, 2005 (10): 10-12.

[47] 宋伟宁, 徐斌. 上海中心大厦新型阻尼器效能与安全研究 [J]. 建筑结构, 2016, 46 (1): 1-8.

[48] MAHMOODI P, ROBERTSON L E, YONTAR M, et al. Performance of viscoelastic dampers in world trade center towers [C]//Dynamics of structures. [S. l.]: ASCE, 1987: 632-644.

[49] 梁启智, 熊俊明, 黄庆辉. 调谐液体阻尼器对高层建筑和高耸结构动力反应控制研究综述 [J]. 世界地震工程, 2002 (1): 123-128.

[50] 瞿伟廉, 宋波, 陈妍桂, 等. TLD对珠海金山大厦主楼风振控制的设计 [J]. 建筑结构学报, 1995 (3): 21-28.

[51] 刘志刚, 侯悦琪, 朱立刚, 等. 重庆来福士广场空中连桥减隔震设计 [J]. 建筑结构, 2015, 45 (24): 9-15.

[52] 张利国, 张嘉钟, 贾力萍, 等. 空气弹簧的现状及其发展 [J]. 振动与冲击, 2007, 26 (2): 146-151; 183.

[53] 周颖, 吕西林. 摇摆结构及自复位结构研究综述 [J]. 建筑结构学报, 2011, 32 (9): 1-10.

[54] 吕西林, 全柳萌, 蒋欢军. 从16届世界地震工程大会看可恢复功能抗震结构研究趋势 [J]. 地震工程与工程振动, 2017, 37 (3): 1-9.

[55] 周颖, 吴浩, 顾安琪. 地震工程：从抗震、减隔震到可恢复性 [J]. 工程力学, 2019, 36 (6): 1-12.

[56] 吕西林, 武大洋, 周颖. 可恢复功能防震结构研究进展 [J]. 建筑结构学报, 2019, 40 (2): 1-15.

[57] 周颖, 顾安琪. 自复位剪力墙结构四水准抗震设防下基于位移抗震设计方法 [J]. 建筑结构学报, 2019, 40 (3): 118-126.

[58] ENGLEKIRK R E. Design-construction of the Paramount: a 39-story precast prestressed concrete apartment building [J]. PCI Journal, 2002, 47 (4): 56-71.

[59] KURAMA Y, PESSIKI S, SAUSE R, et al. Seismic behavior and design of unbonded posttensioned precast concrete walls [J]. PCI Journal, 1999, 38 (3): 72-89.

[60] PEREZ F J, SAUSE R, PESSIKI S. Analytical and experimental lateral load behavior of unbonded post-tensioned precast concrete walls [J]. Journal of Structural Engineering, 2007, 133 (11): 1531-1540.

[61] 杨博雅, 吕西林. 预应力预制混凝土剪力墙结构直接基于位移的抗震设计方法及应用 [J]. 工程力学, 2018, 35 (2): 59-66.

[62] 曲哲, 和田章, 叶列平. 摇摆墙在框架结构抗震加固中的应用 [J]. 建筑结构学报, 2011, 32 (9): 11-19.

[63] 鲁亮, 李鸿, 刘霞, 等. 梁端铰型受控摇摆式钢筋混凝土框架抗震性能振动台试验研究 [J]. 建筑结构学报, 2016, 37 (3): 59-66.

[64] WADA A, QU Z, ITO H, et al. Seismic retrofit using rocking walls and steel dampers [C]//SEI conference on improving the seismic performance of existing buildings and other structures. [S.l.]: SEI, 2009.

[65] 吕西林, 陈聪. 带有可更换构件的结构体系研究进展 [J]. 地震工程与工程振动, 2014, 34 (1): 27-36.

[66] 吕西林, 陈云, 蒋欢军. 带可更换连梁的双肢剪力墙抗震性能试验研究 [J]. 同济大学学报（自然科学版）, 2014, 42 (2): 175-182.

[67] 毛苑君, 吕西林. 带可更换墙脚构件剪力墙的低周反复加载试验 [J]. 中南大学学报（自然科学版）, 2014, 45 (6): 2029-2040.

[68] JI X D, LIU D, SUN Y, et al. Seismic performance assessment of a hybrid coupled wall system with replaceable steel coupling beams versus traditional RC coupling beams [J]. Earthquake engineering and structural dynamics, 2017, 46 (4): 517-535.

[69] PALL A S, VERGANELAKIS V, MARSH C. Friction dampers for seismic control of Concordia University library building [C]//Fifth Canadian conference on earthquake engineering. Ottawa: Bulletin of the Seismological Society of America, 1987: 191-200.

[70] 蔡克铨. 挫屈束制支撑之原理及应用 [C]//中国土木工程学会、广州市建设委员会、广州大学. 防震减灾工程研究与进展：全国首届防震减灾工程学术研讨会论文集. 广州：中国土木工程学会, 2004: 32-39.

[71] 刘彦辉,谭平,周福霖,等. 广州电视塔直线电机驱动的主动质量阻尼器动力特性研究[J]. 建筑结构学报,2015,36(4):126-132.

[72] GU A Q, ZHOU Y, XIAO Y, et al. Experimental study and parameter analysis on the seismic performance of self-centering hybrid reinforced concrete shear walls[J]. Soil Dynamics and Earthquake Engineering, 2018,116:409-420.

[73] 周颖,肖意,顾安琪. 自复位支撑-摇摆框架结构体系及其基于位移抗震设计方法[J]. 建筑结构学报,2019,40(10):17-26.

[74] 李培彬,娄宇,赵广鹏,等. 屈曲约束支撑在北京银泰中心结构抗震设计中的应用[J]. 建筑结构,2007(11):5-7.

[75] 吴耀辉,李爱群,张志强,等. 银泰中心主塔楼方案的抗震分析[J]. 建筑结构,2004(7):3-6.

[76] 赵雪莲,包联进,钱鹏,等. 上海世茂国际广场裙房结构减震加固设计[J]. 建筑结构,2019,49(7):122-127.

[77] 周颖,龚顺明. 新型黏弹性阻尼器性能试验研究[J]. 结构工程师,2014,30(1):137-142.

[78] 马克. 高层建筑设计:以结构为建筑 第2版[M]. 刘栋,李兆凡,潘斌,译. 北京:中国建筑工业出版社,2012.

[79] 包世华,张铜生. 高层建筑结构设计和计算:上册[M]. 2版. 北京:清华大学出版社,2013.

[80] ABDELRAZAQ A. Validating the structural behavior and response of Burj Khalifa: synopsis of the full scale structural health monitoring programs[J]. International Journal of High-Rise Buildings, 2012, 1(1):37-51.

[81] ABDELRAZAQ A. Design and construction planning of the Burj Khalifa, Dubai, UAE[C]//Structures congress 2010. [S.l.]: Structures Congress, 2010:2993-3005.

[82] 上海市住房和城乡建设委员会. 上海市住宅设计标准:DGJ 08-20—2019[S]. 上海:同济大学出版社,2019.